城乡规划原理

经纬注考教研中心　编

清华大学出版社
北 京

内 容 简 介

本书由经纬注考教研中心编写,分为两个部分。第一部分为历年考试真题及解析,给出了 2012—2014 年及 2017—2021 年考试真题,并对这些题目进行分析和解答,归纳了解题思路和方法,有些题目还给出了相同考点的对比和辨析。第二部分为 2022 年 3 套模拟试题,是编者通过对历年真题进行分析和对政策进行把握后编写的,可供考生复习后进行巩固和检验复习效果。

本书可供参加 2022 年全国注册城乡规划师职业资格考试的考生参考学习。

图书在版编目(CIP)数据

城乡规划原理/经纬注考教研中心编.—北京:清华大学出版社,2022.5(2022.6 重印)
全国注册城乡规划师职业资格考试真题与解析
ISBN 978-7-302-60661-1

Ⅰ.①城…　Ⅱ.①经…　Ⅲ.①城乡规划－中国－资格考试－自学参考资料　Ⅳ.①TU984.2

中国版本图书馆 CIP 数据核字(2022)第 068383 号

责任编辑:秦　娜　赵从棉
封面设计:陈国熙
责任校对:赵丽敏
责任印制:沈　露

出版发行:清华大学出版社
　　　　网　　　址:http://www.tup.com.cn,http://www.wqbook.com
　　　　地　　　址:北京清华大学学研大厦 A 座　　　邮　　编:100084
　　　　社 总 机:010-83470000　　　　　　　　　　邮　　购:010-62786544
　　　　投稿与读者服务:010-62776969,c-service@tup.tsinghua.edu.cn
　　　　质量反馈:010-62772015,zhiliang@tup.tsinghua.edu.cn
印 装 者:三河市龙大印装有限公司
经　　销:全国新华书店
开　　本:185mm×260mm　　印　张:20.5　　　　　字　　数:473 千字
版　　次:2022 年 5 月第 1 版　　　　　　　　　　　印　　次:2022 年 6 月第 2 次印刷
定　　价:69.80 元

产品编号:097538-01

前言

在外人眼中,规划师是一个高级而又神秘的职业,对于身处行业中的我们来说,则明白这是一个需要去除浮躁、承担责任并充满压力的职业。取得注册城乡规划师资格对于规划设计人员来说是一种执业的认可,在一定程度上是对其规划能力和从业资格的肯定。

这些年城乡规划越来越受到重视,注册规划师职业资格制度也几次调整。2008 年随《中华人民共和国城乡规划法》的变动,注册城市规划师变更为注册城乡规划师,2015 年和 2016 年停考,2017 年依据《关于印发〈注册城乡规划师职业资格制度规定〉和〈注册城乡规划师职业资格考试实施办法〉》(人社部规〔2017〕6 号),注册城乡规划师划入协会管理,2018 年随国家部门改革,注册城乡规划师实施主体由住房和城乡建设部变为自然资源部,因此,今年有关考试的内容和方向,是考生关注的焦点。

规划师的核心工作便是"规划",应该既掌握宏观规划理论又具有实际操作能力。注册城乡规划师考试未必能全面地反映一名规划工作者的能力,因此不能以是否通过考试作为衡量规划设计能力高下的标准。但已通过注册考试的考生,一般不仅具有全面的理论和实践经验,熟悉国家的相关法规和制度,而且对规划设计也有一定的分析、构思和表达能力,具备成为一名规划师的基本素养。

毫无疑问,城乡规划原理是整个城乡规划课程的核心,也是贯穿整个学习过程的基石,掌握城乡规划原理及理论是做好城乡规划和通过注册考试的必要条件。对于城乡规划原理的复习,编者针对两类人员谈谈自己的一点看法。一类是城乡规划专业出身且从事城乡规划设计的人员,这类人员拥有丰富的实践经验,但考试内容显然与实际工作有一定区别,建议要尽量结合真题进行复习,把握考试的重要知识点。务必记住,在考试时不能完全按照实际项目中的思维去应答,因为日常中一些操作不符合相关的规定和理论,我们建议这类考生多研究真题及解析,形成良好的考试思维。另外一类就是非本专业或者没有实际从业经验的人员,因为城乡规划仅仅看理论是很难掌握的,且"城乡规划实务"考试本质上也是对规划原理和法律法规的考查,对于这类考生,我们建议进行全面系统的复习,有条件的话还要结合实际项目复习,且强烈建议参加培训,一般的培训班都会结合实际案例讲解,这样可以事半功倍。

本书便是从考试的角度出发,通过研究历年的考试题目,总结考试思路和重点,对每道题目进行了详细的解析,以期帮助更多的应试者把握历年考试的重点,更实际、更高效地复习。

一些真题的解析中引用的规范或标准已作废,但受限于真题的题干或时间性,仍引用原规范或标准解析,特此说明。

本书在编写过程中得到了清华大学出版社各位编辑老师的支持和帮助,感谢他们的付出。但因为编者水平有限,预留给出版社的时间也仓促,书中难免有不妥之处,敬请各位同仁和读者批评指正。

　　读者可扫描二维码，关注"经纬注考教研中心"公众号，及时获取考试相关信息。

编　者

2022 年 4 月于北京

关于"城乡规划原理"备考的几点建议

编者在对历年"城乡规划原理"试题进行分析后,给准备参加注册城乡规划师考试的考生提出几点建议:

(1)充分认识"城乡规划原理"在注册城乡规划师考试中的作用和地位。城乡规划原理是城乡规划学科的基础理论和基础知识,对其他科目的考试内容也有影响,其自身科目知识点是其他科目的基础,特别是对于"城乡规划实务"而言,可以说,城乡规划原理是实务的基础,应对城乡规划原理的知识融会贯通。

(2)"城乡规划原理"试题方向有变化。2008 年之后的考试大纲变化不大,试题的题型也没有变化,但考查的内容和方向有非常大的变化:①题目越来越灵活,教材的约束越来越小,强调对整个规划原理的掌握,强调对实际城乡规划工作和相关问题的考查,复习时,不能简单地将范围限定在教材中,要进行适当的拓展;②问题考查的方式有更大的不确定性,主要表现为出题方式以不准确的、不正确的、错误的方式来体现,三种提问的方式体现了不同的考查意图,考试的时候要注意;③特别需要指出的是,要掌握基本规划概念,不能对基本的城乡规划原理的知识认识模糊,否则会对"城乡规划原理"考试产生影响。

(3)"城乡规划原理"的试题内容,仍是对成熟的城乡规划理论的考查,但有对最新理论进行考查的趋势,即开始关注现实问题,特别是关于村庄、交通的问题有加强的趋势。从多项选择题的内容变化来看,主要集中在城市用地布局、设施与设施的关系、各种用地与布局上,在 2017 年、2018 年和 2019 年的试题中,城市总体规划中的专项规划的内容有明显上升的趋势。因 2020 年考试改革,增加了对国土空间规划政策的考查,城市总体规划中的专项规划的内容有所减少。从 2021 年真题看,题目涵盖国土空间规划政策及2011 版教材,难度有较大提升,需要全面备考。

以上分析和建议属于编者个人的一些看法,难免偏颇,仅供参考;全面复习、深入理解、融会贯通、加强理解记忆仍是通过考试的最佳途径。在此祝愿各位考生学习愉快、身体健康、考试顺利!

文中法律全称与简称对照

全　　称	简　　称
《中华人民共和国城乡规划法》	《城乡规划法》
《中华人民共和国土地管理法》	《土地管理法》
《中华人民共和国环境保护法》	《环境保护法》

随书附赠视频资源，请扫描二维码观看。

国土空间规划体系
及要点（一）

国土空间规划体系
及要点（二）

国土空间规划体系
及要点（三）

国土空间规划体系
及要点（四）

国土空间规划体系
及要点（五）

《城市居住区规划
设计标准》精讲（一）

《城市居住区规划
设计标准》精讲（二）

《城市综合交通体系
规划标准》解读

《历史文化名城保护
规划规范》解读

备考策略＋城市
与城市发展

外国城市与城市
理论发展

《国土空间总体
规划》（六）

目录

2012 年度全国注册城乡规划师职业资格考试真题与解析·城乡规划原理 ·············· 1
　　真题 ··· 2
　　真题解析 ·· 16
2013 年度全国注册城乡规划师职业资格考试真题与解析·城乡规划原理 ·············· 31
　　真题 ··· 32
　　真题解析 ·· 46
2014 年度全国注册城乡规划师职业资格考试真题与解析·城乡规划原理 ·············· 61
　　真题 ··· 62
　　真题解析 ·· 75
2017 年度全国注册城乡规划师职业资格考试真题与解析·城乡规划原理 ·············· 92
　　真题 ··· 93
　　真题解析 ·· 107
2018 年度全国注册城乡规划师职业资格考试真题与解析·城乡规划原理 ·············· 123
　　真题 ··· 124
　　真题解析 ·· 138
2019 年度全国注册城乡规划师职业资格考试真题与解析·城乡规划原理 ·············· 154
　　真题 ··· 155
　　真题解析 ·· 168
2020 年度全国注册城乡规划师职业资格考试真题与解析·城乡规划原理 ·············· 186
　　真题 ··· 187
　　真题解析 ·· 201
2021 年度全国注册城乡规划师职业资格考试真题与解析·城乡规划原理 ·············· 214
　　真题 ··· 215
　　真题解析 ·· 230
2022 年度全国注册城乡规划师职业资格考试模拟题与解析·城乡规划原理 ·············· 245
　　模拟题一 ·· 246
　　模拟题一解析 ··· 258
　　模拟题二 ·· 270
　　模拟题二解析 ··· 282
　　模拟题三 ·· 293
　　模拟题三解析 ··· 306

2012 年度全国注册城乡规划师职业资格考试真题与解析

城乡规划原理

真　题

一、单项选择题(共 80 题,每题 1 分。每题的备选项中,只有 1 个最符合题意)

1. 中国的市制实行的是哪种行政区划建制模式?(　　)
   A. 广域型
   B. 集聚型
   C. 市带县型
   D. 城乡混合型

2. 农业社会的主要职能是(　　)。
   A. 经济中心
   B. 政治、军事或宗教中心
   C. 手工业和商业中心
   D. 技术革新中心

3. 下列关于中心城市与所在区域关系的表述,错误的是(　　)。
   A. 区域是城市发展的基础
   B. 中心城市是区域发展的核心
   C. 区域一体化制约中心城市的聚集作用
   D. 大都市区是区域与城市共同构成的空间单元类型

4. 下列关于霍华德田园城市理论的表述,正确的是(　　)。
   A. 田园城市倡导低密度的城市建设
   B. 田园城市中每户都有花园
   C. 田园城市中联系各城市的铁路从城市中心通过
   D. 中心城市与各田园城市组成一个城市群

5. 勒·柯布西埃于 1922 年提出了"明天城市"的设想,下列表述中错误的是(　　)。
   A. 城市中心区的摩天大楼群中,除安排商业、办公和公共服务外,还可居住将近 40 万人
   B. 城市中心区域的交通干路由地下、地面和高架快速路三层组成
   C. 在城市外围的花园住宅区中可居住 200 万人
   D. 城市最外围是由铁路相连接的工业区

6. 影响城市用地发展方向选择的主要因素一般不包括(　　)。
   A. 与城市中心的距离
   B. 城市主导风向
   C. 交通的便捷程度
   D. 与周边用地的竞争与依赖关系

7. 下列关于"公共交通引导开发"(TOD)模式的表述,错误的是(　　)。
   A. 围绕公共交通站点布置公共设施和公共活动中心
   B. 公共交通站点周边应当进行较高密度的开发
   C. 公共交通站点周边应加强步行友好的环境设计
   D. 该模式主要应用于城市新区的建设

8. 下列关于邻里单位理论的表述,错误的是(   )。

   A. 邻里单位的规模要满足一所小学的服务人口规模

   B. 邻里单位的道路设计应避免外部汽车的穿越

   C. 为邻里单位内居民服务的商业设施应布置在邻里的中心

   D. 邻里单位中应有满足居民使用需要的小型公园等开放空间

9. 集中体现伍子胥"相土尝水,象天法地"古代生态筑城理念的城市是(   )。

   A. 周王城   B. 长安城   C. 阖闾城   D. 建业城

10. 新世纪以来,为保障法定规划的有效实施,避免城乡建设用地使用失控,我国开始实施(   )。

   A. 新型工业化与城镇化战略

   B. 城乡统筹规划

   C. 城乡规划监督管理制度

   D. 建设用地使用权招标、拍卖、挂牌出让制度

11. 下列关于经济全球化的城市效应的表述,不准确的是(   )。

   A. "全球城市"对世界经济的主导作用愈加明显

   B. 跨国公司投资直接促进了发展中国家城市的发展

   C. 城市的传统工业面临着全面转型的压力

   D. 即使是非常小的城市,也可以在全球网络中与其他地区的城市发生密切关联

12. 城乡规划不是(   )的重要依据。

   A. 安排城乡建设空间布局   B. 统筹城乡经济发展

   C. 合理利用自然资源   D. 维护社会公正与公平

13. 下列关于城市规划师角色的表述,错误的是(   )。

   A. 政府部门的规划师担当行政管理、专业技术管理和仲裁三个基本职责

   B. 规划编制部门的规划师主要角色是专业技术人员和专家

   C. 研究与咨询机构的规划师也可能成为某些社会利益的代言人

   D. 私人部门的规划师是特定利益的代言人

14. 下列关于城乡规划行政主管部门在实施规划管理中与本级政府的其他部门关系的表述,错误的是(   )。

   A. 决策之前需要与相关部门进行协商   B. 工作相互协调

   C. 统筹部门利益关系   D. 共同作为一个整体执行有关决策

15. 下列关于城乡规划编制体系的表述,正确的是(   )。

   A. 城镇体系规划包括全国、省域和市域三个层次

   B. 国务院负责审批的总体规划包括直辖市和省会城市、自治区首府城市三种类型

   C. 村庄规划由村委会组织编制,报乡政府审批

   D. 城市、镇修建性详细规划可以结合建设项目由建设单位组织编制

16. 城镇体系具有层次性的特征是指(   )。

   A. 城镇之间的社会经济联系是有层次的

B. 城镇的职能分工是有层次的

C. 区域基础设施的等级和规模是有层次的

D. 中心城市的辐射范围是有层次的

17. 城镇体系规划的必要图纸一般不包括（　　）。

    A. 城镇体系规划图   B. 旅游设施规划图

    C. 区域基础设施规划图   D. 重点地区城镇发展规划示意图

18. 下列表述中,正确的是（　　）。

    A. 城镇体系规划体现各级政府事权

    B. 城镇体系规划应划分城市（镇）经济区

    C. 城镇体系规划需要单独编制并报批

    D. 城镇体系规划的对象只涉及城镇

19. 下列关于城市总体规划的作用和任务的表述,错误的是（　　）。

    A. 城市总体规划是参与城市综合性战略部署的工作平台

    B. 城市总体规划应该以各种上层次法定规划为依据

    C. 各类行业发展规划都要依据城市总体规划

    D. 中心城区规划要确定保障性住房的用地布局和标准

20. 下列不属于评价城市社会状况指标的是（　　）。

    A. 人口预期寿命   B. 万人拥有医生数量

    C. 人均公共绿地面积   D. 城市犯罪率

21. 两个城市的第一、二、三产业结构分别为：A 城市 15：35：50；B 城市 15：45：40。下列表述正确的是（　　）。

    A. A 城市的产业结构要比 B 城市更高级

    B. B 城市的产业结构要比 A 城市更高级

    C. A 城市与 B 城市在产业结构上有同构性

    D. A 城市与 B 城市在产业结构上无法比较

22. 下列哪项是确定城市性质的最主要依据?（　　）

    A. 城市在全国或区域内的地位和作用   B. 城市优势和制约因素

    C. 城市产业性质   D. 城市经济社会发展前景

23. 人口机械增长是由（　　）所导致的。

    A. 人口构成差异   B. 人口死亡因素

    C. 人口出生因素   D. 人口迁移因素

24. 下列哪项与城市人口规模预测直接有关?（　　）

    A. 城市的社会经济发展   B. 人口的年龄构成

    C. 人口的性别构成   D. 老龄人口比重

25. 城市总体规划纲要应（　　）。

    A. 作为总体规划成果审批的依据

B. 确定市域综合交通体系规划,引导城市空间布局

C. 确定各项建设用地的空间布局

D. 研究中心城区空间增长边界

26. 市域城镇体系规划内容不包括( )。

    A. 规定城市规划区

    B. 划定中心城市与相邻行政区域在空间发展布局方面的协调策略

    C. 提出空间管制原则与措施

    D. 明确重点城镇的建设用地控制范围

27. 下列关于市域城镇空间组合基本类型的表述,正确的是( )。

    A. 均衡式的市域城镇空间,其中心城区与其他城镇分布比较均衡,首位度相对低

    B. 单中心集核式的市域城镇空间,其他城镇是中心城区的卫星城镇

    C. 轴带式的市域城镇空间,市域内城镇沿一条发展轴带状连绵布局

    D. 分片组群式的市域城镇空间,中心城区的辐射能力比较薄弱

28. 下列关于规划区的表述,错误的是( )。

    A. 在城市、镇、乡、村的规划过程中,应首先划定规划区

    B. 规划区划定的主体是人民政府

    C. 水源地、区域重大基础设施廊道等应划入规划区

    D. 城市的规划区应包括有密切联系的镇、乡、村

29. 下列关于放射型城市形态的表述,错误的是( )。

    A. 放射型城市形态主要受山地的影响而形成

    B. 放射轴之间的大型绿地,有利于保持城市环境质量

    C. 增强放射轴之间的交通联系,有可能出现轴带之间的连绵

    D. 放射型城市发展到一定规模,会形成多中心城市

30. 下列关于城市形态的表述,正确的是( )。

    A. 集中型城市形态是多中心城市   B. 带型城市形态是多中心城市

    C. 组团型城市形态是多中心城市   D. 散点型城市形态是多中心城市

31. 下列关于小城市污水处理厂规划布局的表述,不准确的是( )。

    A. 应选择在地势较低处   B. 应远离城市中心区

    C. 应有良好的电力条件   D. 应位于河流的下游

32. 在城市体育设施的规划布局中,应充分考虑人流疏散问题。一般来说,大型体育馆出入口必须与下列哪个等级的城市道路相连?( )

    A. 城市快速路   B. 城市主干路

    C. 城市次干路   D. 城市支路

33. 下列关于居住用地布局原则的表述,不准确的是( )。

    A. 应尽量接近就业中心   B. 应有良好的公共交通服务

    C. 应靠近大型公共设施布局   D. 应在环境条件好的区域布局

34. 某城市的风玫瑰图如右图所示,其规划工业用地应尽可能在城市的(　　　)布局。

    A. 东侧或西侧　　　　　　　　B. 南侧或北侧

    C. 东南侧或西北侧　　　　　　D. 东北侧或西南侧

35. 下列表述中准确的是(　　　)。

    A. 各种类型的专业市场应集中布置,以发挥联动效应

    B. 工业用地应与对外交通设施相结合,以利运输

    C. 公交线路应避开居住区,以减少噪声干扰

    D. 公共停车场应均匀分布,以保证服务均衡

36. 某城市规划人口 35 万,其新规划的铁路客运站应布置在(　　　)。

    A. 城市中心区　　　　　　　　　　　B. 城区边缘

    C. 远离中心城区　　　　　　　　　　D. 中心城区边缘

37. 下列表述中不准确的是(　　　)。

    A. 在商务中心区内安排居住功能,可以防止夜晚的"空城"化

    B. 设置步行商业街区,有利于减少小汽车的使用

    C. 城市中心的功能分解有可能引发城市副中心的形成

    D. 在城市中心安排文化设施,可以增强公共中心的吸引力

38. 下列关于城市道路系统与城市用地关系的表述,错误的是(　　　)。

    A. 城市由小城市发展到大城市、特大城市,城市的道路系统也会随之发生根本性的变化

    B. 单中心集中式布局的小城市,城市道路宽度较窄、密度较高,较适用于步行和非机动化交通

    C. 单中心集中式布局的大城市,一般不会出现出行距离过长、交通过于集中的现象,生产生活较为方便

    D. 呈"组合型城市"布局的特大城市,城市道路一般会形成混合型路网,会出现对城市交通性干路网、快速路网的需求

39. 下列关于城市用地布局形态与道路网络形式关系的表述,错误的是(　　　)。

    A. 规模较大的组团式用地布局的城市中,不能简单地套用方格路网

    B. 沿河谷呈带状组团式布局的城市,往往不需要布置联系各组团的交通性干路

    C. 中心城市对周围的城镇具有辐射作用,其交通联系也呈中心放射形态

    D. 公共交通干线的形态应与城市用地形态相协调

40. 下列关于大城市用地布局与城市道路网功能关系的表述,错误的是(　　　)。

    A. 快速路网主要为城市组团间的中、长距离交通服务,宜布置在城市组团间

    B. 城市主干路网主要为城市组团内和组团间的中、长距离交通服务,是疏通城市交通及与快速路相连接的主要通道

    C. 城市次干路网是城市组团内的路网,主要为组团内的中、短距离服务,与城市主干路网一起构成城市道路的基本骨架

    D. 城市支路是城市地段内根据用地细部安排产生的交通需求而划定的道路,在城市组团内应形成完整的网络

41. 下列关于城市综合交通规划的表述,不准确的是( )。
    A. 城市综合交通规划应从城市层面进行研究
    B. 城市综合交通规划应把城市交通和城市对外交通结合起来综合研究
    C. 城市综合交通规划应协调城市道路交通系统与城市用地布局的关系
    D. 城市综合交通规划应确定合理的城市交通结构,促进城市交通系统的协调发展

42. 下列关于城市交通调查与分析的表述,错误的是( )。
    A. 城市交通调查的目的是摸清城市道路交通状况,城市交通的产生、分布和运行规律等
    B. 通过对城市道路的交通调查,可以分析交通量在道路上的空间分布和时间分布
    C. 居民出行调查的对象是户籍人口和暂住人口
    D. 居民出行调查,一般采用抽样调查的方法进行

43. 下列关于城市道路横断面选择的组合的表述,不准确的是( )。
    A. 交通性主干路宜布置为分向通行的一块板横断面
    B. 机、非分行的横断面常用于生活性主干路
    C. 次干路可布置为一块板横断面
    D. 支路宜布置为一块板横断面

44. 下列关于对外交通规划的表述,不准确的是( )。
    A. 城市对外交通线路和设施的布局直接影响城市的发展方向、城市布局和城市干路的走向
    B. 航空港的选址要满足保证飞机起降安全的自然和气象条件,要有良好的工程地质和水文地质条件
    C. 铁路在城市的布局中,线路的走向起着主导作用,站场位置是根据线路走向的需要而确定的
    D. 公路规划应结合城镇体系布局综合确定线路走向

45. 下列关于城市道路网络规划的表述,错误的是( )。
    A. 方格网式道路系统适用于平坦的城市,不利于对角线方向的交通,非直线系数较小
    B. 环形放射式道路系统有利于市中心与外围城市或郊区的联系,但容易把外围的交通迅速引入市中心
    C. 自由式道路系统通常是由道路结合自然地形不规则状布置而形成,没有一定的格式,非直线系数较大
    D. 混合式道路系统一般是由同一个城市同时存在的不同类型的道路网组合而成

46. 下列哪项不是历史文化遗产保护的原则?( )
    A. 保护历史真实载体的原则　　　　　B. 保护历史环境的原则
    C. 合理利用、永续利用的原则　　　　D. 修缮、保留与复建相结合的原则

47. 历史文化名城是( )。
    A. 联合国教科文组织确定并公布的具有重大历史文化价值的城市
    B. 由国务院核定并公布的保存文物特别丰富并且具有重大历史价值或者革命纪念意义的城市
    C. 由历史文化街区、文物古迹和历史建筑共同组成的
    D. 由城市总体规划根据城市经济社会发展目标所确定的

48. 历史文化名城保护规划应建立( )。
    A. 历史文化名城、历史文化街区与文物保护单位三个层次的保护体系
    B. 历史文化名城、风景名胜区、历史文化街区与文物保护单位四个层次的保护体系
    C. 历史文化街区、文物保护单位、历史建筑三个层次的保护体系
    D. 历史文化名城、历史文化街区、文物保护单位、历史建筑四个层次的保护体系

49. 对历史文化街区的历史建筑可以( )。
    A. 仅保存外表,改变内部结构、布局、设施、功能
    B. 在空间尺度、建筑色彩符合历史风貌的前提下新建
    C. 对所有建筑构件进行拆解、分类与编号后异地重建
    D. 维修性拆除后,在原地恢复其历史最佳时期的风貌

50. 下列不属于总体规划阶段给水工程规划主要内容的是( )。
    A. 确定用水量标准,预测城市总用水量
    B. 提出对用水水质、水压的要求
    C. 确定给水系统的形式、水厂供水能力和厂址
    D. 布置输配水干管、输水管网和供水重要设施,估算干管管径

51. 下列关于城市水系规划的表述,错误的是( )。
    A. 城市水系规划的对象为城市规划区内构成城市水系的各类地表水体及其岸线和滨水地带
    B. 城市水系规划期限宜与城市总体规划期限一致,对水系安全和永续利用等重要内容还应与城市远景规划期限一致
    C. 城市岸线包括生态性岸线、生活性岸线和生产性岸线
    D. 滨水建筑控制线是指滨水绿化控制线以外的滨水建筑区域界限,是保证滨水城市环境景观的共享性与异质性的控制区域

52. 根据《城市水系规划规范》(GB 50513—2009)关于水域控制线划定的相关规定,下列表述中错误的是( )。
    A. 有堤防的水体,宜以堤顶不临水一侧边线为基准划定
    B. 无堤防的水体,宜按防洪、排涝设计标准所对应的洪(高)水位划定
    C. 对水位变化较大而形成较宽涨落带的水体,可按多年平均洪(高)水位划定
    D. 规划的新建水体,其水域控制线应按规划的水域范围划定

53. 不属于城市总体规划阶段防灾减灾规划主要内容的是( )。
    A. 确定城市消防、防洪、人防、抗震等设防标准

    B. 布局城市消防、防洪、人防等设施

    C. 制定防灾预案与对策

    D. 组织城市防灾生命线系统

54. 不属于城市抗震防灾规划内容的是(　　)。

    A. 抗震设防标准和防御目标

    B. 城市用地抗震适宜性划分

    C. 避震疏散场所及疏散通道的建设与改造

    D. 地质灾害防灾减灾措施

55. 下列表述错误的是(　　)。

    A. 环境保护的基本任务主要是生态环境保护和环境污染综合防治

    B. 生态环境保护与建设目标应当作为城市总体规划的强制性内容

    C. 城市环境保护规划是城市规划的重要组成部分,一般不作为专业环境规划的
       主要组成内容

    D. 城市环境保护规划可依环境要素划分为大气环境保护规划、水环境保护规
       划、固体废物污染控制规划、噪声污染控制规划

56. 城市详细规划阶段竖向规划的方法一般不包括(　　)。

    A. 设计等高线法　　　B. 高程箭头法　　　C. 纵横断面法　　　D. 方格网法

57. 下列关于城市地下空间的表述,错误的是(　　)。

    A. 城市地下空间,是指城市中地表以下,为了满足人类社会生产、生活、交通、
       环保、能源、安全、防灾减灾等需求而进行开发、建设与利用的空间

    B. 地下空间资源包括三方面的含义:依附于土地而存在的资源蕴藏量;依据一
       定的技术、经济条件可合理开发利用的资源总量;一定的社会发展时期内有
       效开发利用的地下空间总量

    C. 城市公共地下空间是指用于城市公共活动的地下空间

    D. 下沉式广场不属于城市公共地下空间

58. 城市总体规划强制性内容必须明确(　　)。

    A. 落实上级政府规划管理的引导性要求

    B. 城市各类用地的具体布局

    C. 各级各类学校的布局

    D. 大型社会停车场布局

59. 近期建设规划的基本任务不包括(　　)。

    A. 明确近期内实施城市总体规划的发展重点和建设时序

    B. 确定城市近期发展方向、规模和空间布局

    C. 确定自然遗产与历史文化遗产的位置、范围和保护要求

    D. 城镇生态环境建设安排

60. 目前,近期建设规划中为落实保障性住房建设任务和要求,需要(　　)。

    A. 设立保障性住房为建设主体的新区

    B. 确保保障性住房用地的分期供给规模

C. 发展保障性住房周边的轨道交通

D. 明确每个年度的房价调控目标

61. 下列关于控制性详细规划编制内容的表述,错误的是(　　)。

A. 明确规划范围内不同性质用地的界线,确定各类用地内适建、不适建或者有条件允许建设的建筑类型

B. 确定各地块建筑高度、建筑密度、容积率、绿地率等指标

C. 确定交通出入口方位、停车泊位等要求

D. 根据规划建设容量,合理布局城市系统的重大关键性市政基础设施

62. 控制性详细规划的控制方式不包括(　　)。

A. 指标量化　　　　B. 条文规定　　　　C. 城市设计　　　　D. 图则标定

63. 控制性详细规划的强制性内容不包括(　　)。

A. 土地用途　　　　　　　　　　　B. 出入口位置

C. 公共服务设施配套规定　　　　　D. 绿地率

64. 修建性详细规划的任务不包括(　　)。

A. 落实控制性详细规划的要求及规划主管部门提出的规划条件

B. 对规划范围内的土地使用设定用途和容量控制

C. 对所在地块的建设提出具体的安排和设计

D. 指导建筑设计和各项工程施工设计

65. 下列关于修建性详细规划的表述,错误的是(　　)。

A. 需要对用地的建设条件进行分析

B. 需要对建筑室外空间和环境进行设计

C. 需要设计建筑首层平面图

D. 需要进行项目的投资效益分析和综合技术经济论证

66. 我国城郊村庄的空间自组织演进难以产生下列哪种形式?(　　)

A. 城中村　　　　　　　　　　　B. 外来人口聚居地

C. 开发区　　　　　　　　　　　D. 物流园

67. 下列表述不准确的是(　　)。

A. 城乡之间存在政策差异

B. 城市规划与乡村规划的基本原理不同

C. 城市与乡村的规划标准不同

D. 城市与乡村的空间特征不同

68. 下列不属于村庄规划范畴的是(　　)。

A. 环境整治　　　　　　　　　　B. 农村居民点布局

C. 基本公共服务设施配置　　　　D. 土地流转

69. 在历史文化名镇、名村保护范围内严格禁止的活动是(　　)。

A. 在核心保护范围内进行影视拍摄

B. 整体作为旅游景点对外开放

C. 占用保护规划确定保留的河湖水系

D. 新建、扩建必要的基础设施和公共设施

70. 不属于历史文化名村保护规划必要内容的是(　　)。

    A. 开发强度和建设控制要求   B. 传统格局与历史风貌保护要求

    C. 核心保护范围和建设控制地带   D. 非物质文化遗产的保护措施

71. 邻里单位理论提出人口规模建议值的主要原因是(　　)。

    A. 为了降低居住密度,保证良好的居住环境

    B. 为了适应城市管理的要求

    C. 为了保证良好的居民交往

    D. 为了适应配套设施规模

72. 在下列影响居住小区用地范围的因素中,最重要的是(　　)。

    A. 开发地块的大小   B. 城市干路网的布局

    C. 物业管理的最佳规模   D. 街道办事处的管辖范围

73. 下列关于居住配套设施的表述,错误的是(　　)。

    A. 中学不属于居住小区的配套设施

    B. 依据千人指标配建相应设施

    C. 居住小区的配套设施需要考虑合理的服务半径

    D. 城市中心区域公共设施较多,但不能代替居住开发项目的相应配套设施

74. 下列属于居住区防灾措施的是(　　)。

    A. 机动车道最大纵坡为 5%

    B. 尽端式道路的长度不宜大于 120m

    C. 居住小区内主要道路至少应有两个出入口

    D. 建筑山墙之间的宽度最小为 14m

75. 下列关于住宅日照分析的表述,正确的是(　　)。

    A. 板式多层住宅的日照主要取决于太阳方位角

    B. 塔式高层住宅的日照主要取决于太阳高度角

    C. 围合布局的多层住宅,方位为南偏东(西)时,间距可折减计算

    D. 平行布局的多层住宅,方位为南偏东(西)时,间距可折减计算

76. 国家级重点风景名胜区总体规划由(　　)审定。

    A. 国务院

    B. 国家风景名胜区主管部门

    C. 风景名胜区所在地省级人民政府

    D. 风景名胜区所在地省级风景名胜区主管部门

77. 在风景名胜区规划中,不属于游人容量统计常用口径的是(　　)。

    A. 一次性游人容量   B. 日游人容量

    C. 月游人容量   D. 年游人容量

78. 下列关于城市设计的表述,错误的是(　　)。

    A. 城市设计具有悠久历史,现代城市设计的概念是从西方文艺复兴时期开始的

B. 城市设计强调建筑与空间的视觉质量

C. 城市设计与人、空间和行为的社会特征密切相关

D. 为人创造场所逐渐成为城市设计的主流观念

79. 下列关于城乡规划实施手段的表述,不准确的是( )。

A. 规划手段是指政府运用规划编制和实施的行政权力,通过各类规划的编制来推进城市规划的实施

B. 政策手段是指政府根据城市规划的目标和内容,从规划实施的角度制定相关政策来引导城市发展

C. 财政手段是指政府运用公共财政的手段,调节、影响城市建设的需求和进程,保证城市规划目标的实现

D. 管理手段是指政府根据城市规划,按照规划文本的内容来管理城市发展

80. 下列关于城市规划实施的表述,正确的是( )。

A. 城市规划实施的组织和管理是各级人民政府及社会公众的重要责任

B. 城市规划实施的组织,必须建立以规划审批来推进规划实施的机制

C. 城市建设项目的规划管理包括建设用地管理、建设工程管理以及建设项目实施的监督检查

D. 城市规划实施的监督检查指的是行政监督、媒体监督和社会监督

二、多项选择题(共 20 题,每题 1 分。每题的备选项中有 2～4 个符合题意。多选、少选、错选都不得分)

81. 城镇化的阶段包括( )。

A. 集聚城镇化阶段　　　　　　B. 郊区化阶段

C. 逆城镇化阶段　　　　　　　D. 再城镇化阶段

E. 新型城市化阶段

82. 下列关于欧洲古代城市格局的表述中,正确的是( )。

A. 古雅典城区是严格的方格网布局,卫城的布局是不规整的

B. 古罗马城以广场、公共浴池、宫殿为中心,形成轴线放射的整体布局结构

C. 古罗马时期建设的营寨城,大多为方形或长方形,中间为十字形街道

D. 中世纪城市发展缓慢,形成了狭小、不规则的道路网

E. 文艺复兴时期的城市建设了一系列具有古典风格、构图严谨的广场和街道

83. 下列哪些内容有助于实现我国城市的可持续发展?( )

A. 提高公共交通在出行方式中的比重

B. 维护地表水的存量和地表土的品质

C. 建设低密度居住区,形成良好的人居环境

D. 优先使用闲置、弃置土地,减少城市扩张的压力

E. 为低收入人群提供更多的发展机会

84. 制定城乡规划应当坚持( )。
   A. 依法规划　　　　　　　　B. 政府组织
   C. 专家决策　　　　　　　　D. 节约集约利用资源
   E. 扶助弱势群体

85. 下列关于控制性详细规划制定的基本程序的表述,正确的是( )。
   A. 对已有控规的修改,编制单位应该征求规划地段内利害相关人的意见
   B. 控规修改如果涉及强制性内容,应该先修改总体规划
   C. 控规草案公告时间不少于 30 日
   D. 县政府驻地以外的镇的控规由上一级政府规划行政主管部门审批
   E. 控规修改必须经原审批机关同意

86. 根据《城市规划编制办法》,下列属于市域城镇体系规划纲要内容的是( )。
   A. 确定各城镇人口规模、职能分工、空间布局方案
   B. 确定重点城镇的用地规模和用地控制范围
   C. 原则确定市域交通发展策略
   D. 提出市域城乡统筹发展战略
   E. 划定城市规划区

87. 为了编制省域城镇体系规划,进行区域调查时需收集的资料包括( )。
   A. 区域内的矿产资源条件
   B. 区域内的基础设施状况
   C. 区域内各城市、镇、乡、村的基本情况
   D. 区域内的风向、风速等风象资料
   E. 区域内的人口流动情况

88. 下列关于信息化时代城市的表述中,正确的是( )。
   A. 城市中心区与边缘区的聚集效应差别加大
   B. 城乡边界变得模糊
   C. 多中心特征更加明显
   D. 位于郊区的居住社区功能变得更加纯粹
   E. 大城市的圈层结构更加明显

89. 下列关于用地归属的表述,符合《城市用地分类与规划建设用地标准》(GB 50137—2011)的是( )。
   A. 货运公司车队的站场属于物流仓储用地
   B. 电动汽车充电站属于商业服务设施用地
   C. 公路收费站属于道路与交通设施用地
   D. 外国驻华领事馆属于特殊用地
   E. 业余体校属于公共管理与公共服务设施用地

90. 下列关于城市停车设施规划的表述,正确的是( )。
   A. 城市出入口停车设施一般是为外来过境货运机动车服务的
   B. 交通枢纽性停车设施一般是为疏解交通枢纽的客流,完成客运转换服务的

C. 生活居住区停车设施一般按照人车分流的原则布置在小区边缘或在地下建设

D. 城市商业步行区的停车设施一般应布置在商业中心的外围

E. 一般可在快速路、主干路和次干路两侧布置停车带,以方便对两侧用地的停车服务

91. 下列关于城市公共交通规划的表述,正确的是(　　)。

A. 城市公共交通系统模式要与城市用地布局模式相匹配,适应并能促进城市和城市用地布局的发展

B. 城市公交普通线路应与城市用地密切联系,应布置在城市服务性道路上

C. 城市快速公交线应尽可能与城市用地分离,与城市组团形成"藤与瓜"的关系

D. 城市公共交通系统的形式可根据不同的城市规模、布局和居民出行特征确定

E. 城市公共交通系统规划要提出出租汽车发展策略和出租汽车驻站规划布局原则

92. 在历史文化名城保护规划中应划定保护界限的有(　　)。

A. 历史城区　　　　　　　　　B. 历史地段

C. 历史建筑群　　　　　　　　D. 文物古迹

E. 地下文物埋藏区

93. 历史文化名城可根据其特征进行分类,包括的类型有(　　)。

A. 古都型　　　　　　　　　　B. 风景名胜型

C. 殖民特色型　　　　　　　　D. 传统风貌恢复型

E. 地方及民族特色型

94. 城市水资源规划的内容包括(　　)。

A. 合理预测城乡生产、生活需水量　　B. 划分河道流域范围

C. 分析城市水资源承载能力　　　　　D. 制定雨水及再生水利用目标

E. 布置输配水干管

95. 城市能源规划的主要内容包括(　　)。

A. 预测城市能源需求　　　　　B. 提出节能技术措施

C. 协调城市供电、燃气、供热规划　　D. 合理确定变电站数量

E. 确定燃气设施布局

96. 下列关于控制性详细规划的表述,正确的是(　　)。

A. 通过数据控制落实规划意图　　B. 具有多元化的编制主体

C. 横向综合性的规划控制汇总　　D. 刚性与弹性相结合的控制方式

E. 通过形象的方式表达空间与环境

97. 下列关于镇的表述,不准确的是(　　)。

A. 集镇是镇的商业中心

B. 镇是一种聚落形式

C. 镇是连接城乡的纽带和桥梁

    D. 镇域内的居民点通常由镇区和村庄组成

    E. 大城市外围的镇是该城市的卫星城

98. 20 世纪 50 年代我国城市居住区曾采用过周边式布局模式,之后不再采用的主要原因是(　　)。

    A. 不符合居住小区的规模要求　　　　　B. 容积率过低

    C. 日照通风条件不好　　　　　　　　　D. 造价偏高

    E. 难以适应地形变化

99. 下列哪些项目不得在风景名胜区内建设?(　　)

    A. 公路　　　　　B. 陵墓　　　　　C. 缆车　　　　　D. 宾馆

    E. 煤矿

100. 下列关于城市设计的表述,正确的是(　　)。

    A. 西谛在《城市建设艺术》一书中提出了现代城市空间组织的艺术原则

    B. 凯文·林奇在《城市意象》一书中,提出关于城市意象的构成要素是地标、节点、路径、边界和地区

    C. 亚历山大在《城市并非树形》一书中,描述了城市空间质量与城市活动之间的密切关系

    D. 福尔茨在《场所精神》一书中,提出了行为与建成环境之间的内在联系,指出场所是由自然环境和人造环境相结合的有意义的整体

    E. 简·雅各布斯在《美国大城市的生与死》一书中,关注街道、步行道、公园的社会功能

真 题 解 析

一、单项选择题(共 80 题,每题 1 分。每题的备选项中,只有 1 个最符合题意)

1. A

【解析】 中国的市制实行的是城区性和地域性相结合的行政区划建制模式,一般称为广域型市制。A 选项符合题意。

2. B

【解析】 农业社会生产力低下,城市的数量、规模及职能取决于农业的发展,主要是政治、军事或宗教中心,没有经济中心、商业中心、技术革新中心等职能。因此 B 选项符合题意。

3. C

【解析】 区域是城市发展的基础,区域一体化使城市在全球竞争体系中获得更大、更强的发展动力,在一定区域内通过各种方式联合起来,促进了中心城市的聚集作用,使其共同构建一个空间单元(都市圈、大都市区)参与全球竞争。因此 C 选项符合题意。

4. A

【解析】 霍华德田园城市理论:"城市应与乡村结合",城市人口 32000 人,用地为 9000 英亩,城市外围土地为永久性绿地,供农牧产业用。圈状布局,每个田园城市的城区用地占总用地的 1/6,若干个田园城市围绕着中心城市呈圈状布置,借助于快速的交通工具(铁路)只需要几分钟就可以往来于田园城市与中心城市或田园城市之间,不穿越中心。与勒·柯布西埃的"明天城市"相比,其属于分散式城市形态,属于低密度的城市建设。因此 A 选项正确。

霍华德的田园城市,尽管围绕中心城市建设若干的田园城市,但他提出的"无贫民窟无烟尘的城市群"并不具备真正城市群的功能。

5. D

【解析】 勒·柯布西埃"明天城市"的特点:城市规划 300 万人,圈状布局,中央为中心区,将近 40 万人居住在 24 栋 60 层高的摩天大楼中,高楼周围大片绿地,建筑仅占地 5%,配置各种机关、商业和公共设施、文化和生活服务设施。外围为环形居住带,60 万居民住在多层板式住宅内。最外围为花园住宅,容纳 200 万人。中心区的交通干道由三层组成:地下走重型车辆,地面用于市内交通,高架道路用于快速交通。D 选项实际为田园城市的特征,因此错误。故 D 选项符合题意。

6. B

【解析】 城市用地的发展方向选择主要考虑与城市中心的距离、与周边用地的竞争和依赖关系、交通的便捷程度、主要交通干道的走向、地形地貌等。

城市主导风向更多影响的是城市用地布局,不影响城市用地发展方向的选择。因此B选项符合题意。

7. D

【解析】 1980年,针对美国郊区建设中存在的城市蔓延和对私人小汽车交通的极度依赖所带来的低效率和浪费问题,新都市主义提出应当对城市空间组织的原则进行调整,强调要减少机动车的使用量,鼓励使用公共交通,居住区的公共设施和公共活动中心等围绕着公共交通的站点进行布局,使交通设施和公共设施能够相互促进,相辅相成,并据此提出了公共交通引导开发(TOD)的模式。由此背景可知,TOD模式主要用于旧城市的改造调整。因此D选项符合题意。

8. C

【解析】 单位的六大原则为:①规模,邻里单位的规模要满足一所小学的服务人口规模;②边界,以城市主要交通干道为边界,避免汽车从居住单元穿入;③开放空间,邻里单位中应有满足居民使用需要的小型共同等开放空间;④机构用地,适当地围绕着某个中心进行成组布置;⑤地方商业,邻里单位内居民服务的商业服务设施布置在邻里单位周边,最好是处于道路的交叉处或与相邻邻里的商业设施共同组成商业区;⑥内部道路系统,整个街道网要设计得便于单位内的运行同时又能阻止过境交通的使用。C选项的布置在邻里中心错误。因此C选项符合题意。

9. C

【解析】 伍子胥主持建造阖闾城,提出"相土尝水,象天法地"的思想,充分考虑江南水乡的特点,水网密布,交通便利,排水通畅,展示了水乡城市规划的高超技巧。因此C选项符合题意。

10. C

【解析】 进入21世纪,国务院发出《国务院关于加强城乡规划监督管理的通知》,提出要进一步强化城乡规划对城乡建设的引导和调控作用,健全城乡规划建设的监督管理制度,促进城乡建设的健康有序发展。因此C选项符合题意。

11. C

【解析】 全球化经济带来城市的重构和依存度加强,"全球城市"对世界经济的引导随科技、信息的发展愈加明显;随着经济全球化的进程和经济活动在城市中的相对集中,城市与附近地区的城市之间、城市与周围区域之间原有的密切关系也在发生着变化。这种变化主要体现在城市与周边地区和周边城市之间的联系在减弱,而由于各类城市生产的产品和提供的服务是全球性的,都是以国际市场为导向的,其联系的范围极为广泛,但在相当程度上并不以地域性的周边联系为主,即使是一个非常小的城市,它也可以在全球城市网络中建立与其他城市和地区的跨地区甚至是跨国的联系,不再需要依赖于附近的大城市而对外发生作用。从这样的意义上讲,原先建立在地域联系基础上的城市体系出现松动,而任何城市都可以成为建立在全球范围内的网络化联系的城市体系中的一分子。因此AD选项表述正确。全球跨国公司的经济投资直接促进发展中国家经济、社会发展,带来城市的巨大变化和发展,同时城市也成为跨国公司的制造基地,因此B选项表述正确。故C选项符合题意。

12. B

【解析】《中华人民共和国城乡规划法解说》从城乡规划社会作用的角度对城乡规划作了如下定义:城乡规划是各级政府统筹安排城乡发展建设空间布局,保护生态和自然环境,合理利用自然资源,维护社会公正与公平的重要依据,具有重要公共政策的属性。由以上分析可知,城乡规划不属于统筹城乡经济发展的重要依据。因此 B 选项符合题意。

13. A

【解析】 政府部门的规划师职责:①行政管理职责;②专业技术管理职责。

规划编制部门的规划师角色:专业技术人员和专家。

研究与咨询机构的规划师角色:专业技术人员和专家角色,其所代表的是委托机构的利益,可能成为不同利益的代言人。

私人部门的规划师角色:隶属于私人部门,其首先是特定利益的代言人。

由以上分析可知,A 选项符合题意。

14. C

【解析】 城乡规划行政主管部门与本级政府的其他部门一起,共同代表着本级政府的立场,执行共同的政策,发挥着在某一领域的管理职能。它们之间的相互作用关系应当是相互协同的,在决策之前进行信息互通与协商,并在决策之后共同执行,从而成为一个整体发挥作用。统筹的是整体利益,不是各个部门的利益,因此 C 选项符合题意。

15. D

【解析】 城镇体系规划包括全国、省域城镇体系规划两个层次,因此 A 选项错误。全国城镇体系规划由国务院城乡规划主管部门会同国务院有关部门组织编制,报国务院审批。国务院确定的城市的总体规划也由国务院审批,因此 B 选项错误。乡、镇人民政府组织编制乡规划、村庄规划,报上一级人民政府审批,因此 C 选项错误。故选 D。

16. B

【解析】 城镇体系的系统由逐级子系统组成,各组成要素按其作用大小可以分成许多层级,如全国性的城镇体系由大区级、省区级体系组成,再下面还有地区级或地方级的体系;城镇体系规划的定义是,在一定地域范围内,以区域生产力合理布局和城镇职能分工为依据,确定不同人口规模等级和职能分工的城镇分布和发展规划。城镇体系规划必须确定的是城镇的职能分工和规模,所以最终形成的城镇职能分工具有层次性。所以 B 选项符合题意。

17. B

【解析】 城镇体系规划的主要图纸包括:城镇现状建设和发展条件综合评价图;城镇体系规划图;区域社会及工程基础设施配置图;重点地区城镇发展规划示意图。B 选项的旅游设施规划图不属于必要图纸。故选 B。

18. A

【解析】《中华人民共和国城乡规划法解说》规定:一级政府、一级规划、一级事权,下位规划不得违反上位规划。全国城镇体系规划、省域城镇体系规划需要单独报批;市域城镇体系规划、镇域城镇体系规划属于城市、镇总体规划的一部分,随总体规划上报审批,城镇体系规划是对城市、镇(乡)的规划安排,并不对城市(镇)经济区作出规划安排或划分。乡域城镇体系规划还应当包括本行政区域内的村庄发展布局。因此 A 选项正确。

19. C

【解析】 只有与城乡规划有关的发展规划才依据城市总体规划,并不是所有的规划都要依据城市总体规划。因此 C 选项符合题意。

20. C

【解析】 绿地率不属于评价城市社会状况的指标,而属于评价城市环境状况的指标。因此 C 选项符合题意。

21. A

【解析】 随着城市的发展,城市产业会随生产力的发展由第一产业逐渐向第二、三产业升级,产业结构也会更高级。题目中 A 城市的第二、三产业总和占整个城市产业的比重与 B 城市相同,但 A 城市第三产业占第二、三产业总和的比重比 B 城市高,所以,相比较而言,A 城市的产业结构比 B 城市更高级,因此 A 选项符合题意。

22. A

【解析】 城市性质的确定,可从两个方面进行。一个是城市在国民经济中所承担的职能方面,就是指一个城市在国家或地区的经济、政治、社会、文化生活中的地位和作用。城镇体系规划规定了区域内城镇的合理分布,城镇的职能分工和相应的规模,因此,它是确定城市性质的主要依据。另一个是城市产生和发展的根本因素方面。综上分析可知,A 选项符合题意。

23. D

【解析】 人口机械增长是指由于人口迁移所形成的变化量,即一定时期内,迁入城市人口和迁出城市人口的净差值。所以 D 选项符合题意。

24. A

【解析】 整个社会的城市化进程、城市社会经济的发展以及由此而产生的城市就业岗位是造成城市人口增减的根本原因。因此 A 选项符合题意。

25. D

【解析】 城市总体规划纲要的任务是研究总体规划中的重大问题,提出解决方案并进行论证,经过审查的纲要是总体规划成果审批的依据。因此 A 选项错误。B、C 选项均为提出研究,而不是直接确定,因此是错误的。故选 D。

26. B

【解析】 划定中心城市与相邻行政区域在空间发展布局方面的协调策略属于省域城镇体系规划的内容。因此 B 选项符合题意。

27. A

【解析】 B 选项卫星城镇错误,它与中心城区没有从属关系。C 选项"连绵"不对,应是"串珠"形态。D 选项不正确,分片组群式的市域城镇空间主要是地域隔离造成的,城市辐射程度可能很强,如成都、重庆。因此 A 选项符合题意。

28. A

【解析】 《城市规划编制办法》第二十条:编制城市总体规划,应先组织编制总体规划纲要,研究确定总体规划中的重大问题,作为编制规划成果的依据。因此 A 选项符合题意。

29. A

【解析】 放射型形态的城市多位于地形较为平坦,对外交通便利的平原地区。因此 A 选项符合题意。

30. C

【解析】 集中型城市形态属于一元化的单中心城市,A 选项错误;带型城市在城市发展的基础上,会形成一个全市性的活动中心和多个分区的次一级中心,但依旧是单中心城市,B 选项错误;组团型由两个以上相对独立的组团构成,组团之间多由于大河或其他地形条件形成分割,各个组团内有各自的中心和道路系统,是多中心城市,C 选项正确;散点型城市为多个小团块点状分散布置,多为矿业城市,除一个活动中心外,其他的组团均为生产性团购分散点,因此,散点城市形态为单中心城市,D 选项错误。故 C 选项符合题意。

31. B

【解析】 城市污水处理厂位置的选择宜符合下列要求:

(1) 在城市水系的下游,并应符合供水水源防护要求;

(2) 在城市夏季最小频率风向的上风侧;

(3) 与城市规划居住、公共设施保持一定的卫生防护距离;

(4) 靠近污水、污泥的排放和利用地段;

(5) 应有方便的交通、运输和水电条件。

污水处理厂的布置应该考虑到废水的收集以及再生水的利用,所以污水处理厂不能远离城市中心区,否则会造成地下管网的增加。因此 B 选项符合题意。

32. C

【解析】 大型公共建筑的出入口应该尽可能布置在汇集性道路上,如果必须在城市主干道开口,则应该使出入口与主干道交叉口保持相当距离(避免干扰)。而对于大型体育场馆、展览馆中心等公共设施,由于对城市道路系统的依存关系,则应与城市干路相联结。

大型公共服务设施既要避免干扰又要利于疏散,而题目想要问的其实是充分考虑人流疏散问题下,必须与哪个等级道路相联结,显然,题目中"必须"二字是低限要求,即最少要与次干道以上级别道路相联结。因此 C 选项符合题意。

33. C

【解析】 居住用地靠近大型公共设施来布局不正确,而是公共设施与居住用地相辅相成,互相合理设置。因此 C 选项符合题意。

34. D

【解析】 为了避免污染,工业用地尽可能布置在风向频率最小的方位,该图风向频率最小的方位在东北侧和西南侧。因此 D 选项符合题意。

35. B

【解析】 某些专业市场应集中布置,以发挥联动效应,但不是"各类",A 选项错误;公交线路应与居住区紧密结合,便于居民出行,C 选项错误;公共停车场遵循不同停车设施(出入口停车设施,交通枢纽停车设施,生活居住区停车设施,城市各级商业、文化娱乐

20

中心附近停车设施,城市外围大型停车设施,道路停车设施)的要求合理布置,D 选项错误。工业用地重运输,需要与对外交通设施相结合,因此 B 选项符合题意。

36. B

【解析】 35 万人口的城市属于中等城市。中、小城市铁路客运站布置在城区边缘,大城市应深入城市中心区边缘。35 万是此题的考点。故选 B。

37. B

【解析】 公共中心的功能地域要发挥组合效应,提高运营效能。同时,在中心地区规模较大时,应结合区位条件安排部分居住用地,以免在夜晚出现中心"空城"现象。在一些大城市或都会地区,通过建立城市副中心,可以分解市级中心的部分职能,主、副中心相辅相成,共同完善市中心的整体功能。在城市中心安排文化设施,可以增强公共中心的吸引力,比如电影院、影剧院、图书馆、展览馆等。

B 选项设置商业步行街,如果步行街有良好的公共交通枢纽,可能会减少小汽车的使用,但是,如果步行街公共交通不完善,在某种程度上将会增加小汽车的使用,故需要在步行街的周边设置截留式停车设施。因此 B 选项符合题意。

38. C

【解析】 单中心集中式用地布局的城市中,会因为集中布局的"摊大饼"布局而产生出行距离过长和交通向中心集中的现象。因此 C 选项符合题意。

39. B

【解析】 沿河谷呈带状组团式布局的城市,往往需要布置联系各组团的交通性道路,加强各组团间的联系。故 B 选项符合题意。

40. D

【解析】 支路局部可能成网,但在组团内难以形成完整路网。故选 D。

41. A

【解析】 城市综合交通规划应从"区域"和"城市"两个层面进行研究。故选 A。

42. C

【解析】 居民出行 OD(origin-destination)调查的对象包括年满 6 岁以上的城市居民、暂住人口和流动人口。故选 C。

43. A

【解析】 交通性主干道应采用解决对向交通干扰的两块板或者采用机动车快车道和机、非混行慢车道组合的四块板。因此 A 选项符合题意。

44. C

【解析】 城市铁路布局中,场站位置起着主导作用,线路的走向是根据场站与场站、场站与服务地区的联系需要而确定的。因此 C 选项符合题意。

45. A

【解析】 方格网式路网又称棋盘式路网,是最常见的道路网类型,适用于地形平坦的城市。用方格网道路划分的街坊形状整齐,有利于建筑的布置,由于平行方向有多条道路,因此交通分散,灵活性大;但对角线方向的交通联系不便,非直线系数大。因此 A 选项符合题意。

46．D

【解析】 历史文化名城保护规划原则：①保护历史真实载体的原则；②保护历史环境的原则；③合理利用、永续利用的原则。因此 D 选项符合题意。

47．B

【解析】 对于保存文物特别丰富并且具有重大历史价值或者革命纪念意义的城市，由国务院核定公布为"历史文化名城"。故 B 选项符合题意。

48．A

【解析】 历史文化名城保护规划应建立历史文化名城、历史文化街区与文物保护单位三个层次的保护体系。所以 A 选项符合题意。

49．A

【解析】 根据《历史文化名城保护规划规范》(GB 50357—2005)第 4.3.3 条，历史文化街区内的各类建筑依据表 4.3.3 规定进行保护与整治。因此历史建筑的保护与整治方式为维修改善。维修改善是指对建筑物所进行的不改变外观特征，进行加固、完善内部布局及设施的保护性活动。B 选项的"新建"错误，C 选项的"异地重建"错误，D 选项的"拆除"错误。故选 A。(注：《历史文化名城保护规划规范》(GB 50357—2005)已作废，被《历史文化名城保护规划标准》(GB/T 50357—2018)代替。)

表 4.3.3　历史文化街区建(构)筑物保护与整治方式

分类	文物保护单位	保护建筑	历史建筑	一般建(构)筑物	
				与历史风貌无冲突的建(构)筑物	与历史风貌有冲突的建(构)筑物
保护与整治方式	修缮	修缮	维修改善	保留	整修改造拆除

注：表中"与历史风貌无冲突的建(构)筑物"和"与历史风貌有冲突的建(构)筑物"是指文物保护单位、保护建筑和历史建筑以外的所有新旧建筑。

50．B

【解析】 总体规划阶段，供水工程规划的主要内容是：①预测城市用水量；②进行水资源供需平衡分析；③确定城市自来水厂布局和供水能力；④布置输水管(渠)、配水干管和其他配水设施；⑤划定城市水源保护区范围，提出水源保护措施。提出水质、水压的要求是详细规划的要求，不属于总体规划的内容。因此 B 选项符合题意。

51．B

【解析】 《城市水系规划规范》(GB 50513—2009)第 1.0.5 条规定，城市水系规划期限宜与城市总体规划期限一致，对水系安全和永续利用等重要内容还应有长远谋划。B 选项中的与"城市远景规划期限一致"错误，A、C、D 选项为规范原文，因此 B 选项符合题意。

52．A

【解析】 《城市水系规划规范》(GB 50513—2009)第 4.2.2 条规定，划定水域控制线宜符合下列规定：①有堤防的水体，宜以堤顶临水一侧边线为基准划定；②无堤防的水体，宜按防洪、排涝设计标准所对应的洪(高)水位划定；③对水位变化较大而形成较宽涨落带的水体,可按多年平均洪(高)水位划定;④规划的新建水体,其水域控制线应按规划的水域范围线划定;⑤现状坑塘、低洼地、自然汇水通道等水敏感区域宜纳入水域控制范围。因此 A 选项符合题意。

53. C

【解析】 城市总体规划阶段防灾减灾规划的主要内容:确定城市消防、防洪、人防、抗震等设防标准;布局城市消防、防洪、人防等设施;制定防灾对策与措施;组织城市防灾生命线系统。制定防灾预案与对策属于详细规划的内容,因此 C 选项符合题意。

54. D

【解析】 抗震防灾规划的主要内容如下。

(1)城市总体规划中的主要内容:确定城市消防、防洪、人防、抗震等设防标准;布局城市消防、防洪、人防等设施;制定防灾对策与措施;组织城市防灾生命线系统。

(2)城市详细规划中的主要内容:确定规划范围内各种消防设施的布局及消防通道、间距等;确定规划范围内地下防空建筑的规模、数量、配套内容、抗力等级、位置布局,以及平战结合的用途;确定规划范围内的防洪堤标高、排涝泵站位置等;确定规划范围内疏散通道、避难场地。

D 选项属于地质防灾的内容,因此符合题意。

55. C

【解析】《中华人民共和国环境保护法》中明确提出了环境保护的基本任务是保护和改善生活环境与生态环境,防治污染和其他公害,保障人体健康,促进社会主义现代化的发展。由此可以看出环境保护的基本任务主要为两方面:一是生态环境保护;二是环境污染综合防治。城市环境规划既是城市规划的重要组成部分,又是环境规划的主要组成内容,因此 C 选项符合题意。

56. D

【解析】 城市详细规划阶段竖向规划的方法一般有设计等高线法、高程箭头法、纵横断面法。故选 D。

57. D

【解析】 城市公共地下空间是指用于城市公共活动的地下空间,一般包括下沉式广场、地下商业服务设施中的公共部分、轨道交通车站,以及城市公共的地下空间和开发地块中规划规定的公共活动性地下空间等,是城市公共活动系统的重要组成部分。下沉式广场属于城市公共地下空间,因此 D 选项符合题意。

58. D

【解析】 依据《城市总体规划的强制性内容》暂行规定,城市基础设施和公共服务设施用地包括:城市主干路的走向、城市轨道交通的线路走向、大型停车场布局;取水口及其保护区范围、给水和排水主管网的布局;电厂与大型变电站位置、燃气储气罐站位置、垃圾和污水处理设施位置;文化、教育、卫生、体育和社会福利等主要公共服务设施的布局。

由以上分析可知,D 选项符合题意。

59. C

【解析】 近期建设规划的基本任务不包括历史文化遗产的位置、范围,因此 C 选符合题意。

60．B

【解析】 只有确保保障性住房用地的供给规模和时间,才能够满足落实保证性住房建设任务和要求。因此 B 选项符合题意。

61．D

【解析】 根据《城市规划编制办法》(2006 年)第四十一条的规定,控制性详细规划应包括下列内容。

(1)确定规划范围内不同性质用地的界线,确定各类用地内适建、不适建或者有条件允许建设的建筑类型。A 选项正确。

(2)确定各地块建筑高度、建筑密度、容积率、绿地率等控制指标,确定公共设施配套要求、交通出入口方位、停车泊位、建筑后退红线距离等要求。B 选项正确。

(3)提出各地块的建筑体量、体型、色彩等城市设计指导原则。

(4)根据交通需求分析,确定地块出入口位置、停车泊位、公共交通场站用地范围和站点位置、步行交通以及其他交通设施。规定各级道路的红线、断面、交叉口形式及渠化措施、控制点坐标和标高。C 选项正确。

(5)根据规划建设容量,确定市政工程管线位置、管径和工程设施的用地界线,进行管线综合确定地下空间开发利用具体要求。D 选项错误。

(6)制定相应的土地使用与建筑管理规定。

由以上分析可知,D 选项符合题意。

62．C

【解析】 控制性详细规划的控制方式包括指标量化、条文规定、图则标定、城市设计引导、规定性和指导性。城市设计不能直接作为控制方式,只能在控制性详细规划中通过城市设计引导建设来控制。因此,C 选项符合题意。

63．B

【解析】 2006 年 4 月 1 日实施的《城市规划编制办法》第四十二条规定,控制性详细规划确定的地段地块的土地用途、容积率、建筑高度、建筑密度、绿化率、公共绿地面积、规划地段基础设施和公共服务设施配套建设的规定等应当作为强制性内容。B 选项的出入口位置不属于控制性详细规划。故选 B。

64．B

【解析】 修建性详细规划的任务是依据已批准的控制性详细规划及城乡规划主管部门提出的规划条件,对所在地块建设提出具体的安排和设计,用以指导建筑设计和各项工程施工设计。B 选项的对规划范围内的土地使用设定用途和容量控制属于控制性详细规划的内容。故选 B。

65．C

【解析】 修建性详细规划包含的具体内容:用地建设条件分析、建筑布局与规划设计、室外空间与环境设计、道路交通规划、场地竖向设计、建筑日照影响分析、投资效益分析和综合技术经济论证、市政工程管线规划设计和管线综合。C 选项属于施工图设计内容。故选 C。

66. C

【解析】 开发区的建立是政府行为,需要相关批复,不是城郊村庄自发能形成的。故选 C。

67. B

【解析】 在城市规划和乡村规划中,因城市与乡村在空间上的特征不同,使城市规划与乡村规划之间存在政策差异,所以依据不同的标准各自编制城市规划和乡村规划,但针对规划的理论原理是相同的,因此 B 选项符合题意。

68. D

【解析】 土地流转不属于村庄规划的范畴。因此 D 选项符合题意。

69. C

【解析】 在历史文化名城、名镇、名村保护范围内禁止进行下列活动:

(1) 开山、采石、开矿等破坏传统格局和历史风貌的活动;

(2) 占用保护规划确定保留的园林绿地、河湖水系、道路等;

(3) 修建生产、储存爆炸性、易燃性、放射性、毒害性、腐蚀性物品的工程、仓库等;

(4) 在历史建筑上刻画、涂污。

因此 C 选项符合题意。

70. D

【解析】《历史文化名城名镇名村保护条例》第十四条规定,保护规划应当包括下列内容:

(1) 保护原则、保护内容和保护范围;

(2) 保护措施、开发强度和建设控制要求;

(3) 传统格局和历史风貌保护要求;

(4) 历史文化街区、名镇、名村的核心保护范围和建设控制地带;

(5) 保护规划分期实施方案。

D 选项的非物质文化遗产的保护措施不属于历史文化名村保护规划的内容。故选 D。

71. D

【解析】 以小学的合理规模为基础控制邻里单位的人口规模,使小学生不必穿过城市道路,一般邻里单位的规模为 5000 人左右,规模小的邻里单位为 3000~4000 人;邻里单位的中心是小学,与其他服务设施一起布置在中心广场或绿地中。由此可知,人口规模的建议值是依据配套设施规模来确定的。因此 D 选项符合题意。

72. B

【解析】 影响居住小区用地范围的因素中,城市干路网的布局影响最大。故选 B。

73. D

【解析】 依据《城市居住区规划设计规范》(GB 50180—1993)第 6.0.2 条文解说,当城市周边有设施可以使用时,配建的项目和面积可酌情减少。因此 D 选项符合题意。

74. C

【解析】 根据《城市居住区规划设计规范》(GB 50180—1993)的规定,居住区道路规划应考虑防灾救灾要求,小区内主要道路至少应有两个出入口;居住区主要道路应有两个方向和外连接,机动车最大纵坡 8%,多雪和严寒地区最大纵坡 5%;居住区内尽端式道路的长度不宜大于 120m,并应在尽端设不小于 12m×12m 的回车场。建筑山墙之间的最小距离,多层之间不宜小于 6m,高层与各层住宅之间不宜小于 13m。由以上分析可知,C 选项符合题意。B 选项缺少设回车场这一防灾措施。

75．D

【解析】 板式住宅日照主要取决于太阳高度角,塔式住宅日照主要取决于太阳方位角,A、B 选项错误。围合式布局的住宅不能进行日照折减,平行布局的住宅方向为南偏东(西)时,间距可折减计算。因此 D 选项正确。故选 D。

76．A

【解析】 经审查通过的国家级重点风景名胜区总体规划,由省、自治区、直辖市人民政府报国务院审批。故选 A。

77．C

【解析】 依据《风景名胜区规划规范》(GB 50298—1999),游人容量一般由一次性游人容量、日游人容量、年游人容量三个层次表示。故选 C。

78．A

【解析】 城市设计有着悠久的历史,但是现代城市设计概念是从西方城市美化运动起源的。故选 A。

79．D

【解析】 管理手段是通过对具体建设项目的开发建设进行控制来达到规划实施目的的。故选 D。

80．C

【解析】 城市规划的实施组织和管理是各级人民政府的重要职责,A 选项错误。城市规划实施的组织,必须建立以规划的编制来推进规划实施的机制,B 选项错误。现行的城市规划实施管理的手段主要包括:建设用地管理,建设工程管理和建设项目实施的监督检查,C 选项正确。监督检查包括行政监督检查、立法机构的监督检查、社会监督,D 选项错误。因此 C 选项符合题意。

二、多项选择题(共 20 题,每题 1 分。每题的备选项中有 2～4 个符合题意。多选、少选、错选都不得分)

81．ABCD

【解析】 城镇化进程一般可以分为四个基本阶段:集聚城镇化阶段、郊区化阶段、逆城镇化阶段、再城镇化阶段。因此 ABCD 选项符合题意。

82．CDE

【解析】 米利都城是严格的方格网,雅典是局部方格网布局,因此 A 选项错误;古罗马广场、铜像、纪功柱和凯旋门成为城市空间的核心和焦点,轴线放射的布局结构不是古罗马时期的城市特点,而是绝对君权时期的城市特点,因此 B 选项错误。故 CDE 选项符合题意。

83．ABDE

【解析】 城市规划对城市的可持续发展有非常重要的作用,在实际规划中有很多方法可以运用。以下是其常用的方法:①土地使用和交通。缩短通勤和日常生活的出行距离,提高公共交通在出行方式中的比重,提高日常生活用品和服务的地方自给程度,采取以公共交通为主导的紧凑发展形态。②自然资源。提高生物多样化程度,显著增加城乡地区的生物量,维护地表水的存量和地表土的品质,更多使用和生产再生的材料。③能源。显著减少化石燃料的消耗,更多地采用可再生的能源,改进材料的绝缘性能,建筑物的形式和布局应有助于提高能效。④污染和废弃物。减少污染排放,采取综合措施改善空气、水体和土壤的品质,减少废弃物的总量,更多采用"闭合循环"的生产过程,提高废弃物的再生与利用程度。⑤循环使用土地与建筑。城市建设应当首先使用衰败地区和闲置的土地和建筑,应尽量减少将农业用地转换成城市用地。同时要改变过去在城市边缘和郊区大规模建设低密度居住区的做法,应避免在城市之外建设零售业和校园风格的办公/商务园区。⑥人力资源。优化人力资源利用、提高高素质人才比例,为低收入人群提供更多的发展机会。由以上分析可知,ABDE 选项符合题意。

84．ABDE

【解析】 由相关法律法规可知,制定城乡规划必须严格执行国家政策,遵循城乡统筹、合理布局、节约土地、集约发展和先规划后建设的原则,改善生态环境,节约利用资源;考虑人民群众利益,扶助弱势群体,维护社会稳定和公共安全;制定城乡规划应当坚持政府组织、专家领衔、部门合作、公众参与、科学决策的原则。因此 ABDE 选项符合题意。

85．CE

【解析】《城乡规划法》第四十八条:修改控制性详细规划的,组织编制机关应当对修改的必要性进行论证,征求规划地段内利害关系人的意见,并向原审批机关提出专题报告,经原审批机关同意后,方可编制修改方案。修改后的控制性详细规划,应当依照本法第十九条、第二十条规定的审批程序报批。控制性详细规划修改涉及城市总体规划、镇总体规划的强制性内容的,应当先修改总体规划。因此可知 AB 选项错误。

根据《城市、镇控制性详细规划审批办法》,县人民政府所在地镇的控制性详细规划由县人民政府城乡规划主管部门组织编制,报县人民政府审批,其他镇的控制性详细规划由镇人民政府组织编制,报上级人民政府审批。因此,D 选项错误。故 CE 选项符合题意。

86．ACD

【解析】 市域城镇体系规划纲要的内容包括:提出市域城乡统筹发展战略;确定生态环境、土地和水资源、能源、自然和历史文化遗产保护等方面的综合目标和保护要求,提出空间管制原则;预测市域总人口及城镇化水平,确定各城镇人口规模、职能分工、空间布局方案和建设标准;原则确定市域交通发展策略。

由以上分析可知,ACD 选项符合题意。

87．ABE

【解析】 省域城镇体系规划在进行区域调查方面是宏观的,对于区域内城市、镇、乡、村的基本情况和区域内风向、风速等风象资料等细致的资料是不需要收集的,因其对编制省域城镇体系规划作用不大。因此 CD 选项不符合题意。故选 ABE。

88. BC

【解析】 信息化时代城市空间结构形态的演变发展趋势如下。

(1) 大分散小集中。分散的结果是城市规模扩大,市中心区的聚集效应降低,城市边缘区与中心区的聚集效应差别缩小,城乡界限变得模糊。

(2) 圈层走向网络。工业化后期,城市土地的利用方式出现明显的分化,形成不同的功能区,例如城市中心区往往是商务区;向外是居民区与工业区,再向外的城市边缘则又以居住功能为主。城市形态呈圈层式自内向外扩展。随网络信息化发展,空间出现网络化特征,城市结构由圈层走向网络化。

(3) 位于郊区的社区不仅是传统的居住中心,而且是商业中心、就业中心,具备居住、就业、交通、游憩等功能,多中心特征更加明显。

因此 BC 选项符合题意。

89. ABE

【解析】 物流仓储用地需配置物资储备、中转、配送等功能,包括附属道路、停车场、一级货运公司车队的站场等用地,A 选项正确;加油加气站用地指零售加油、加气、充电站等用地,涉及经营项目,属于商业服务设施用地,B 选项正确;公路收费站属于公路的附属设施,应归纳为公路用地,C 选项错误;外事用地应纳入公共管理和公共服务用地(如外国驻华使馆、领馆),D 选项错误;业余体校属于公共管理与公共服务设施用地中的体育场馆用地,E 选项正确。故选 ABE。

90. ABCD

【解析】 城市停车场设施规划的布局原则如下。

(1) 城市出入口停车设施:即外来机动车公共停车场,是为外来或过境货运机动车服务的停车设施。

(2) 交通枢纽性停车设施:主要是在城市对外客运交通枢纽和城市客运交通换乘枢纽配备的停车设施,是为疏散交通枢纽的客流、完成客运转换而服务的。

(3) 生活居住区停车设施:规划中可以预留集中式公用地下机动车停车库的位置,也可以考虑近期在住宅楼附近设置与车行道路相连的地面停车区,将来按照人车分流的要求在小区出入口附近或地下建设停车设施。

(4) 城市各级商业、文化娱乐中心附近的公共停车设施:一般这类停车场地应布置在商业、文娱中心的外围,步行距离以不超过 $100\sim150\mathrm{m}$ 为宜,并应避免对商业中心出入口广场、影剧院等建筑正立面景观和空间的遮挡和破坏。

(5) 道路停车设施:是指道路用地内的路边停车带等临时停车设施,城市总体规划应该明确城市主干路及以上等级道路不允许路边临时停车,只能在适当位置设置路外停车场。

由以上分析可知,ABCD 选项符合题意。

91. ABDE

【解析】 城市公共交通系统模式要与城市用地布局模式相匹配,适应并能促进城市和用地布局的发展,公交普通线路与城市服务性道路的布置思路和方式相同。公交普通线路要体现为乘客服务的方便性,同服务性道路一样,要与城市用地密切联系,应布置在城市服务性道路上。城市快速道路与快速公共交通布置的思路和方式不同。城市快速道路为了保证其快速、畅通的功能要求,应该尽可能与城市用地分离,与城市组团布局形成"藤与瓜"的关系;而快速公交线路则要与客流集中的用地或节点衔接,以满足客流的需求,所以,快速公交线路应尽可能将各城市中心和对外客运枢纽串接起来,与城市组团布局形成"串糖葫芦"的关系。城市公共交通系统的形式可根据不同的城市规模、布局和居民出行特征确定。依据《城市综合交通体系规划编制导则》第 3.2 条规定城市公共交通体系需要提出出租汽车发展策略和出租汽车驻车站规划布局原则。因此 ABDE 选项符合题意。

92. BCDE

【解析】 根据《历史文化名城保护规划规范》(GB 50357—2005)可知,历史文化名城保护规划应划定历史地段(历史文化街区)、历史建筑(群)、文物古迹和地下文物埋藏区的保护界线,并提出相应的规划控制和建设要求。因此,BCDE 选项符合题意。

93. ABE

【解析】 历史文化名城可根据其特征进行分类,分为古都型、传统风貌型、风景名胜型、地方及民族特色型、近现代史迹型、特殊职能型、一般史迹型。因此 ABE 选项符合题意。

94. ACD

【解析】 城市水资源规划的主要内容为:水资源开发利用现状分析;供用水现状分析;供需水量预测及平衡分析;水资源保障战略。B 选项的划分河道流域范围属于总体规划阶段蓝线的内容;E 选项布置输配水干管属于给排水专项规划的内容。因此 BE 选项错误,ACD 选项符合题意。故选 ACD。

95. AC

【解析】 城市能源规划的主要内容包括:确定能源规划的基本原则和目标;预测城市能源需求;平衡能源供需(包括能源总量和能源品种),并进一步优化能源结构;落实能源供应保障措施及空间布局规划;落实节能技术措施和节能工作;制定能源保障措施。因此 AC 选项符合题意。

96. ACD

【解析】 控制性详细规划的基本特征:通过数据控制落实规划意图;具有法律效应和立法空间;横向综合性的规划控制汇总;刚性与弹性相结合的控制方式。因此 ACD 选项符合题意。

97. ADE

【解析】 镇和乡一般是同级行政单元。传统意义上的乡是属于农村范畴的,乡政府驻地一般是乡域内的中心村或集镇,通常情况下没有城镇型聚落。

镇则有更多的含义。第一,在镇的建制中存在的镇区,总体上被认为是"小城镇",镇区具有城镇的特性,与城市有更大的相似性;第二,镇与农村有千丝万缕的联系,是农村的中心社区;第三,镇偏重于乡村间的商业中心,在经济上是有助于乡村的。可以认为镇是城乡的中间地带,是城乡的桥梁和纽带,具有为农村服务的功能,也是农村地区城镇化的前沿。

在建设部颁布的《村庄和集镇规划建设管理条例》中所称的集镇,是指乡、民族乡人民政府所在地和经县级人民政府确认由集市发展而成作为农村一定区域经济、文化和生活服务中心的非建制镇。镇属于城市聚落,有其自身的镇区,同时也包括所辖的集镇和乡村区域。

因此 ADE 选项符合题意。镇并不是城市的卫星城。

98. CE

【解析】 周边式住宅布局为四面围合式住宅,存在的问题是部分建筑朝向难协调,日照通风效果差,卫生视线相互干扰。由于四周布置,对高差较大的地形较难适应,土方量大。因此 CE 选项符合题意。

99. BDE

【解析】 《风景名胜区条例》第二十七条:禁止违反风景名胜区规划,在风景名胜区内设立各类开发区和在核心景区内建设宾馆、招待所、培训中心、疗养院以及与风景名胜资源保护无关的其他建筑物;已经建设的,应当按照风景名胜区规划,逐步迁出。因此 BDE 选项符合题意。

100. ABDE

【解析】 描述了城市空间质量与城市活动之间的密切关系的书是威廉·怀特在 20 世纪 70 年代编著的《小型城市空间的社会生活》,即选项 C 错误,其他选项正确。故选 ABDE。

2013 年度全国注册城乡规划师职业资格考试真题与解析

城乡规划原理

真　题

一、单项选择题(共 80 题,每题 1 分。每题的备选项中,只有 1 个最符合题意)

1. 以下关于城市发展演化的表述,错误的是(　　)。
   A. 农业社会后期,市民社会在中外城市中显现雏形,为后来的城市快速发展奠定了基础
   B. 18 世纪后期开始的工业革命开启了世界性城镇化浪潮
   C. 进入后工业社会,城市的制造业地位逐步下降
   D. 后工业社会的城市建设思想走向生态觉醒

2. 城市空间环境演进的基本规律不包括(　　)。
   A. 从封闭的城市空间向开放的城市空间发展
   B. 从平面延展向立体利用发展
   C. 从生活性城市空间向生产性城市空间转化
   D. 从均质城市空间向多样城市空间转化

3. 下列表述错误的是(　　)。
   A. 城市人口密集,因此社会问题集中发生在城市中
   B. 不同的经济发展阶段产生不同的社会问题
   C. 城市规划理论和实践的发展在关注经济问题之后,开始逐步关注社会问题
   D. 健康的社会环境有助于城市各项社会资源的效益最大化

4. 下列关于古希腊时期城市布局的表述,错误的是(　　)。
   A. 雅典城的布局完整地体现了希波丹姆布局模式
   B. 米利都城是以城市广场为中心、以方格网道路系统为骨架的布局模式
   C. 广场或市场周边建设有一系列的公共建筑,是城市生活的核心
   D. 雅典卫城具有非常典型的不规则布局的特征

5. 下列哪项不是霍华德田园城市的内容?(　　)
   A. 每个田园城市的规模控制在 3.2 万人,超过此规模就需要建设另一个新的城市
   B. 每个田园城市的城区用地占总用地的 1/6
   C. 田园城市城区的最外围设有工厂、仓库等用地
   D. 田园城市应当是低密度的,保证每家每户有花园

6. 下列关于英国第三代新城建筑的表述,错误的是(　　)。
   A. 新城通常是一定区域范围内的中心
   B. 新城应当使就业与居住相对平衡
   C. 新城应当承担中心城市的某项职能

    D. 新城通常是按照规划在乡村地区开始建设起来的

7. 下列关于功能分区的表述,错误的是(　　)。

    A. 功能分区是依据城市基本活动对城市用地进行分区组织

    B. 功能分区最早是由《雅典宪章》提出并予以确定的

    C. 功能分区对解决工业城市中的工业和居住混杂、卫生等问题具有现实意义

    D. 《马丘比丘宪章》对城市布局中的功能分区绝对倾向进行了批判

8. 下列关于城市布局理论的表述,不准确的是(　　)。

    A. 柯布西埃现代城市规划方案提出应结合高层建筑建立地下、地面和高架路三层交通网络

    B. 邻里单位理论提出居住邻里应以城市交通干路为边界

    C. 级差地租理论认为,在完全竞争的市场经济中,城市土地必须按照最有利的用地进行分配

    D. "公交引导开发"(TOD)模式提出新城建设应围绕着公共交通站点建设中心商务区

9. 在20世纪上半叶的中国,为疏解城市的拥挤,最早出现"卫星城"方案的是(　　)。

    A. 孙中山的《建国方略》   B. 民国政府的《都市计划法》

    C. 南京的《首都计划》   D. 《大上海都市计划总图》

10. 中国古代建筑中的"形胜"思想,准确的意思是(　　)。

    A. 等级分明的布局结构   B. "象天法地"的神秘主义

    C. 中轴对称的皇权思想与自然的结合   D. 早期的城市功能分区

11. "两型社会"是指(　　)。

    A. 新型工业化与新型城镇化社会   B. 新型城市与新型乡村

    C. 资源节约型与环境友好型社会   D. 城乡统筹型与城乡和谐型社会

12. 下列哪个选项无法提高城市发展的可持续性?(　　)

    A. 缩短上下班通勤和日常活动出行的距离

    B. 维护地表水的存量和地表土的品质

    C. 不断提高土地建设开发强度

    D. 高效能的建筑物形态和布局

13. 下列表述错误的是(　　)。

    A. 城乡规划是各级政府保护生态和自然环境的重要依据

    B. 城市规划是在城市发展过程中发挥重要作用的政治制度

    C. 动员全体市民实施规划是城市规划民主性的重要体现

    D. 协调经济效率和社会公正之间的关系是城市规划政策性的重要体现

14. 下列关于我国城乡规划法律法规的表述,正确的是(　　)。

    A. 《北京市城乡规划条例》是城乡规划的地方规章,由北京市人大制定

    B. 《中华人民共和国行政许可法》是城乡规划管理必须遵守的重要法律

    C. 《城市综合交通体系规划编制导则》是城乡规划领域重要的技术标准

    D. 城乡规划的标准规范实际效力相当于技术领域的法律,但其中的非强制性条

文不作为政府对其执行情况实施监督的依据

15. 下列关于我国城乡规划编制体系的表述,正确的是(   )。

A. 我国城乡规划编制体系由区域规划、城市规划、镇规划和乡规划构成

B. 县人民政府所在地镇的控制性详细规划由县政府规划主管部门组织编制,由县人大常委会审核后报上级政府备案

C. 市辖区所属镇的总体规划由镇人民政府组织编制,由市政府审批

D. 村庄规划由村委会组织编制,由镇政府审批

16. 按照《城市规划编制办法》,编制城市规划应当坚持的原则包括(   )。

A. 政府领导的原则   B. 专家领衔的原则

C. 部门配合的原则   D. 先规划后发展的原则

17. 下列关于制定控制性详细规划基本程序的表述,正确的是(   )。

A. 对已有控制性详细规划进行修改时,规划编制单位应对修改的必要性进行论证并征求原审批机关的意见

B. 组织编制机关对控制性详细规划草案的公布时间不得少于 30 日

C. 控制性详细规划的修改如果涉及城市总体规划有关内容的修改,必须先修改总体规划

D. 组织编制机关应当及时公布依法批准的控制性详细规划,并报本级政府备案

18. 下列关于城镇体系和城镇体系规划的表述,准确的是(   )。

A. 城镇体系是对一定区域内的城镇群体的总称

B. 城镇体系规划的目的是构建完整的城镇体系

C. 城镇体系规划是一种区域性规划

D. 城镇体系中只有一个中心城市

19. 下列关于省域城镇体系规划的表述,准确的是(   )。

A. 制定全省(自治区)经济社会发展目标

B. 制定全省(自治区)城镇化和城镇发展战略

C. 由省(自治区)住房和城乡建设厅组织编制

D. 由省(自治区)人民政府审批

20. 下列表述正确的是(   )。

A. 主体功能区规划应以城市总体规划为指导

B. 城市总体规划应以城镇体系规划为指导

C. 区域国土规划应以城镇体系规划为指导

D. 城市总体规划应以土地利用总体规划为指导

21. 下列不属于省域城镇体系规划内容的是(   )。

A. 城镇规模控制   B. 区域重大基础设施布局

C. 省域内必须控制的区域   D. 历史文化名城保护规划

22. 下列关于城市总体规划主要任务与内容的表述,准确的是(   )。

A. 城市总体规划一般分为市域城镇体系规划、中心城区规划、近期建设地区规划三个层次

  B. 城市总体规划应当以全国和省域城镇体系规划以及其他上层次各类规划为依据

  C. 市域城镇体系规划要划定中心城区规划建设用地范围

  D. 中心城区规划需要明确地下空间开发利用的原则和建设方针

23. 在城市规划调查中,社会环境的调查不包括( )。

  A. 人口的年龄结构、自然变动、迁移变动和社会变动情况调查

  B. 家庭规模、家庭生活方式、家庭行为模式及社区组织情况调查

  C. 城市住房及居住环境调查

  D. 政府部门、其他公共部门以及各类企事业单位的基本情况调查

24. 下列关于城市职能和城市性质的表述,错误的是( )。

  A. 城市职能可以分为基本职能和非基本职能

  B. 城市基本职能是城市发展的主导促进因素

  C. 城市非基本职能是指城市为城市以外地区服务的职能

  D. 城市性质关注的是城市最主要的职能,是对主要职能的高度概括

25. 下列表述中,错误的是( )。

  A. 城市人口包括城市建成区范围内的实际居住人口

  B. 城市人口的统计范围不论现状和规划,都应与规划范围相对应

  C. 城市人口规模预测时,环境容量预测法不适合作为单独预测方法

  D. 分析育龄妇女的年龄、人口数量、生育率等是预测人口自然增长的重要依据

26. 下列关于城市环境容量的表述,错误的是( )。

  A. 自然条件是城市环境容量的最基本要素

  B. 城市人口容量具有有限性、可变性、极不稳定性三个特性

  C. 城市大气环境容量指满足大气环境目标值下某区域允许排放的污染物总量

  D. 城市水环境容量与水体的自净能力和水质标准有密切的关系

27. 下列关于市域城乡空间的表述,正确的是( )。

  A. 市域城乡空间可以划分为建设空间、农业开敞空间、区域重大基础设施空间和生态敏感空间四大类

  B. 按照生态敏感性分析对市域空间进行生态适宜性分区,可以分为鼓励开发区、控制开发区、禁止开发区、基本农田保护区四类

  C. 市域城镇空间由中心城区及周边其他城镇组成,主要的组合类型有:均衡式、单中心集核式、片区组团式、轴带式等

  D. 独立布局的区域性基础设施用地与城乡居民生活具有密切联系,应该纳入城乡人均建设用地进行平衡

28. 下列关于市域城镇发展布局规划的表述,准确的是( )。

  A. 经济发达地区可以规划为中心城区、外围新城、中心镇、新型农村社区的城市型居民点体系

  B. 市域城乡聚落体系可以分为中心城市、县城、镇区、中心村四级体系

C. 市域城镇发展布局规划的主要内容包括确定市域各类城乡居民点产业发展方向

D. 市域交通和基础设施体系要优先满足本市域发展的需要,不能分担周边城市的发展要求,否则不利于促进城市之间的有机分工

29. 下列关于城市规划区的表述,错误的是(　　)。

A. 规划区的划定应符合城乡规划行政管理的需要

B. 规划区的范围大小应体现城市规模控制的要求

C. 规划区范围包括有密切联系的镇、乡、村

D. 水源地、生态廊道、区域重大基础设施廊道等应划入规划区

30. 下列关于信息化对城市形态影响的表述,错误的是(　　)。

A. 城市空间结构出现分散趋势　　　　B. 城乡边界变得模糊

C. 不同地段的区位差异缩小　　　　　D. 新型社区功能更加单纯

31. 在城市用地工程适宜性评定中,下列用地不属于二类用地的是(　　)。

A. 地形坡度 15%

B. 地下水位低于建筑物的基础埋藏深度

C. 洪水轻度淹没区

D. 有轻微的活动性冲沟、滑坡等不良地质现象

32. 不宜与文化馆毗邻布置的设施是(　　)。

A. 科技馆　　　　B. 广播电视中心　　　　C. 档案馆　　　　D. 小学

33. 下列关于城市布局的表述中,错误的是(　　)。

A. 在静风频率高的地区不宜布置排放有害废气的工业

B. 铁路编组站应安排在城市郊区,并避免被大型货场、工厂区包围

C. 城市道路布局时,道路走向应尽量平行于夏季主导风向

D. 各类专业市场设施应统一集聚配置,以发挥联动效应

34. 大城市的蔬菜批发市场应该(　　)。

A. 集中布置在城市中心区边缘　　　　B. 统一安排在城市的下风向

C. 结合产地布置在远郊区县　　　　　D. 设于城区边缘的城市出入口

35. 下列关于停车场的表述,错误的是(　　)。

A. 大型建筑物和为其服务的停车场,可对面布置于城市干路的两侧

B. 人流、车流量大的公共活动广场宜按分区就近原则,适当分散安排停车场

C. 商业步行街可适当集中安排停车场

D. 外来机动车公共停车场应设置在城市的外环路和城市出入口附近

36. 下列关于汽车加油站的表述,错误的是(　　)。

A. 在城市建成区内不应布置一级加油站

B. 城市公共加油站的进出口宜设在城市次干路上

C. 城市公共加油站不宜布置在城市干路交叉口附近

    D. 小型加油站的车辆入口和出口可合并设置

37. 当配水系统中需设置加压泵站时,其位置宜靠近(　　　)。
    A. 地势较低处
    B. 用水集中地区
    C. 净水厂
    D. 水源地

38. 下列环境卫生设施中,应设置在规划城市建设用地范围边缘的是(　　　)。
    A. 生活垃圾卫生填埋场
    B. 生活垃圾堆肥场
    C. 粪便处理厂
    D. 大型垃圾转运站

39. 下列关于城市道路与城市用地关系的表述,错误的是(　　　)。
    A. 旧城用地布局较为紧凑,道路密而狭窄,适于非机动车的交通模式
    B. 城市发展轴可以结合传统的混合型主要道路安排
    C. 不同类型城市的干路网与城市用地布局的形式密切相关、密切配合
    D. 城市用地规模和用地布局的变化,不会根本性地改变城市道路系统的形式和结构

40. 下列关于城市道路性质的表述,错误的是(　　　)。
    A. 快速路为快速机动车专用路网,可连接高速公路
    B. 交通性主干路为全市性路网,是疏通城市交通的主要道路
    C. 次干路为全市性或组团内路网,与主干路一起构成城市的基本骨架
    D. 支路为地段内根据用地安排所划定的道路,在局部地段可以成网

41. 下列关于城市综合交通规划的表述,错误的是(　　　)。
    A. 城市综合交通规划可以脱离土地使用规划单独进行编制
    B. 城市综合交通规划内容包括城市对外交通和城市交通两大部分
    C. 城市综合交通规划需要处理好对外交通与城市交通的衔接关系
    D. 城市综合交通规划需要协调城市中各种交通方式之间的关系

42. 下列关于城市综合交通调查的表述,错误的是(　　　)。
    A. 交通出行 OD 调查可以得到现状城市交通的流动特性
    B. 居民出行调查可以得到居民出行生成与土地使用特征之间的关系
    C. 城市道路交通调查包括对机动车、非机动车、行人的流量、流向的调查
    D. 查核线的选取应避开对交通起障碍作用的天然地形和人工障碍

43. 下列不属于城市交通发展战略研究的是(　　　)。
    A. 提出城市交通总体发展方向和目标
    B. 提出城市交通发展政策和措施
    C. 提出城市交通各子系统功能组织及布置原则
    D. 提出城市交通资源分配利用原则和策略

44. 下列关于城市对外交通规划的表述,错误的是(　　　)。
    A. 城市铁路布局中,线路走向起主导作用
    B. 铁路客运站是对外交通与城市交通的衔接点之一
    C. 大城市、特大城市通常设置多个公路长途客运站

D. 大城市、特大城市公路长途客运站通常设在中心区边缘

45. 下列不属于城市道路系统规划主要内容的是(　　)。

A. 提出城市各级道路红线宽度和标准横断面形式

B. 确定主要交叉口、广场的用地控制要求

C. 确定城市防灾减灾、应急救援、大型装备运输的道路网络方案

D. 提出交通需求管理的对策

46. 下列哪个宪章明确提出了保护历史城镇与城区的内容?(　　)

A. 威尼斯宪章　　　　　　　　　　B. 华盛顿宪章

C. 马丘比丘宪章　　　　　　　　　D. 北京宪章

47. 历史文化名镇名村保护规划的近期规划措施不包括(　　)。

A. 抢救已处于濒危状态的所有建筑物、构筑物和环境要素

B. 对已经或可能对历史文化名镇名村保护造成威胁的各种自然、人为因素提出规划治理措施

C. 提出改善基础设施和生产、生活环境的近期建设项目

D. 提出近期投资估算

48. 在历史文化名城保护规划中不需要划定保护界线的是(　　)。

A. 历史城区　　　　　　　　　　　B. 历史地段

C. 历史建筑群　　　　　　　　　　D. 文物古迹

49. 某历史文化名城目前难以找到一处值得保护的历史文化街区,正确的做法是(　　)。

A. 整体恢复历史城区的传统风貌

B. 恢复1~2个历史全盛时期最具代表性的街区

C. 恢复1~2个代表不同历史时期风貌的街区

D. 保护现存文物古迹周围的环境

50. 城市中心城区建设用地范围内用于园林生产的苗圃,其用地性质属于下列哪一类?(　　)

A. 公园绿地(G1)　　　　　　　　B. 防护绿地(G2)

C. 农林用地(E2)　　　　　　　　　D. 科研用地(A35)

51. 下列属于城市总体规划强制性内容的是(　　)。

A. 城市绿带系统的发展目标　　　　B. 城市各类绿带的具体布局

C. 城市绿带主要指标　　　　　　　D. 河湖岸线的使用原则

52. 根据《城市水系规划规范》,下列表述中错误的是(　　)。

A. 城市水体按功能类别分为水源地、生态水域、行洪通道、航运通道、雨洪调蓄水体、渔业养殖水体、景观游憩水体等

B. 城市水按形态特征分为江河、湖泊、沟渠和湿地等

C. 城市水系岸线按功能分为生态性岸线、生活性岸线和生产性岸线等

D. 城市水系的保护应包括水域保护、水生态保护、水质保护和滨水空间控制等

53. "确定排水体制"属于下列哪一规划阶段的内容？（　　　）
    A. 城市总体规划　　　　　　　　　　B. 城市分区规划
    C. 控制性详细规划　　　　　　　　　D. 修建性详细规划

54. 下列关于再生水利用规划的表述,不准确的是（　　　）。
    A. 城市再生水主要用于生态用水、市政杂用水和工业用水
    B. 按照城市排水体制确定再生水厂的布局
    C. 城市再生水利用规划需满足用户对水质、水量、水压等的要求
    D. 城市详细规划阶段,需计算输配水管渠管径、校核配水管网水量及水压

55. 下列关于城市抗震防灾规划相关内容的表述,不准确的是（　　　）。
    A. 抗震设防区,是指地震基本烈度7度及7度以上地区
    B. 城市抗震防灾规划的基本方针是"预防为主,防、抗、避、救相结合"
    C. 避震疏散场所是用作地震时受灾人员疏散的场地和建筑,划分为紧急避震疏
       散场所、固定避震疏散场所、中心避震疏散场所等类型
    D. 地震次生灾害主要包括水灾、火灾、爆炸、放射性辐射、有毒矿物质扩散或者
       蔓延等

56. 下列不属于城市详细规划阶段城市综合防灾规划主要内容的是（　　　）。
    A. 确定各种消防设施的布局及消防通道、间距等
    B. 确定防洪堤标高、排涝泵站位置等
    C. 组织防灾生命线系统
    D. 确定疏散通道、疏散场地布局

57. 下列关于城市环境保护规划的表述,不准确的是（　　　）。
    A. 环境保护的基本任务是生态环境保护和环境污染综合防治
    B. 城市环境保护规划包括大气环境保护规划、水环境保护规划和噪声污染控制
       规划
    C. 大气环境保护规划总体上包括大气环境质量规划和大气污染控制规划
    D. 水环境保护规划总体上包括饮用水源保护规划和水污染控制规划

58. 根据《城市地下空间开发利用管理规定》,城市地下空间规划的主要内容不包
括（　　　）。
    A. 地下空间现状及发展预测
    B. 地下空间开发战略
    C. 开发层次、内容、期限、规模与布局
    D. 地下空间开发实施措施与近期建设规划

59. 下列关于城市总体规划主要图纸内容要求的表述,错误的是（　　　）。
    A. 市域城镇体系规划图需要标明行政区划
    B. 市域空间管制图需要标明市域功能空间区划
    C. 居住用地规划图需要标明居住人口容量
    D. 综合交通规划图需要标明各级道路走向、红线宽度等

60. 近期建设规划的内容不包括(　　)。

　　A. 确定近期建设用地范围和布局

　　B. 确定近期主要对外交通设施和主要道路交通设施布局

　　C. 确定近期主要基础设施的位置、控制范围和工程干管的线路位置

　　D. 确定近期居住用地安排和布局

61. 下列关于近期建设规划的表述,错误的是(　　)。

　　A. 近期建设规划是城市总体规划的有机组成部分

　　B. 编制近期建设规划,一般以城市总体规划所确定的建设项目为依据

　　C. 编制近期建设规划,需要反映计划与市场变化的动态衔接和合理弹性、计划的可实施性

　　D. 年度实施计划是近期建设规划顺利开展的重要途径

62. "十二五"近期建设规划中,下列哪项属于落实保障性住房建设任务的主要内容?(　　)

　　A. 保障性住房的分期供给规模　　　　B. 保障性住房的轮候与分配机制

　　C. 保障性住房的税收调控手段　　　　D. 保障性住房的价格调控目标

63. 下列关于控制性详细规划编制的表述,不准确的是(　　)。

　　A. 控制性详细规划的编制需要公众参与

　　B. 控制性详细规划的编制需要公平、效率并重

　　C. 控制性详细规划编制需要动态维护,保证其实施的有效性

　　D. 控制性详细规划编制必须在城市规划区建设用地范围内实现"全覆盖"

64. 县人民政府所在地镇的控制性详细规划,(　　)。

　　A. 由县人民政府组织编制

　　B. 由市人民政府编制

　　C. 报县级人民代表大会常务委员会备案

　　D. 由县人民政府依法将规划草案予以公告

65. 下列关于控制性详细规划的表述,错误的是(　　)。

　　A. 我国控制性详细规划借鉴了美国区划的经验

　　B. 编制控制性详细规划应含有城市设计的内容

　　C. 控制性详细规划的成果要求在向表现多元、格式多变、制图多样和数据多种的方向发展

　　D. 控制性详细规划是规划实施管理的依据

66. 修建性详细规划中建设条件分析不包括(　　)。

　　A. 分析区域人口分布,对市民生活习惯及行为意愿等进行调研

　　B. 分析场地的区位和功能、交通条件、设施配套情况

　　C. 分析场地高度、坡向、坡度

　　D. 分析自然环境要素、人文要素和景观要素

67. 根据《城市规划编制办法》,下列关于修建性详细规划的表述,错误的是(　　)。

　　A. 修建性详细规划需要进行管线综合

    B. 修建性详细规划需要对建筑室外空间和环境进行设计

    C. 修建性详细规划需要确定建筑设计方案

    D. 修建性详细规划需要进行项目的投资效益分析和综合技术经济论证

68. 下列表述正确的是(　　　)。

    A. 镇区人口规模应以城市空间发展战略规划为依据

    B. 镇区人口规模应以县城城镇体系规划为依据

    C. 镇域城镇化水平应与国家城镇化率目标一致

    D. 镇区人口占镇域人口的比例应不低于该地区城镇化水平

69. 根据《镇规划标准》,计算镇区人均建设用地指标的人口数应为(　　　)。

    A. 镇区常住人口

    B. 镇区户籍人口

    C. 镇区非农人口

    D. 镇区人口占镇域建设用地内居住的人口

70. 县人民政府所在地镇的总体规划由(　　)组织编制。

    A. 县人民政府　　　　　　　　　B. 镇人民政府

    C. 县和人民政府共同　　　　　　D. 县城乡规划行政主管部门

71. 历史文化名镇名村的保护范围包括(　　　)。

    A. 核心保护范围和建设控制地带　　B. 核心保护范围和风貌协调区

    C. 核心风貌区和环境协调区　　　　D. 核心风貌区和建设控制地带

72. 下列关于邻里单位理论的表述,错误的是(　　　)。

    A. 周边式布局的街坊是典型的邻里单位

    B. 以小学的合理规模确定邻里单位的人口规模

    C. 邻里单位应避免外部车辆穿行

    D. 邻里单位要求配套相应的服务设施

73. 下列关于居住小区的表述,正确的是(　　　)。

    A. 居住小区规模主要用人口规模来表达

    B. 因地块大小不同,而分为居住区、小区、组团

    C. 居住小区是封闭管理的居住地块

    D. 以一个居委会的管辖范围来划定居住小区

74. 下列关于住宅布局的表述,错误的是(　　　)。

    A. 多层住宅的建筑密度通常高于高层住宅

    B. 周边式布局的住宅采光面大,日照效果更好

    C. 冬季获得日照、夏季遮阳是我国大部分地区住宅布局需要考虑的重要因素

    D. 在山地居住区中适合采用点式布局

75. 关于居住区道路规划的表述,错误的是(　　　)。

    A. 居住小区应在不同方向设置至少两个出入口

    B. 出入口与城市道路交叉口的距离大于70m

    C. 组团级道路红线宽度应满足管线敷设要求

D. 道路边缘与建筑应保持一定距离,以保证行人安全

76. 下列关于居住小区绿地规划的表述,错误的是( )。

    A. 公共绿地不包括满足覆土要求的地下建筑屋顶绿地

    B. 小区级公共绿地最小宽度为8m

    C. 组团级公共绿地绿化面积不宜小于70%

    D. 公共绿地应集中成片

77. 下列关于风景名胜区总体规划的表述,正确的是( )。

    A. 在国家级风景名胜区总体规划编制前,可以编制规划纲要

    B. 国家级重点风景名胜区总体规划由国家风景名胜区主管部门审批

    C. 风景名胜区总体规划是做好风景区保护、建设、利用和管理工作的直接依据

    D. 风景名胜区总体规划不必对风景名胜区内不同保护要求的土地利用方式、建筑风格、体量、规模等做出明确要求

78. 下列关于城市设计的表述,错误的是( )。

    A. 工业革命以前,城市设计基本上依附于城市规划

    B. 城市设计正在逐渐形成独立的研究领域

    C. 城市设计常用于表达城市开发意向和辅助规划设计研究

    D. 我国的规划体系中,城市设计主要作为一种技术方法存在

79. 下列关于城乡规划实施手段的表述,正确的是( )。

    A. 规划手段,政府根据城市规划的目标和内容,从规划实施的角度制定相关政策来引导城市发展

    B. 政策手段,政府运用规划编制和实施的行政效力,通过各类规划来推进城市规划的实施

    C. 财政手段,政府运用公共财政的手段,调节、影响城市建设的需求和进程,以促进城市规划目标的实现

    D. 管理手段,政府根据城市规划,按照规划文本的内容来管理城市发展

80. 下列关于城市规划实施的表述,错误的是( )。

    A. 城市规划的实施组织和管理是各级人民政府的重要责任

    B. 城市规划实施的组织,必须建立以规划的编制来推进规划实施的机制

    C. 城市规划实施的管理手段主要包括:建设用地管理、建设工程管理以及建设项目实施的监督检查

    D. 城市规划实施的监督检查包括行政监督、媒体监督和社会监督

二、多项选择题(共20题,每题1分。每题的备选项中有2~4个符合题意。多选、少选、错选都不得分)

81. 下列关于大都市区城市功能地域概念的表述,正确的有( )。

    A. 加拿大采用"国情调查大都市区"概念

    B. 日本采用"大都市统计区"概念

  C. 澳大利亚采用"国情调查扩展城市区"概念

  D. 英国采用"大都市圈统计区"概念

  E. 瑞典采用"劳动-市场区"概念

82. 对于经过中世纪历史发展进入文艺复兴时期的欧洲城市,下列表述中正确的有( )。

  A. 城市大部分地区是狭小、不规则的道路网结构

  B. 围绕一些大教堂建设有古典风格和构图严谨的广场

  C. 建筑师提出的理想城市大多是不规则形的

  D. 对中世纪城市经过了全面有序的改造

  E. 市政厅、行业会所成为城市活动的重要场所

83. 下列有关全球化背景下城市发展的表述,正确的有( )。

  A. 全球资本的区位选择明显地影响甚至决定了城市内部的空间布局

  B. 不同地域城市间的相互作用与相互依存程度更为加强

  C. 以城市滨水区、历史地段等为代表的独特性资源的复兴,成为提升城市竞争
    力的重要举措

  D. 制造业城市出现了较大规模的衰退

  E. 生产者服务业所具有的集聚性在不断分解,出现了较强的分散化分布趋势

84. 城市市政公用设施规划包括( )。

  A. 城市排水工程规划   B. 城市环卫设施规划

  C. 城市燃气工程规划   D. 城市通信工程规划

  E. 城市环境保护规划

85. 下列哪些项是城市总体规划实施评估应考虑的内容?( )

  A. 城市人口与建设用地规模情况 B. 综合交通规划目标落实情况

  C. 自然与历史文化遗产保护情况 D. 政府在规划实施中的作用

  E. 城市发展方向与布局的落实情况

86. 下列关于城市总体规划中城市建设用地规模的表述,正确的是( )。

  A. 规划人均城市建设用地标准为 $100\text{m}^2/$人

  B. 用地规模与城市性质、自然条件等有关

  C. 规划人均城市建设用地需要低于现状水平

  D. 规划用地规模是推算规划人口规模的主要依据

  E. 规划人口规模是推算规划用地规模的主要依据

87. 下列关于城市总体规划纲要主要任务与内容的表述,准确的是( )。

  A. 经过审查的总体规划纲要是总体规划审批的重要依据

  B. 总体规划纲要必须提出市域城乡空间总体布局方案

  C. 总体规划纲要必须确定市域交通发展策略

  D. 总体规划纲要必须提出主要对外交通设施布局方案

E. 总体规划纲要必须提出建立综合防灾体系的原则和建设方针

88. 影响城市空间发展方向选择的因素包括(　　)。

    A. 地质条件　　　　　　　　　　　　B. 人口规模

    C. 高速公路建设情况　　　　　　　　D. 城中村分布情况

    E. 基本农田保护情况

89. 下列关于城市设施布局与城市风向关系的表述中,不正确的是(　　)。

    A. 污水处理厂应布置在城市主导风向的下风向

    B. 城市火电厂应布置在城市主导风向的下风向

    C. 天然气门站应布置在城市主导风向的下风向

    D. 生活垃圾卫生填埋场应布置在城市主导风向的下风向

    E. 消防站应布置在城市主导风向的下风向

90. 下列缓解城市中心区交通拥挤和停车矛盾的措施中,正确的是(　　)。

    A. 设置独立的地下停车库

    B. 结合公共交通枢纽设置停车设施

    C. 利用城市中心区的小巷划定自行车车位

    D. 在商业中心附近的道路上设置路边停车带

    E. 在城市中心区边缘设置截留性停车设施

91. 下列关于城市公共交通规划的表述中,正确的有(　　)。

    A. 规划应在客流预测的基础上,使公共交通的客运能力满足高峰客流需求

    B. 快速公交线路应尽可能将城市中心和对外客运枢纽串接起来

    C. 普通公交线路要体现为乘客服务的方便性,应布置在城市服务性道路上

    D. "复合式公交走廊"是一种混合交通模式,有利于提高公共交通的服务水平

    E. 公交线网的规划布局应使客流量尽可能集中到几条骨干线路上

92. 下列不属于历史文化名城保护规划保护层次的有(　　)。

    A. 历史文化名城　　　　　　　　　　B. 历史城区

    C. 历史文化街区　　　　　　　　　　D. 文物保护单位

    E. 历史建筑

93. 编制历史文化名城保护规划,评估的主要内容有(　　)。

    A. 传统格局和历史风貌

    B. 文物保护单位和近年来恢复建设的传统风格建筑

    C. 历史环境要素

    D. 传统文化及非物质文化遗产

    E. 基础设施、公共安全设施和公共服务设施现状

94. 环境保护的基本目的包括(　　)。

    A. 保护和改善生活环境与生态环境　　B. 防止污染和其他公害

    C. 保障人体健康　　　　　　　　　　D. 防御与减轻灾害影响

E. 促进社会主义现代化建设的发展

95. 《城市用地竖向规划规范》将规划地面形式分为(　　)。

　　A. 平坡式　　　　　B. 折线式　　　　　C. 台阶式　　　　　D. 自由式

　　E. 混合式

96. 控制性详细规划的控制体系包括(　　)。

　　A. 土地使用控制　　　　　　　　　B. 建筑建造控制

　　C. 市政设施配套　　　　　　　　　D. 交通活动控制

　　E. 开发成本控制

97. 下列表述中,正确的是(　　)。

　　A. 乡与镇一般为同级行政单位

　　B. 集镇是乡的经济、文化和生活服务中心

　　C. 集镇一般是乡人民政府所在地

　　D. 集镇通常是一种城镇型聚落

　　E. 乡是集镇的行政管辖区

98. 下列关于居住区配套设施的表述,正确的是(　　)。

　　A. 如容量允许,可以利用项目以外的现有设施,无须重复建设

　　B. 配套设施在面积规模达标的前提下,功能应根据市场需要设置

　　C. 高层小区用地较小,一般可按照组团级进行配套

　　D. 当项目规模介于小区和组团之间时,可以适当增配组团级配套设施

　　E. 可根据区位条件,适当调整居住区配套公建的项目面积

99. 下列关于风景名胜区的表述,正确的是(　　)。

　　A. 风景名胜区应当具有独特的自然风貌或历史特色的景观

　　B. 风景名胜区应当具有观赏、文化或者科学价值

　　C. 特大型风景名胜区的用地规模在 $400km^2$ 以上

　　D. 风景名胜区应当具备游览和进行科学文化活动的多重功能

　　E. 1982 年以来,国务院已先后审定公布了五批国家级风景名胜区名单

100. 下列表述中,正确的是(　　)。

　　A. 简·雅各布斯在《美国大城市的生与死》中研究怎样的建筑和环境设计能够更好地支持社会交往和公共生活,提升户外空间规划设计的有效途径

　　B. 西谛在《城市建筑艺术》一书中提出了现代城市空间组织的艺术原则

　　C. 凯文·林奇在《城市意象》一书中提出了城市意象的构成要素是地标、节点、路径、边界和地区

　　D. 第十小组尊重城市的有机生长,出版了《建筑模式语言》一书,其设计思想的基本出发点是对人的关怀和对社会的关注

　　E. 埃德蒙·N.培根在《小型城市空间的社会生活》中,描述了城市空间质量与城市活动之间的密切关系,证明物质环境的一些小改观,往往能显著地改善城市空间的使用情况

真 题 解 析

一、单项选择题(共80题,每题1分。每题的备选项中,只有1个最符合题意)

1. A

【解析】 农业社会后期,市民社会在西方城市中显现雏形,以欧洲城市为代表孕育了一些资本主义萌芽。农业社会后期,中国仍处于封建社会,市民社会尚无出现。因此A符合题意。

2. C

【解析】 城市空间环境演变规律如下。

(1)从封闭的城市空间向开放的城市空间发展——从封闭的单中心城市空间转向开放的多中心城市空间。

(2)从平面延展向立体利用发展——从平面空间环境转向立体空间环境。

(3)从生产性城市空间向生活性城市空间转化——从生产性城市空间转向生活性城市空间。

(4)从均质城市空间向多样城市空间转化——从分离的均质城市空间转向连续的多样城市空间。

因此C选项符合题意。

3. C

【解析】 社会问题和城市之间存在着辩证统一的交互作用和相互依存的关系。城市从一开始就有社会问题的存在,而社会问题也促进了城市空间和规划理论的发展。因此,城市规划理论与实践的发展始终离不开对社会问题的关注。C选项符合题意。

4. A

【解析】 希波丹姆布局模式是以方格网的道路系统为骨架,以城市广场为中心的模式,在米利都城得到最完整的体现,雅典城在局部地区出现了这样的格局。因此A选项符合题意。

5. D

【解析】 田园城市理论提出每户都能极为方便地接近乡村空间,但不是指每家每户都有花园。因此D选项符合题意。

6. C

【解析】 新城与卫星城不同,其更强调城市的相对独立性,它基本上是一定区域范围内的中心城市,为其本身周围的地区服务,并且与中心城市发生相互作用,成为城镇体系中的一个组成部分,对涌入大城市的人口起到一定的截流作用。而卫星城市是一个在经济、社会、文化方面具有现代城市性质的独立城市单位,同时又是从属于某个大城市的派生产物,承担中心城市的某项职能。因此,C选项其实是指卫星城而非新城。故选C。

7. B

【解析】 功能分区最早是在戈涅的"工业城市"中提出的,也直接孕育了《雅典宪章》所提出的功能分区原则。因此 B 选项符合题意。

8. D

【解析】 "公交引导开发"(TOD)模式强调要减少机动车的使用量,鼓励使用公共交通,居住区的公共设施和公共活动中心等围绕着公共交通的站点进行布局。D 选项为新区的中心商务区要围绕公共交通站点建设,因此 D 选项符合题意。

9. D

【解析】 上海自 1946 年开始编制《大上海都市计划总图》,规划中运用了"卫星城市""邻里单位""有机疏散"以及道路分等分级等规划理论和思想。以现有市区为"核心",在近郊环形地带发展分散的卫星城镇。故 D 选项符合题意。

10. C

【解析】 "形胜"是金陵城规划的主导思想,是对《周礼》中城市形制理念的重要发展,突出了与自然结合的思想,核心思想是社会等级和宗法关系。所以 C 选项正确。

11. C

【解析】 我国从 2006 年开始执行的"十一五"规划中明确提出"要加快建设资源节约型、环境友好型社会"。"两型社会"是指资源节约型与环境友好型社会。因此 C 选项符合题意。

12. C

【解析】 参看《全球 21 世纪议程》,A 选项属于土地使用和交通可持续发展;B 选项属于自然资源可持续发展;D 选项属于能源可持续发展;C 选项错误,而且开发强度也不可能不断提高。故选 C。

13. B

【解析】 城市规划是一项社会实践,因此,城市规划是城市发展过程中发挥重要作用的社会制度,而非政治制度。因此 B 选项符合题意。

14. B

【解析】 《中华人民共和国行政许可法》是针对全国所有行政许可做出的法律规定,城乡规划的"三证"许可作为我国法律法规规定的许可,也一定要符合《中华人民共和国行政许可法》的要求。故 B 选项正确。

15. C

【解析】 我国城乡规划编制体系由城镇体系规划、城市规划、镇规划、乡规划和村庄规划构成。县人民政府所在地镇的控制性详细规划由县人民政府城乡规划主管部门组织编制,报上一级人民政府审批;其他镇的总体规划由镇人民政府组织编制,报上一级人民政府审批。乡、镇人民政府组织编制乡规划、村庄规划,报上一级人民政府审批。村庄规划在报送审批前,应当经村民会议或者村民代表会议讨论同意。

由以上分析可知,C 选项符合题意。

16. B

【解析】 按照《城市规划编制办法》,编制城市规划应当坚持政府组织、专家领衔、部门合作、公众参与、科学决策的原则,因此 B 选项符合题意。

17. B

【解析】《城乡规划法》规定,对控制性详细规划进行修改时,组织编制机关应当对修改的必要性进行论证,征求规划地段内利害关系人的意见,并向原审批机关提出专题报告,经原审批机关同意后,方可编制修改方案;如修改的内容涉及城市总体规划、镇总体规划的强制性内容,应当先修改总体规划。组织编制的控制性详细规划,经本级人民政府批准后,报本级人民代表大会常务委员会和上级人民政府备案。由以上分析可知,B选项正确。

18. C

【解析】 一定区域内的城镇群并不一定构成城镇体系,其间必须要有密切有机联系,A 选项错误。城镇体系规划的目的是妥善处理各城镇之间、单个或数个城镇与城镇群体之间以及群体与外部环境之间的关系,以达到地域经济、社会、环境效益最佳的发展,而不是构建完整城镇体系,B 选项错误。在区域中,中心城市可以是几个,但至少要有一个,D 选项错误。故选 C。

19. B

【解析】 省域城镇体系规划的核心内容之一是制定全省(自治区)城镇化和城镇发展战略,包括确定城镇化方针和目标、确定城镇发展与布局战略。因此 B 选项符合题意。

20. B

【解析】 主体功能区指基于不同区域的资源环境承载能力、现有开发密度和发展潜力等,将特定区域确定为特定主体功能定位类型的一种空间单元,其范围包括几个省份的总体格局,城市总体规划应符合主体功能区的要求;城市总体规划以全国城镇体系规划、省域城镇体系规划等为依据,与土地利用规划相衔接。由以上分析可知,B 选项符合题意。

> 知识拓展:国土规划和城乡规划分别属于不同的系统,国土规划以保护土地资源为主要目的,在宏观层面上对土地资源及其利用进行功能划分和控制。城乡规划则侧重规划区内土地和空间资源的合理利用,保证规划区内建设用地的科学使用是城乡规划工作的核心。因此,上述两大系统的规划之间无指导与被指导的关系,只能相互衔接。

21. D

【解析】 省域城镇体系规划的内容包括:城镇空间布局和规模控制,重大基础设施布局,为保护生态环境、资源等需要严格控制的区域。因此 D 选项符合题意。

22. D

【解析】 城市总体规划一般分为市域城镇体系规划、中心城区规划两个层次,A 选项错误;城市总体规划应当以全国和省域城镇体系规划以及其他上层次法定规划为依据,B 选项中的"各类"规划为依据显然是不合理,因此错误;市域城镇体系规划要划定城市规划区而非建设用地范围,建设用地范围需要在城区总体规划中划定,C 选项错误。

故选 D。

23．C

【解析】 社会环境调查主要包括两个方面：首先是人口方面，主要涉及人口的年龄结构、自然变动、迁移变动和社会变动；其次是社会组织和社会结构方面，主要涉及构成城市社会的各类群体及他们之间的相互关系，包括家庭规模、家庭生活方式、家庭行为模式及社区组织等，此外还有政府部门、其他公共部门及各类企事业单位的基本情况。

城市住房及居住环境调查与社会环境是同一层次而非包括关系。因此 C 选项符合题意。

24．C

【解析】 城市非基本职能是为城市自身居民服务的职能，基本职能是城市发展的主导促进因素。因此 C 选项符合题意。

25．B

【解析】 城市人口的统计范围应与地域范围一致，即现状城市人口与现状建成区、规划城市人口与规划建成区相对应。因此 B 选项符合题意。

26．B

【解析】 城市人口容量具有有限性、可变性、稳定性三个特性。因此 B 选项错误。故选 B。

27．C

【解析】 市域城乡空间可以划分为建设空间、农业开敞空间和生态敏感空间三大类，A 选项错误；按照生态敏感性分析对市域空间进行生态适宜性分区，可以分为鼓励开发区、控制开发区、禁止开发区三类，B 选项错误；独立布局的区域性基础设施用地与城乡居民生活无直接联系，不纳入城乡人均建设用地进行平衡，D 选项错误。故选 C。

28．B

【解析】 市域城镇聚落体系分为：中心城市—县城—镇区、乡集镇—中心村四级体系，经济发达地区可实行中心城区、中心镇、新型农村社区的城市型居民点体系。因此 B 选项符合题意。

29．B

【解析】 规划区的范围无法体现城市规模中的人口规模，因此 B 选项错误，故选 B。

30．D

【解析】 信息社会城市空间结构形态的演变发展趋势中，新型集聚体开始出现，如新型社区，但与之前的社区相比较，其功能性增加，更加复杂。因此 D 选项符合题意。

31．B

【解析】 二类建设用地的特点：地下水位距地表面的深度较浅，修建建筑物时，需降低地下水位或采取排水措施。B 选项属于一类建设用地的特点。故选 B。

32．D

【解析】 文化馆是县、市一级的群众文化事业单位，有的地方也叫文化中心、文化活动中心，其作用是开展群众文化活动，并为群众文娱提供场所。由于需要进行排练、艺术表演等，文化馆不宜布置在靠近医院、住宅及托儿所、幼儿园、小学等建筑一侧。因此 D 选项符合题意。

33. D

【解析】 在静风频率高的地区,空气流通不良会使污染物无法扩散而加重污染,不宜布置排放有害废气的工业;铁路编组站要避免与城市的相互干扰,同时考虑职工的生活,宜布置在城市郊区,并避免被大型货场、工厂区包围;城市道路布局时,道路走向应尽量平行于夏季主导风向;某些专业设施统一聚集配置,可以发挥联动效应,如文化馆、戏剧院等公共设施安排在一个地区。D 选项为各类专业市场设施统一聚集配置,而市场需要分级分层配置,且有些专业市场彼此有一定合理半径,所以该项错误。故选 D。

34. D

【解析】 大城市的蔬菜批发市场应设于城市市区边缘通向四郊的干路入口处,不宜过分集中,以免运输线太长,损耗太大。因此 D 选项符合题意。

35. A

【解析】 城市停车设施可以分为:(1)城市出入口停车设施;(2)交通枢纽停车设施;(3)生活居住停车设施;(4)城市各级商业、文化娱乐中心附近的公共停车设施;(5)城市外围大型公共活动停车设施;(6)道路停车设施。

B、C 两选项均对应城市各级商业、文化娱乐中心附近的公共停车设施,一般分散布置,步行距离以不大于 100~150m 为宜。D 选项外来机动车公共停车场应设在城市外围的城市主要出入口附近。A 选项对应城市外围大型公共活动停车实施,要求快速疏散,处理好和干道的关系,在干道两侧布置将对干道交通产生干扰,不合理。故选 A。

36. D

【解析】 根据《小型石油库及汽车加油站设计规范》(GB 50156—1992),加油站的进出口要分开设置。因此,D 选项符合题意。(注:《小型石油库及汽车加油站设计规范》(GB 50156—1992)已作废,被《汽车加油加气站设计与施工规范》(GB 50156—2002)代替。)

37. B

【解析】 根据《城市给水工程规划规范》(GB 50282—1998),当配水系统中需设置加压泵站时,其位置宜靠近用水集中地区。故选 B。

38. C

【解析】 根据《城市环境卫生设施规划规范》(GB 50337—2003),粪便处理厂应设置在城市规划建成区边缘并靠近规划城市污水处理厂,其周边应设置宽度不小于 10m 的绿化隔离带,并与住宅、公共设施保持不小于 50m 的间距。生活垃圾堆肥场、生活垃圾填埋场应位于城市建成区外围;生活垃圾转运站宜靠近服务区域中心或垃圾产量较大的地区,但不宜在公共设施集中、人流量大、车流量集中的地区,垃圾转运站位于城市建成区。故 C 选项符合题意。

39. D

【解析】 不同规模和不同类型的城市用地布局有不同的交通分布和通行要求,就会有不同的道路网络类型和不同的道路网密度要求,城市道路系统与城市用地应协调发展,城市道路系统的形式与结构会随城市用地布局(如小城市、中等城市、大城市、特大城市)发生根本变化。由以上分析可知,D 选项错误。故选 D。

40. C

【解析】 次干路为组团内路网,在组团内成网,与主干路一起构成城市的基本骨架。故 C 选项符合题意。

41. A

【解析】 城市综合交通规划应与土地使用规划相互结合起来规划。因此 A 选项符合题意。

42. D

【解析】 查核线选取原则:①尽可能利用天然或人工屏障,如铁路线、河流等;分割区域和城市土地利用布局有一定的协调性;②具备基本观测条件,便于观测人员采集数据。居民出行调查包括:①交通生成指标;②居民出行规律;③居民出行生成与土地使用特征、社会经济条件之间的关系。

A 选项为 OD 调查的目的,B 选项为居民出行调查的目的,C 选项为道路交通调查的内容。故选 D。

43. C

【解析】 《城市综合交通体系规划编制导则》第 3.1.2 条规定,交通发展战略的主要内容为:①提出城市综合交通体系总体发展方向和目标;②提出各交通子系统发展定位和发展目标;③提出城市交通方式结构;④提出交通资源分配利用的原则和策略;⑤提出城市交通体系发展的政策和措施。由以上分析可知,C 选项符合题意。

44. A

【解析】 铁路布局中,场站位置起着主导作用,线路按确定的站点连接起来。因此 A 选项符合题意。

45. D

【解析】 《城市综合交通体系规划编制导则》第 3.4.2 条规定,城市道路系统规划的主要内容有:①优化配置城市干路网结构,规划城市干路网布局方案,提出支路网规划控制密度和建设标准;②提出城市各级道路红线宽度指标和典型道路断面形式;③确定主要交叉口、广场的用地控制要求;④确定城市防灾减灾、应急救援、大型装备运输的道路网络方案。D 选项属于交通管理的内容。故选 D。

46. B

【解析】 1988 年,国际古迹遗址理事会通过了《华盛顿宪章》,全称为《保护历史城镇与城区宪章》。宪章所涉及的历史城区包括城市、城镇以及历史中心或居住区,也包括这里的自然和人工环境。因此 B 选项符合题意。

47. A

【解析】 《历史文化名城名镇名村保护规划编制要求(试行)》第四十五条规定,历史文化名镇名村保护规划的近期规划措施,应当包括以下内容:

(1) 抢救已处于濒危状态的文物保护单位、历史建筑、重要历史环境要素;

(2) 对已经或可能对历史文化名镇名村保护造成威胁的各种自然、人为因素提出规划治理措施;

(3) 提出改善基础设施和生产、生活环境的近期建设项目;

（4）提出近期投资估算。

A 选项的所有建筑物、构筑物和环境要素显然是错误的。故选 A。

48．A

【解析】 历史文化名城保护规划应划定历史地段（历史文化街区）、历史建筑（群）、文物古迹和地下文物埋藏区的保护界线，并提出相应的规划控制和建设要求。因此 A 选项符合题意。

49．D

【解析】 少数历史文化名城目前难以找到一处值得保护的历史文化街区，对于此种情况，重要的不是去再造一条仿古街，而是要全力保护好文物古迹周围的环境。因此 D 选项符合题意。

50．C

【解析】 根据《城市用地分类与规划建设用地标准》（GB 50137—2011），园林生产绿地以及城市建设用地范围外基础设施两侧的防护绿地，按照实际使用用途纳入城乡建设用地分类"农林用地"（E2）。因此 C 选项符合题意。

51．B

【解析】 城市总体规划的强制性内容包括：城市规划区范围，风景名胜区，自然保护区，湿地、水源保护区和水系等生态敏感区以及基本农田，地下矿产资源分布地区等市域内必须严格控制的地域范围；规划期限内城市建设用地的发展规模，根据建设用地评价确定的土地使用限制性规定，城市各类绿地的具体布局；城市基础设施和公共服务设施用地；自然与历史文化遗产保护；城市防灾减灾。因此 B 选项符合题意。

52．B

【解析】 根据《城市水系规划规范》（GB 50513—2009），水体按形态特征分为江河、湖泊和沟渠三大类。因此 B 选项符合题意。

53．A

【解析】 总体规划阶段，城市排水工程规划的主要内容是：①确定排水体制；②提出雨水、污水利用原则；③划分排水分区；④确定雨水系统设计标准；⑤布置雨水干管（渠）和其他雨水设施；⑥估算污水量，确定污水处理率和处理深度；⑦确定污水处理厂布局，布置污水干管和其他污水设施。确定排水体制属于城市总体规划的内容，因此 A 选项符合题意。

54．B

【解析】 城市再生水利用规划主要是根据城市水资源供应紧缺状况，结合城市污水处理厂规模、布局，在满足不同用水水质标准条件下考虑将城市污水处理再生后用于生态用水、市政杂用水、工业用水等，确定城市再生水等设施的规模、布局；布置再生水设施和各级再生水管网系统，满足用户对水质、水量、水压等要求，AC 选项正确。在详细规划阶段，需要计算输配水管渠管径，校核配水管网水量及水压，D 选项准确。再生水厂主要是依据污水处理厂来确定，并不完全是按照排水体制来确定再生水厂的布局，B 选项不正确。故选 B。

55．A

【解析】 由《城市抗震防灾规划管理规定》可知，抗震设防区，是指地震基本烈度

6度及6度以上地区。因此A选项的7度及7度以上地区是错误的。故选A。

56. C

【解析】 城市详细规划阶段城市综合防灾减灾规划的主要内容包括：确定规划范围内各种消防设施的布局及消防通道、间距等；确定规划范围内地下防空建筑的规模、数量、配套内容、抗力等级、位置布局，以及平战结合的用途；确定规划范围内的防洪堤标高、排涝泵站位置等；确定规划范围内疏散通道、疏散场地的布局。

城市总体规划包括设防标准、设施布局、防灾措施和生命线系统四个方面的内容。C选项属于总体规划的内容,因此符合题意。故选C

57. B

【解析】 城市环境保护规划分为大气环境保护规划、水环境保护规划、固体废物污染控制规划、噪声污染控制规划。因此B选项符合题意。

58. D

【解析】 城市地下空间规划的主要内容包括：地下空间现状及发展预测,地下空间开发战略,开发层次、内容、期限、规模与布局,地下空间开发实施步骤,以及地下工程的具体位置,出入口位置,不同地段的高程,各设施之间的相互关系,及其配套工程的综合布置方案、经济技术指标等。由以上分析可知,D选项符合题意。

59. D

【解析】 综合交通规划图需要标明主次干路走向、红线宽度、道路横断面、重要交叉口形式。选项D中的各级道路显然是错误的。故选D。

60. C

【解析】 近期建设规划的内容包括：

(1)确定近期人口和建设用地规模,确定近期建设用地范围和布局；

(2)确定近期交通发展策略,确定主要对外交通设施和主要道路交通设施布局；

(3)确定各项基础设施、公共服务和公益设施的建设规模和选址；

(4)确定近期居住用地安排和布局；

(5)确定历史文化名城、历史文化街区、风景名胜区等的保护措施,城市河湖水系、绿化、环境等保护、整治和建设措施；

(6)确定控制和引导城市近期发展的原则和措施,城市人民政府可以根据本地区的实际,决定增加近期建设规划中的指导性内容。

因此C选项符合题意。

61. B

【解析】 近期建设规划是城市总体规划的组成部分,一般以国民经济与社会发展规划确定的建设项目为依据,反映计划与市场的动态结合。所以B选项符合题意。

62. A

【解析】 根据《全国十二五近期建设规划》方案,"十二五"近期建设规划应切实落实"十二五"保障性住房建设任务和要求,要将保障性住房的建设目标纳入近期建设规划,确保保障性住房用地的分期供给规模、区位布局和相关资金投入,不断改善中低收入家庭的居住条件。因此A选项符合题意。

63. D

【解析】 在目前国内区域条件不同的情况下,发达地区应保证规划区控制性详细规划"全覆盖",而落后地区可结合总体规划落实控制详细规划功能。故选D。

64. C

【解析】 《城乡规划法》规定,县人民政府所在地镇的控制性详细规划由县人民政府城乡规划主管部门组织编制,经县人民政府批准后,报本级人民代表大会常务委员会和上一级人民政府备案。因此C选项符合题意。

65. C

【解析】 我国控制性详细规划最初是由《上海虹桥新区详细规划》借鉴美国区划的经验发展而来的,控制性详细规划的内容应包含对城市设计的指导。依据《城乡规划法》,控制性详细规划是规划实施管理的直接依据,因此ABD选项正确。新时期控制性详细规划的发展趋势是统一格式、制图规范和标准,因此C选项符合题意。

66. A

【解析】 修建性详细规划用地建设条件分析包括:①城市发展研究,对城市经济社会发展水平、影响规划场地开发的城市建设因素、市民生活习惯及行为意愿等进行调研;②区位条件分析,规划场地的区位和功能、交通条件、公共设施配套状况、市政设施服务水平、周边环境景观要素等;③地形条件分析,对场地的高度、坡度、坡向进行分析,选择可建设用地,研究地形变化对用地布局、道路选线、景观设计的影响;④地貌分析,分析可保留的自然(河流、植被、动物栖息场所等)、人工(建筑、构筑物)及人文(人群活动场所、文物古迹、文化传统)要素、重要景观点、界面及视线要素;⑤场地现状建筑情况分析,调查建筑建设年代、建筑质量、建筑高度、建筑风格,提出建筑保留、整治、改造、拆除的建议。

因此不包括A选项的区域人口分布,故选A。

67. C

【解析】 修建性详细规划的内容包括:用地建设条件分析、建筑布局与规划设计、室外空间和环境设计、道路交通规划、场地竖向设计、建筑日照分析、投资效应分析和综合技术经济论证、市政工程管线规划设计和管线综合。修建性详细规划不需要确定建筑设计方案,因此C选项符合题意。

68. B

【解析】 镇区人口规模应以县域城镇体系规划预测的数量为依据,结合镇区具体情况进行核定。因此B选项符合题意。

69. A

【解析】 镇区人均建设用地指标应为规划范围内的建设用地面积除以常住人口数量的平均数值。因此A选项符合题意。

70. A

【解析】 《城乡规划法》第十五条规定,县人民政府组织编制县人民政府所在地镇的总体规划,报上一级人民政府审批。其他镇的总体规划由镇人民政府组织编制,报上一级人民政府审批。所以A选项符合题意。

71. A

【解析】《历史文化名城名镇名村保护规划编制要求(试行)》第四十条规定,确定保护范围,包括核心保护范围和建设控制地带界线,制定相应的保护控制措施。因此 A 选项符合题意。

72. A

【解析】 根据 C. A.佩里的论述,邻里单位由六个原则组成。

(1)规模。一个居住单位的开发应当提供满足一所小学的服务人口所需要的住房,它的实际面积则由它的人口密度所决定。

(2)边界。邻里单位应当以城市的主要交通干道为边界,这些道路应当足够宽以满足交通通行的需要,避免汽车从居住单位内穿行。

(3)开放空间。应当提供小公园和娱乐空间的系统,它们被计划用来满足特定邻里的需要。

(4)机构用地。学校和其他机构的服务范围应当对应于邻里单位的界限,它们应该适当地围绕着一个中心或公地进行成组布置。

(5)地方商业。与服务人口相适应的一个或更多的商业区应当布置在邻里单位的周边,最好是处于交通的交叉处或与相邻邻里的商业设施共同组成商业区。

(6)内部道路系统。邻里单位应当提供特别的街道系统,每一条道路都要与它可能承载的交通量相适应,整个街道网要设计得便于单位内的运行,同时又能阻止过境交通的使用。

由以上分析可知,周边布局街坊不是典型的邻里单位。所以 A 选项符合题意。

73. A

【解析】 居住区的规划结构按居住户数或人口规模可分为居住区、小区、组团三级。BD 选项错误。居住小区不一定是封闭管理的,C 选项错误,因此 A 选项符合题意。

74. B

【解析】 周边式住宅存在东西向日照条件不佳和局部视线干扰问题。因此 B 选项符合题意。

75. A

【解析】 按《民用建筑设计通则》规定,基地道路出入口与城市道路连接的要求为:出口距城市道路交叉红线大于80m,距次干道不小于70m;出口距人行道、地铁出入口大于30m,距公交站台大于15m,距花园、学校、残疾人建筑大于20m;居住区有车辆出入,其出入口最少应大于70m;居住小区主要道路至少要有两个出入口;居住区内主要道路至少应有两个方向与外围道路相连。因此,A 选项符合题意。

76. A

【解析】《城市居住区规划设计规范》(GB 50180—1993)第 2.0.32 条规定,公共绿地包括宅旁绿地、配套公建所属绿地和道路绿地,其中包括满足当地植树绿化覆土要求、方便居民出入的地下和半地下建筑的屋顶绿地。BCD 选项均为规范原文。故选 A。

77. A

【解析】 国家级风景名胜区总体规划编制前,一般首先编制规划纲要,作为总规编制的框架和依据,A选项正确。国家级重点风景名胜区总体规划由省、自治区报国务院审批,B选项错误。经批准的详细规划才是做好风景区保护、建设、利用和管理工作的直接依据,C选项错误。风景名胜区总体规划应当对不同保护要求区域内的土地利用方式、建筑风格、体量、规模等做出明确要求,D选项错误。故选A。

78. A

【解析】 工业革命以前,城市设计与城市规划基本上是一回事,并附属于建筑学,A选项错误。20世纪70年代,城市设计已经作为一个单独的研究领域在世界范围内确立起来,B选项正确。我国的城市规划体系中,城市设计在体制上依附于城市规划,主要作为一种技术方法而存在,CD选项正确。故选A。

79. C

【解析】 规划手段是政府运用规划编制和实施的行政权力,通过各类规划来推进城市规划的实施。政策手段是政府根据城市规划的目标和内容,从规划实施的角度制定相关政策来引导城市发展。AB选项彼此写反了。财政手段是政府运用公共财政的手段,调节、影响城市建设的需求和进程,保证城市规划的实现,C选项正确。管理手段是指政府根据法律授权,通过开发项目的规划管理,保证城市规划所确立的目标、原则和具体内容在城市开发和建设行为中得到贯彻。D选项中应根据实际项目,而非城市规划。故选C。

80. D

【解析】 城市规划实施的监督检查包括行政监督、立法机构的监督检查和社会监督。因此D选项符合题意。

二、多项选择题(共20题,每题1分。每题的备选项中有2~4个符合题意。多选、少选、错选都不得分)

81. ACE

【解析】 日本称为"都市圈";英国称为"标准大都市劳动区"和"大都市经济劳动区";加拿大称为"国情调查大都市区";澳大利亚称为"国情调查扩展城市区";瑞典称为"劳动-市场区";美国称为"大都市区"。因此ACE选项符合题意。

82. ABE

【解析】 中世纪城市的特征有五个:①围绕公共广场组织各类城市设施;②狭小、不规则的道路网结构;③围绕城堡形成城市;④公共建筑成为城市活动的重要场所,并在空间中占据主导地位;⑤出现以城市防御为出发点的规划模式。

尽管中世纪城市是不规则建设的,但建筑师提出的理想城市多是规则的,C选项错误;文艺复兴时期对中世纪城市进行了局部改造,而非全面有序的全面改造,D选项错误。故选ABE。

83. ABC

【解析】 全球资本的选择,会让城市土地开发竞争加强,从而影响开发地块的强度、密度、建筑高度等,进而影响城市的内部空间布局。A选项正确。

由于全球经济都向中心城市集中,不同区域间城市的相互依存度在加强,但城市彼此之间的相互依存度在减弱,B选项正确。

在新出现的城市复兴中,规划师开始从以下几方面增加城市的竞争力:①城市中央商务区的重塑;②城市更新和滨水地区的再开发;③公共空间的文化设施的建设。C选项正确。

制造业衰退只出现在发达国家和地区,D选项错误;生产服务业的聚集性是在增强,E选项错误。故选ABC。

84．ABCD

【解析】 城市市政公用设施规划包括:城市水资源规划、城市给水工程规划、城市排水工程规划、城市再生水利用规划、城市河湖水系规划、城市能源规划、城市电力工程规划、城市燃气工程规划、城市供热工程规划、城市通信工程规划、城市环境卫生设施规划。因此ABCD选项符合题意。

85．ABCE

【解析】 城市总体规划实施评估应考虑的内容为:城市发展方向和空间布局、人口与建设用地规模、综合交通、绿地、生态环境保护、自然与历史文化遗产保护、重要基础设施和公共服务设施等规划目标的落实情况以及强制性内容的执行情况。因此ABCE选项符合题意。

86．BE

【解析】 不同类型城市的用地规模是不同的(如山地、工矿、集中布局城市和分散布局城市是不一样的),应结合人口规模的预测,计算出城市在未来某一时点所需居住用地的总体规模。规划人均建设用地面积与现状水平可增加或减少,规划人口规模是推算规划用地规模的主要依据。因此BE选项正确。故选BE。

87．ABE

【解析】 编制城市总体规划应先编制总体规划纲要,作为指导总体规划编制的重要依据。城市总体规划纲要的任务是研究总体规划中的重大问题,提出解决方案并进行论证,经过审查的纲要也是总体规划成果审批的依据。A选项正确。

市域城镇体系规划的主要内容如下:

(1) 提出市域城乡统筹发展战略;

(2) 确定生态环境、土地和水资源、能源、自然和历史文化遗产保护等方面的综合目标和保护要求,提出空间管制原则;

(3) 预测市域总人口及城镇化水平,确定各城镇人口规模、职能分工、空间布局方案和建设标准;

(4) 原则确定市域交通发展策略;

(5) 提出城市规划区范围;

(6) 分析城市职能,提出城市性质和发展目标;

(7) 提出禁建区、限建区、适建区范围;

(8) 预测城市人口规模;

(9) 研究中心城区空间增长边界,提出建设用地规模和建设用地范围;

(10) 提出交通发展战略及主要对外交通设施布局原则;

(11) 提出重大基础设施和公共服务设施的发展目标;

(12) 提出建立综合防灾体系的原则和建设方针。

由以上分析可知,ABE选项正确。C选项不是必须确定,D选项应为提出原则而不是方案。故选 ABE。

88. ACDE

【解析】 影响城市空间发展方向的因素有:①自然条件(地质地貌、河流水系、地质条件等);②人工环境(高速公路、铁路、高压线及区域间城市关系);③城市建设现状与城市形态结构、规划及政策性因素(土地利用总体规划的农田保护政策、文物部门的保护政策);④其他因素(土地产权问题、农民土地征用补偿、城市建设中的城中村)。因此ACDE选项符合题意。

89. ADE

【解析】 污水处理厂应布置在城市夏季主导风向的下风向;生活垃圾卫生填埋场应布置在城市夏季主导风向的下风向;火电厂、天然气门站布置在城市主导风向的下风向;消防站布置在城市各消防辖区。因此 ADE 选项符合题意。

90. ABCE

【解析】 为了缓解城市中心地段的交通,实现城市中心地段对机动车的交通管制,规划可以考虑在城市中心地段交通限制区边缘干路附近设置截留性的停车设施,结合公共交通换乘枢纽,形成包括小汽车停车功能在内的小汽车与中心地段内部交通工具的换乘设施,这样,车辆在中心区边缘可以截留,改换乘公共交通从而减少私家车的适用;BE选项正确。设置独立地下车库可以增加停车位,可以减少对城市交通的干扰,A选项正确。小巷增加自行车的停车位,这是鼓励绿色出行措施,能减少车辆进入市中心,C选项正确。在商业设施这样吸引大量车流地段设路边停车,造成交通干扰,势必造成交通拥挤,D选项错误。故选 ABCE。

91. ABC

【解析】 公共交通规划应在客流预测的基础上,使公共交通的客运能力满足高峰客流需求,A选项正确。快速公交线路应尽可能将城市中心和对外客运枢纽串接起来,形成"串糖葫芦"关系,B选项正确。普通公交线路主要是为乘客到达性服务的,应布置在城市服务性道路上,C选项正确。"复合式公交走廊"是一种混合交通模式,把过多的公交线路集中在一条路上布置,将大大降低公交线网密度,导致乘客到公交站点距离的加长,乘坐不变,降低公交的服务型和吸引力,不利于公共交通的发展,D选项错误。公共交通要求分别设置城市公共交通的骨干线路和常规普通线路,使客流能分流,各得其所需,E选项错误。故选 ABC。

92. BE

【解析】 历史文化名城保护规划应建立历史文化名城、历史文化街区和文物保护单位三个层次的保护体系。因此 BE 选项符合题意。

93. ACDE

【解析】 评估的内容主要包括:历史沿革、文物保护单位、历史建筑、其他文物古迹和传统风貌建筑等的详细信息;传统格局和历史风貌;具有传统风貌的街区、镇、村;历史环境要素;传统文化及非物质文化遗产;基础设施、公共安全设施和公共服务设施现状;保护工作现状。因此 ACDE 选项符合题意。

94. ABCE

【解析】 环境保护的基本目的包括:保护和改善生活环境和生态环境,防止污染和其他公害,保障人体健康,促进社会主义现代化的发展。因此 ABCE 选项符合题意。

95. ACE

【解析】 根据城市用地性质和功能,结合自然地形,规划地面形式可分为平坡式、台阶式和混合式。故选 ACE。

96. ABCD

【解析】 控制性详细规划的控制体系包括:①土地使用(土地使用控制、使用强度控制);②建筑建造(建筑建造控制、城市设计引导);③配套设施控制(市政设施配套、公共设施配套);④行为活动(交通活动控制、环境保护规定);⑤其他控制要求。所以 ABCD 选项符合题意。

97. ABC

【解析】 乡与镇一般为同级行政单位。在我国,除了建制市以外的城市聚落都称为镇。其中具有一定人口规模,人口和劳动力结构、产业结构达到一定要求,基础设施达到一定水平,并被省、自治区、直辖市人民政府批准设置的镇为建制镇,其余为集镇。县城关镇是县人民政府所在地的镇,其他镇是县级建制以下的一级行政单元,而集镇不是一级行政单元。县城关镇具有城市属性,而乡政府驻地一般是乡域内的中心村或集镇,通常情况下没有城镇型聚落。

《村庄和集镇规划建设管理条例》规定:本条例所称集镇,是指乡、民族乡人民政府所在地和经县级人民政府确认由集市发展而成的作为农村一定区域经济、文化和生活服务中心的非建制镇。由以上分析可知,ABC 选项符合题意。

98. ABE

【解析】 当规划用地周边有设施可以使用时,配建的项目和面积可酌情减少;当周围的设施不足,需兼为附近的居民服务,配建的项目和面积可相应增加,A 选项正确。当处在公交转乘站附近、流动人口多的地方,可增加百货、食品、服装等项目或扩大面积,以兼为流动顾客服务,B 选项正确。配套设施是按照居住人口划分居住区、小区、组团来确定配置的,与建筑是否高层、低层无关,C 选项错误。在严寒地区由于是封闭式的营业,配建的项目和面积也会稍有增加;在山地,由于地形的限制,可根据现状条件及居住区范围周边现有的设施以及本地的特点在配建的水平上相应增减,E 选项正确。配套设施配建规模的确定主要依据千人指标,当项目规模介于居住区—小区—组团之间时,应按适当增加或按上层次要求配建,D 选项错误。从以上分析可知,ABE 选项符合题意。

99. ABD

【解析】《风景名胜区规划规范》(GB 50298—1999)的相关规定如下:

(1)风景名胜区应当具有区别其他区域的能够反映独特的自然风貌或具有独特的历史文化特色的比较集中的景观;

(2)风景名胜区应当具有观赏、文化或者科学价值,是这些价值和功能的综合体;

（3）风景名胜区应当具备游览和进行科学文化活动的多重功能，对于风景名胜区的保护，是基于其价值可为人们所利用，可以用来进行旅游开发、游览观光以及科学研究等活动。

特大型风景名胜区指用地规模 $500km^2$ 以上；1982 年以来，国务院已先后审定公布了六批国家级风景名胜区名单。

由以上分析可知，ABD 选项符合题意。

100. ABC

【解析】 《建筑模式语言》是克里斯托弗·亚历山大于 1977 年出版的，它从城镇、邻里、住宅、花园和房间等多种尺度描述了 253 个模式，通过模式的组合，使用者可以创造出很多变化。模式的意义在于为设计师提供了一种有用的行为与空间之间的关系序列，体现了空间的社会用途。《小型城市空间的社会生活》的作者为威廉·怀特。

由以上分析可知，ABC 选项符合题意。

2014 年度全国注册城乡规划师职业资格考试真题与解析

城乡规划原理

真　　题

一、**单项选择题**（共 80 题，每题 1 分。每题的备选项中，只有 1 个最符合题意）

1. 下列不属于全球或区域性经济中心城市基本特征的是（　　）。

    A. 作为跨国公司总部或区域总部的集中地

    B. 具有完美的城市服务功能

    C. 是知识创新的基地和市场

    D. 具有雄厚的制造业基础

2. 在快速城镇化阶段，影响城市发展的关键因素是（　　）。

    A. 城市用地的快速扩展　　　　　　　B. 人口向城市的有序集中

    C. 产业化进程　　　　　　　　　　　D. 城市的基础设施建设

3. 在国家统计局的指标体系中，（　　）属于第三产业。

    A. 采掘业　　　　　　　　　　　　　B. 物流业

    C. 建筑安装业　　　　　　　　　　　D. 农产品加工业

4. 在"核心-边缘"理论中，核心与边缘的关系是指（　　）。

    A. 城市与乡村的关系

    B. 城市与区域的关系

    C. 具有创新变革能力的核心区与周围区域的关系

    D. 中心城市与非中心城市的关系

5. 城市与区域的良性关系取决于（　　）。

    A. 城市规模的大小　　　　　　　　　B. 城市与区域的二元状态

    C. 城市与区域的功能互补　　　　　　D. 城市在区域中的地位

6. 与城市群、城市带的形成直接相关的因素是（　　）。

    A. 区域内城市的密度　　　　　　　　B. 中心城市的高首位度

    C. 区域的城乡结构　　　　　　　　　D. 区域内资源利用的状态

7. （　　）不是欧洲绝对君权时期的城市建设特征。

    A. 轴线放射的街道　　　　　　　　　B. 宏伟壮观的宫殿花园

    C. 规整对称的公共广场　　　　　　　D. 有机组合的城市形态

8. 关于点轴理论与发展极理论，表述准确的是（　　）。

    A. 点轴理论与发展极理论是指导空间规划的核心理论

    B. 点轴理论强调空间沿着交通线以及枢纽性交通站集中发展

    C. 发展极核通过极化与扩散机制实现区域的平衡增长

    D. 发展极理论的核心是主张中心城市与区域的不均衡发展和非一体化发展

9. 关于我国古代城市的表述,不准确的是( )。

   A. 唐长安城宫城的外围被皇城环绕

   B. 商都殷城以宫廷区为中心,其外围是若干居住聚落

   C. 曹魏郡城的北半部为贵族专用,只有南半部才有一般居住区

   D. 我国古代城市的城墙是按防御要求修建的

10. 下列城市中,在近代发展中受铁路影响最小的是( )。

   A. 蚌埠   B. 九江   C. 石家庄   D. 郑州

11. 最早比较完整地体现功能分区思想的是( )。

   A. 柯布西埃的"明天城市"   B. 马丘比丘宪章

   C. 戈涅的"工业城市"   D. 玛塔的"带形城市"

12. 下列工作中,难以体现城市规划政策性的是( )。

   A. 确定相邻建筑的间距

   B. 确定居住小区的空间形态

   C. 确定居住区各楼公共服务设施的配置规模和标准

   D. 确定地块开发的容积率和绿地率

13. 下列内容中,不属于城市规划调控手段的是( )。

   A. 通过土地使用的安排,保证不同土地使用之间的均衡

   B. 通过规划许可限定开发类型

   C. 通过土地供应控制开发总量

   D. 通过公共物品的提供推动地区开发建设

14. 下列表述中,错误的是( )。

   A. 城乡规划编制的成果是城乡规划实施的依据

   B. 各级政府的城乡规划主管部门之间的关系构成了城乡规划行政体系的一部分

   C. 城乡规划的组织实施由地方各级人民政府承担

   D. 村庄规划区内使用原有宅基地进行村民住宅建设的规划管理办法由各省制定

15. 关于制定镇总体规划的表述,不准确的是( )。

   A. 由镇人民政府组织编制,报上级人民政府审批

   B. 由镇人民政府组织编制,在报上一级人民政府审批前,应当先经镇人民代表大会审议

   C. 规划报送审批前,组织编制机关应当依法将草案公告三十日以上

   D. 镇总体规划批准前,审批机关应当组织专家和有关部门进行审查

16. 关于城镇体系规划和镇村体系规划的表述,错误的是( )。

   A. 国务院城乡规划主管部门会同国务院有关部门组织编制全国城镇体系规划

   B. 省、自治区城乡规划主管部门会同省、自治区政府有关部门组织编制省域城镇体系规划

   C. 市域城镇体系规划纲要需预测市域总人口及城镇化水平

D. 体系规划应确定中心村和基层村,提出村庄的建设调整设想

17. 关于省域城镇体系规划主要内容的表述,不准确的是(   )。

A. 制定全省、自治区城镇化目标和战略

B. 分析评价现行省域城镇体系规划实施情况

C. 提出限制建设区、禁止建设区的管理要求和实现空间管制的措施

D. 制定省域综合交通、环境保护、水资源利用、旅游、历史文化遗产保护等专项规划

18. 根据《城市规划编制办法》不属于市域城镇体系规划纲要内容的是(   )。

A. 提出市域城乡统筹发展战略

B. 确定各城镇人口规模、职能分工

C. 原则确定市域交通发展战略

D. 确定重点城镇的用地规模和用地控制范围

19. 关于城市总体规划主要作用的表述,不准确的是(   )。

A. 带动市域经济发展　　　　　　B. 指导城市有序发展

C. 调控城市空间资源　　　　　　D. 保障公共安全和公共利益

20. 在城市总体规划的历史环境调查中,不属于社会环境方面的内容是(   )。

A. 独特的节庆习俗　　　　　　　B. 国家级文物保护单位

C. 地方戏　　　　　　　　　　　D. 少数民族聚居区

21. 关于城市总体规划现状调查的表述,不准确的是(   )。

A. 调查研究是对城市从感性认识上升到理性认识的必要过程

B. 自然环境的调查内容包括市域范围的野生动物种类与活动规律

C. 调查内容包括了解城市现状水资源自用、能源供应状况

D. 上位规划和相关规划的调查,一般包括省域城镇体系规划和相关的国土规划、区域规划、国民经济与社会发展规划等

22. 下列数据类型中,不属于城市环境质量检测数据的是(   )。

A. 大气监测数据

B. 水质监测数据

C. 噪声监测数据

D. 主要工业污染源的污染物排放监测数据

23. 下列表述中,不准确的是(   )。

A. 城市的特色与风貌主要体现在社会环境和物质环境两方面

B. 城市历史文化环境的调查包括对城市形成和发展过程的调查

C. 城市经济、社会和政治状况的发展演变是城市发展重要的决定因素之一

D. 城市历史文化环境中有形物质形态的调查主要针对文物保护单位进行

24. 我国不少城市是在采掘矿产资源基础上形成的工业城市。下列表述不正确的是(   )。

A. 大庆是石油工业城市　　　　　B. 鞍山是钢铁工业城市

C. 景德镇是陶瓷工业城市　　　　D. 唐山是有色金属工业城市

25. 城市总体规划阶段区域环境调查的主要目的是（　　　）。

    A. 分析城市在区域中的地位与作用　　　　B. 揭示区域环境质量的状况

    C. 分析区域环境要素对城市的影响　　　　D. 揭示城市对周围地区的影响范围

26. 根据《城市规划编制办法》，不属于城市总体规划纲要主要内容的是（　　　）。

    A. 提出城市规划区范围　　　　　　　　　B. 研究中心城区空间增长边界

    C. 提出绿地系统的发展目标　　　　　　　D. 提出主要对外交通设施布局原则

27. 根据《城市规划编制办法》，不属于市域城镇体系规划内容的是（　　　）。

    A. 分析确定城市性质、职能和发展目标　　B. 预测市域人口及城镇化水平

    C. 确定市域交通发展策略　　　　　　　　D. 规定城市规划区

28. 关于城市规划区的表述，不准确的是（　　　）。

    A. 城市规划区应根据经济社会发展水平规定

    B. 规定城市区时应考虑统筹城乡发展的需要

    C. 规定城市规划区时应考虑机场的影响

    D. 某城市的水源地必须划入该城市的规划区

29. 关于城市用地布局的表述，不准确的是（　　　）。

    A. 仓储用地宜布置在地势较高、地形有一定坡度的地区

    B. 港口的件杂货作业区一般应设在离城市较远、具有深水条件的岸线段

    C. 具有生产技术协作关系的企业应尽可能布置在同一工业区内

    D. 不宜把有大量人流的公共服务设施布置在交通量大的交叉口附近

30. 关于组团式城市总体布局的表述，不准确的是（　　　）。

    A. 组团与组团之间应有两条及以上的城市干路相连

    B. 组团与组团之间应有河流、山体等自然地形分隔

    C. 每个组团内应有相关数量的就业岗位

    D. 每个组团内的道路网应尽量自成系统

31. 下列表述中，不准确的是（　　　）。

    A. 大城市的市级中心与各区级中心之间应有便捷的交通联系

    B. 大城市商业中心应充分利用城市的主干路形成商业大街

    C. 大城市中心地区应配置适当的停车设施

    D. 大城市中心地区应配置完善的公共交通

32. 关于城市道路横断面选择与组合的表述，不准确的是（　　　）。

    A. 交通性主干路宜布置为分向通行的二块板横断面

    B. 机、非分行的三块板横断面常用于生活性主干路

    C. 次干路宜布置为一块板横断面

    D. 支路宜布置为一块板横断面

33. 根据《城市水系规划规范》(GB 50513—2009)关于水域控制线划定的相关规定，下列表述中错误的是（　　　）。

    A. 有堤防的水体，宜以堤顶不临水一侧边线为基准划定

    B. 无堤防的水体，宜按防洪、排涝设计标准所对应的(高)水位划定

    C. 对水位变化较大而形成较宽涨落带的水体,可按多年平均洪(高)水位划定

    D. 规划的新建水体,其水域控制线应按规划的水域范围划定

34. 在郊区布置单一大型居住区,最易产生的问题是(　　)。

    A. 居住区配套设施不足,居民使用不方便

    B. 增大居民上下班出行距离,高峰时易形成钟摆式交通

    C. 缺少城市公共绿地,影响居住生态质量

    D. 市政设施配套规模大,工程建设成本高

35. 关于城市中心的表述,不准确的是(　　)。

    A. 在全市性公共中心的规划中,首先应集中安排好各类商务办公设施

    B. 以商业设施为主体的公共中心应尽量建设商业步行街区

    C. 因公共设施的性能与服务对象不同,城市公共中心应按等级布置

    D. 在一些大城市,可以通过建设副中心来完善城市中心的整体功能

36. 在盆地地区的城市布置工业用地时,应重点考虑(　　)的影响。

    A. 静风频率　　　　　　　　　　B. 最小频率风向

    C. 温度　　　　　　　　　　　　D. 太阳辐射

37. 分散式城市布局的优点是(　　)。

    A. 城市土地使用效率较高　　　　B. 有利于生态廊道的形成

    C. 易于统一配套建设基础设施　　D. 出行成本较低

38. (　　)不属于城市综合交通规划的目的。

    A. 合理确定城市交通结构　　　　B. 有效控制交通拥挤程度

    C. 有效提高城市交通的可达性　　D. 拓宽道路并提高通行能力

39. 关于城市综合交通规划的表述,不准确的是(　　)。

    A. 规划应紧密结合城市主要交通问题和发展需求进行编制

    B. 规划应与城市空间结构和功能布局相协调

    C. 城市综合交通体系构成应按照城市近期规模加以确定

    D. 规划应科学配置交通资源

40. 下列属于居民出行调查对象的是(　　)。

    A. 所有的暂住人口　　　　　　　B. 6岁以上流动人口

    C. 所有的城市居民　　　　　　　D. 学龄前儿童

41. 关于铁路客运站规划原则与要求的表述,不准确的是(　　)。

    A. 应当和城市公共交通系统紧密结合

    B. 特大城市可设置多个铁路客运站

    C. 特大城市的铁路客运站应当深入城市中心区边缘

    D. 中、小城市的铁路客运站应当深入城市中心区

42. 道路设计车速大于(　　)km/h时,必须设置中央分隔带。

    A. 40　　　　　　B. 50　　　　　　C. 60　　　　　　D. 70

43. 关于城市快速路的表述,正确的是(　　)。

    A. 主要为城市组团间的长距离服务　　B. 应当优先设置常规公交线路

C. 两侧可以设置大量商业设施　　　　　　D. 尽可能穿过城市中心区

44. 关于四块板道路横断面的表述,正确的是(　　　)。

A. 增强了路口通行能力

B. 能解决对向机动车的互相干扰

C. 适合在高峰时间调节车道使用宽度

D. 适合机动车流量大,但自行车流量小的道路

45. 关于公路规划的表述,错误的是(　　　)。

A. 国道等主要过境公路应以切线或环线绕城而过

B. 经过小城镇的公路,应当尽量直接穿过小城镇

C. 大城市、特大城市可布置多个公路客运站

D. 中小城市可布置一个公路客运站

46. 下列哪项不是申报历史文化名城的条件?(　　　)

A. 历史建筑集中成片

B. 在所申报的历史文化名城保护范围内有两个以上的历史文化街区

C. 历史上曾经作为政治、经济、文化、交通中心或者军事要地

D. 保存有大量的省级以上文物保护单位

47. 关于历史文化名城保护规划的表述,错误的是(　　　)。

A. 历史文化名城应当整体保护,保持传统格局、历史风貌和空间尺度

B. 历史文化名城保护不得改变与其相互依存的自然景观和环境

C. 在历史文化名城内禁止建设生产、储存易燃易爆物品的工厂、仓库等

D. 在历史文化名城保护范围内不得进行公共设施的新建、扩建活动

48. 关于历史文化遗产保护的表述,不准确的是(　　　)。

A. 物质文化遗产包括不可移动文物、可移动文物以及历史文化名城(街区、村镇)

B. 物质文化遗产保护要贯彻"保护为主、抢救第一、合理利用、传承发展"的方针

C. 实施保护工程必须确保文物的真实性,坚决禁止借保护文物之名行造假古董之实

D. 应把保护优秀的乡土建筑等文化遗产作为城镇发展战略的重要内容,把历史文化名城(街区、村镇)保护纳入城乡规划

49. 关于历史文化名城保护规划的表述,错误的是(　　　)。

A. 历史城区中不应新建污水处理厂

B. 历史城区不宜设置取水构筑物

C. 历史城区不宜设置大型市政基础设施

D. 历史城区应划定保护区和建设控制区,并根据实际需要划定环境协调区

50. 在风景名胜区规划中,不属于游人容量统计常用口径的是(　　　)。

A. 一次性游人容量　　　　　　　　　　　B. 日游人容量

C. 月游人容量　　　　　　　　　　　　　D. 年游人容量

51. 不属于城市河湖水系规划的基本内容的是（　　）。

    A. 确定城市河湖水系水环境质量标准

    B. 预测规划期内河湖可供水资源总量

    C. 提出河道两侧绿化带宽度

    D. 确定城市防洪标准

52. 不属于城市污水处理厂选址基本要求的是（　　）。

    A. 接近用水量最大的区域

    B. 设在地势较低处，便于城市污水收集

    C. 不宜接近居住区

    D. 有良好的电力供应

53. 关于城市防洪标准的表述，不准确的是（　　）。

    A. 确定防洪标准是防洪规划的首要问题

    B. 应根据城市的重要性确定防洪标准

    C. 城市防洪标高应高于河道流域规划的总要求

    D. 防洪堤顶标高应考虑江河水面的浪高

54. 关于固体废弃物与防治规划指标的对应关系，正确的是（　　）。

    A. 工业固体废弃物——安全处置率　　　　B. 生活垃圾——资源化利用率

    C. 危险废物——无害化处理率　　　　　　D. 废旧电子电器——综合利用率

55. 关于城市竖向规划的表述，不准确的是（　　）。

    A. 竖向规划的重点是进行地形改造和土地平整

    B. 铁路和城市干路交叉点的控制标高应在总体规划阶段确定

    C. 详细规划阶段可采用高程箭头法、纵横断面法或设计等高线法

    D. 大型集会广场应有平缓的坡度

56. 不属于液化气储配站选址要求的是（　　）。

    A. 位于全年主导风向的上风向　　　　　　B. 选择地势开阔的地带

    C. 避开地基沉陷的地带　　　　　　　　　D. 避开城市居民区

57. 城市总体规划文本是对各项规划目标和内容提出的（　　）。

    A. 详细说明　　　　B. 具体解释　　　　C. 规定性要求　　　　D. 法律依据

58. 关于近期建设规划的表述，正确的是（　　）。

    A. 城市增长稳定不需要继续编制近期建设规划

    B. 近期建设规划应与土地利用总体规划相协调

    C. 近期内出现计划外重大建设项目，应在下轮近期建设规划中落实

    D. 近期建设规划应发挥其调控作用，使城市在总体规划期限内均匀增长

59. 近期建设规划现状用地规模的统计，应采用（　　）。

    A. 该城市总体规划的基准年用地数据

    B. 近期建设规划的规划建设用地数据

    C. 上一个近期规划的规划建设用地数据

    D. 上一个近期规划实施期间城市新增建设用地数据

60. 下列工作中,不属于住房建设规划任务的是(   )。
    A. 确定住房供应总量
    B. 确定住房供应类型及比例
    C. 确定保障性住房供应对象
    D. 确定保障性住房的空间分布

61. 在实际的城市建设中,不可能出现的情况是(   )。
    A. 建筑密度+绿地率=1
    B. 建筑密度+绿地率<1
    C. 建筑密度×平均层数=1
    D. 建筑密度×平均层数<1

62. 某城市总体规划中确定了一个燃气储气罐站的位置,在控制性详细规划的编制中予以落实并获得批准,但是在实施中需要对其进行调整,下列做法中正确的是(   )。
    A. 调整到附近的地块中,保证其各项控制指标不变即可
    B. 根据需要进行调整,但是必须进行专题论证
    C. 根据需要进行调整,但是必须进行专题论证,并征求相关利害人意见
    D. 修改城市总体规划后,再对控制性详细规划进行调整

63. 控制性详细规划的成果可以不包括(   )。
    A. 位置图
    B. 用地现状图
    C. 建筑总平面图
    D. 工程管线规划图

64. 不属于控制性详细规划编制内容的是(   )。
    A. 规定禁建区、限建区、适建区
    B. 规定各级道路的红线、断面、交叉口形式及渠化措施、控制点坐标和标高
    C. 确定地下空间开发利用具体要求
    D. 提出各地块的建筑体量、体型、色彩等城市设计指导原则

65. 在修建性详细规划中,对建筑、道路和绿地等的空间布局和景观规划进行设计的主要目的是(   )。
    A. 对所在地块的建设提出具体的安排和设计,指导建筑设计和各项工程施工设计
    B. 校核控制性详细规划中的各项指标是否合理
    C. 确定合理的建筑设计方案,指导各项室外工程施工设计
    D. 制作效果图与模型,有利于招商引资

66. 编制某居住小区的修建性详细规划,其容积率控制指标为 3.5,为妥善处理较大的容积率与住宅日照要求的关系,正确的技术方法应为(   )。
    A. 根据间距系数确定建筑间距
    B. 通过日照分析合理布局
    C. 局部提高控制性详细规划确定的建筑高度
    D. 提高控制性详细规划确定的建筑密度

67. 修建性详细规划采用的图纸比例一般不包括(   )。
    A. 1:250
    B. 1:500
    C. 1:1000
    D. 1:2000

68. 关于"城镇"和"乡村"概念的表述,准确的是(   )。
    A. 非农业人口工作和生活的地域即为"城镇",农业人口工作和生活的地域即为"乡村"

B. 在国有土地上建设的区域为"城镇",在集体所有土地上建设的地区和集体所有土地上的非建设区为"乡村"

C. "城镇"是指我国市镇建制和行政区划的基础区域,包括城区和镇区。"乡村"是指城镇以外的其他区域

D. 从事第二、三产业的地域即为"城镇",从事第一产业的地域即为"乡村"

69. 下列哪项不能作为村庄规划的上位规划?（　　　）

　　A. 镇域规划　　　　　B. 乡域规划　　　　　C. 村域规划　　　　　D. 县域规划

70. 关于乡规划的表述,不准确的是（　　　）。

　　A. 乡驻地规划主要针对其现有和将转为国有土地的部分

　　B. 乡规划区在乡规划中划定

　　C. 可按《镇规划标准》执行

　　D. 不是所有乡都必须编制乡规划

71. 下列哪项不是申报国家历史文化名镇、名村必须具备的条件?（　　　）

　　A. 历史传统建筑原貌基本保存完好

　　B. 存有清末以前或者有重大影响的历史传统建筑群

　　C. 历史传统建筑集中成片

　　D. 历史传统建筑总面积在 5000m² 以上(镇)或 2500m² 以上(村)

72. 历史文化名镇名村保护规划文本一般不包括（　　　）。

　　A. 城镇历史文化价值概述

　　B. 各级文物保护单位范围

　　C. 重点整治地区的城市设计意图

　　D. 重要历史文化遗存修整的规划意见

73. 计算住区的绿地率时,其绿地面积是指（　　　）。

　　A. 居住区内所有绿化面积之和

　　B. 符合标准的各级公共绿化面积之和

　　C. 符合标准的各类绿地面积之和

　　D. 满足 1/3 面积在标准建筑日照阴影之外条件的绿地面积之和

74. 居住区规划用地平衡表的作用不包括（　　　）。

　　A. 与现状用地比较分析　　　　　　　B. 检验用地分配的经济合理性

　　C. 作为审批规划方案的依据　　　　　D. 分析居住区空间形态的合理性

75. 关于居住区公共服务设施规划要求的表述,不准确的是（　　　）。

　　A. 居住区配套公建的设置水平应与居住人口规模相适应

　　B. 居住区配套公建应与住宅同步规划、同步建设、同时交付

　　C. 可根据区位条件,适当调整居住区配套公建的项目和面积

　　D. 配套公建项目应按照市场效益最大化的原则进行配置

76. 经过审批后用于规划管理的风景名胜区规划包括（　　　）。

　　A. 风景旅游体系规划和风景区总体规划

　　B. 风景区总体规划、风景区详细规划和景点规划

    C. 风景区总体规划和风景区详细规划

    D. 风景区详细规划和景点规划

77. 下列哪项不是城市设计现状调查或分析的方法？（　　　）

    A. 简·雅各布斯的"街道眼"　　　　　　B. 戈登·库仑的"景观序列"

    C. 凯文·林奇的"认知地图"　　　　　　D. 詹巴蒂斯塔·诺利的"图底理论"

78. 关于城市设计的表述,正确的是（　　　）。

    A. 城市总体规划编制中应当运用城市设计的方法

    B. 由政府组织编制的城市设计项目具有法律效力

    C. 我国的城市设计和城市规划是两个相对独立的管理系统

    D. 城市设计与城市规划是两个独立发展起来的学科

79. 关于城市规划实施的表述,不准确的是（　　　）。

    A. 城市发展和建设中的所有建设行为都应该成为城市规划实施的行为

    B. 政府通过控制性详细规划来引导城市的建设活动,从而保证总体规划的实施

    C. 近期建设规划是城市总体规划的组成部分,不属于城市规划实施的手段

    D. 私人部门的建设活动是出于自身利益而进行的,但只要符合城市规划的要求,也同样是城市规划实施行为

80. 关于公共性设施的表述,错误的是（　　　）。

    A. 公共性设施是指社会公众所共享的设施

    B. 公共性设施都是由政府部门进行开发的

    C. 公共性设施的开发可引导和带动商业性的开发

    D. 公共性设施项目未经规划主管部门核实是否符合规划条件,不得组织竣工验收

二、多项选择题（共20题,每题1分。每题的备选项中有2～4个符合题意。多选、少选、错选都不得分）

81. 关于经济全球化对城市发展影响的表述,正确的有（　　　）。

    A. 全球性和区域性的经济中心城市正在逐步形成

    B. 城市的发展更加受到国际资本的影响

    C. 城市之间水平性的地域分工体系成为主导

    D. 城市之间的相互竞争将不断加剧

    E. 中小城市与周边大城市的联系有可能会削弱

82. 城市可持续发展战略的实施措施有（　　　）。

    A. 在城市发展中,坚决限制城市用地的进一步扩展

    B. 保护城市的文脉和自然生态环境

    C. 优先使用城市中的弃置地

    D. 鼓励建设低密度的住宅区

E. 提高公众参与程度

83. 下列表述中,正确的有( )。

    A. 规模经济理论认为,随着城市规模的扩大,产品和服务的供给成本会上升

    B. 经济基础理论认为,基本经济部类是城市发展的动力

    C. 增长极核理论认为,区域经济发展首先集中在一些条件比较优越的城市

    D. 集聚经济理论认为,城市不同产业之间的互补关系使城市的集聚效应得以发挥

    E. 梯度发展理论认为,产业的梯度扩散将产生累进效应

84. 下列规划类型中,属于法律规定的有( )。

    A. 省域城镇体系规划   B. 乡域村庄体系规划

    C. 镇修建性详细规划   D. 村庄规划

    E. 村庄修建性详细规划

85. 关于城市建设项目规划管理的表述,正确的有( )。

    A. 以划拨方式取得国有土地使用权的建设项目,规划行政主管部门应依据城市总体规划核定建设用地的位置、面积和允许建设的范围

    B. 在国有土地使用权出让前,规划行政主管部门依据控制性详细规划,提出出让地块的规划条件,作为国有土地使用权出让合同的组成部分

    C. 规划行政主管部门不得在建设用地规划许可证中,擅自改变作为国有土地使用权出让合同组成部分的规划条件

    D. 建设单位申请办理建设工程许可证,应当提交使用土地的有关证明文件、修建性详细规划以及建设工程设计方案等材料

    E. 建设单位申请变更规划条件,变更内容不符合控制性详细规划的,规划行政主管部门不得批准

86. 关于居住区规划的表述,正确的有( )。

    A. 公共绿地至少有一个边与相应级别的道路相邻

    B. 公共绿地中,绿化面积(含水面)不宜小于70%

    C. 宽度小于8m、面积小于400m² 的绿地不计入公共绿地

    D. 机动车与非机动车混行的道路,其纵坡宜符合机动车道的要求

    E. 居住区内尽端式道路的长度不宜大于80m

87. 调查城市用地的自然条件时,经常采用的方法包括( )。

    A. 专项座谈   B. 现场踏勘   C. 问卷调查   D. 地图判读

    E. 文献检索

88. 根据《历史文化名城保护规划规范》,历史文化名城保护规划必须遵循的原则包括( )。

    A. 保护历史真实载体   B. 提高土地利用率

    C. 合理利用、永续利用   D. 保护历史环境

    E. 谁投资谁受益

89. 关于确定城市公共设施指标的表述,错误的有(   )。
    A. 体育设施用地指标应根据城市人口规模确定
    B. 医疗卫生设施用地指标应根据有关部门的规定确定
    C. 金融设施用地指标应根据城市产业特点确定
    D. 商业设施用地指标应根据城市形态确定
    E. 文化娱乐设施用地指标应根据城市风貌确定

90. 在工业区与居住区之间的防护带中,不宜设置(   )。
    A. 消防车库   B. 市政工程构筑物
    C. 职业病医院   D. 仓库
    E. 运动场

91. 关于城市空间布局的表述,错误的有(   )。
    A. 大型体育场馆应避开城市主干路,减少对交通的干扰
    B. 分散布局的专业化公共中心有利于更均衡的公共服务
    C. 沿公交干线应降低开发强度,避开人流的影响
    D. 居住用地相对集中的布置,有利于提供公共服务
    E. 公园应布置在城市的边缘,以提高城市土地收益

92. 城市能源规划应包括(   )。
    A. 预测城市能源需求   B. 优化能源结构
    C. 确定变电站数量   D. 制定节能对策
    E. 制定能源保障措施

93. 城市火电厂选址应该考虑的因素包括(   )。
    A. 接近负荷中心   B. 水源条件
    C. 毗邻城市干路   D. 地质构造稳定
    E. 地表有一定的坡度

94. 关于城市工程管线综合规划的表述,错误的有(   )。
    A. 城市总体规划阶段管线综合规划应确定各种工程管线的干管走向
    B. 城市详细规划阶段管线综合规划应确定规划范围内道路横断面下的管线排列位置
    C. 热力管不应与电力和通信电缆、煤气管共沟布置
    D. 当给水管与雨水管相矛盾时,雨水管应该避让给水管
    E. 在管线共沟敷设时,排水管应始终布置在底部

95. 关于城市环境保护规划的表述,正确的有(   )。
    A. 环境保护规划的基本任务是保护生态环境和环境污染综合防治
    B. 城市环境保护规划是城市规划和环境规划的重要组成部分
    C. 按环境要素划分,城市环境保护规划可分为大气环境保护规划、水环境保护规划、土壤污染控制规划和噪声污染控制规划
    D. 水环境保护规划的主要内容包括饮用水源和水污染控制

E. 水污染控制包括主要污染物的浓度控制和总量控制

96. 关于城市总体规划强制性内容的表述,正确的有( )。

A. 城市性质属于城市总体规划的强制性内容

B. 城市总体规划强制性内容必须落实上位规划的强制性要求

C. 城市总体规划中的强制性内容和指导性内容,可以根据实际需要进行必要的互换和取舍

D. 调整总体规划中的强制性内容,必须提出专题报告,报原规划审批机关审查批准

E. 城市总体规划强制性内容可作为规划行政主管部门审查建设项目的参考

97. 在控制性详细规划的各项指标中,不用百分比表示的有( )。

A. 绿地率　　　　B. 容积率　　　　C. 建筑密度　　　　D. 停车位

E. 建筑体量

98. 根据《镇规划标准》,我国的镇村体系包括( )。

A. 小城镇　　　　B. 中心镇　　　　C. 一般镇　　　　D. 中心村

E. 基层村

99. 关于居住区的表述,正确的有( )。

A. 居住区按照人口规模可分为居住小区、住宅组团两级

B. 居住区的人口规模一般是 2 万~3 万人

C. 居住区一般被城市干路或自然分界线所围合

D. 居住区的规划布局应做到各项功能相对独立、完整

E. 居住区内布置其他建筑应满足无污染和不扰民的要求

100. 下列项目中,不得在风景名胜区内建设的有( )。

A. 公路　　　　B. 陵墓　　　　C. 缆车　　　　D. 宾馆

E. 煤矿

真 题 解 析

一、单项选择题(共80题,每题1分。每题的备选项中,只有1个最符合题意)

1. D

【解析】 全球或区域性经济中心城市的基本特征为:作为跨国公司总部或区域总部的集中地;金融中心,对全球资本的运行具有强大的影响力;具有高度发达的生产性服务业;生产性服务业是知识密集型产业;是通信、交通设施的枢纽。因此D选项符合题意。

2. C

【解析】 快速城镇化阶段又称集聚城镇化阶段。其显著特征是由于巨大的城乡差异,导致人口与产业等要素从乡村向城市单向集聚,此时城市发展的主要动力为产业发展导致就业岗位的增加,所以此时产业化进程是关键性因素。因此C选项符合题意。

3. B

【解析】 采掘业、建筑安装业属于第二产业。农产品加工业是制造业,属于第二产业。物流业属于第三产业。故选B。

4. C

【解析】 核心与边缘的关系是一种控制和依赖的关系。初期是核心区的主要机构对边缘的组织有实质性控制。之后是依赖的强化,核心区通过控制效应、咨询效应、心理效应、现代化效应、关联效应以及生产效应等强化对边缘的控制。最后是随着扩散作用加强,边缘进一步发展,可能形成较高层次的核心,甚至可能取代核心区。此时核心区是社会地域组织的一个次系统,能产生和吸引大量的革新,边缘区是另一个次系统,与核心区相互依存,核心区与边缘区共同组成一个完整的空间系统。因此C选项符合题意。

5. C

【解析】 城市与区域存在相互促进、相互制约的辩证关系,城市与区域的良性关系取决于彼此间的功能互补。因此C选项符合题意。

6. A

【解析】 所谓城市群是在特定的区域范围内云集相当数量的不同性质、类型和等级规模的城市,以一个或两个特大城市为中心,依托一定的自然环境和交通条件,城市之间的内在联系不断加强,共同构成一个相对完整的城市"集合体"。城市群(又称城市带、城市圈、都市群或都市圈等)指以中心城市为核心,向周围辐射构成的城市集合,是国家、大洲乃至全世界经济、政治中枢和重要的交通枢纽,对地区经济起到引领作用,区域内城市密度很高。故选A。

知识拓展：题目问的是直接相关，毫无疑问，城市密度这样的空间要素是最直接的。

7. D

【解析】 在古典主义思潮的影响下，轴线放射的街道（如香榭丽舍大道）、宏伟壮观的宫殿花园（如凡尔赛宫）和公共广场（如协和广场）成为欧洲绝对君权时期城市建设的典范。因此 ABC 选项正确。有机组合的城市形态是中世纪城市的特点，D 选项错误，故选 D。

8. A

【解析】 （1）点轴模式是从增长极模式发展起来的一种区域开发模式。由于生产要素交换需要交通线路以及动力供应线、水源供应线等相互连接起来形成轴线，点轴开发可以理解为从发达区域大大小小的经济中心（点）沿交通线路向不发达区域纵深地发展推移。B 选项点轴理论强调枢纽站集中发展不准确。

（2）发展极理论的核心是主张中心城市与区域的不均衡发展和一体化发展。发展极理论认为，经济发展并非均衡地发生在地理空间上，而是以不同的强度在空间上呈点状分布，并按各种传播途径，对整个区域经济发展产生不同的影响，这些点就是具有成长以及空间聚集意义的增长极。其本质特点是：不均衡发展中的发展动力点形成发展极，之后吸引周边要素大力发展，成熟之后的发展极发挥扩散作用，带动周边区域发展，周边区域的发展将进一步促进发展极的发展，从而使整个区域进入更高级的不均衡发展。其过程为：发展极—极化发展—扩散发展—趋于一体化，再进入下一个高级的循环。因此 C 选项的平衡增长不准确。D 选项的非一体化不准确，应为"不均衡"发展和一体化发展。故选 A。

9. A

【解析】 唐长安城由外廓城、宫城、皇城组成，皇城亦为长方形，位于宫城以南，皇城与宫城之间是南北位置关系，不是环绕的包含关系。因此 A 选项符合题意。

10. B

【解析】 蚌埠一直是重要的铁路枢纽，其枢纽地位要高于省会合肥；石家庄也是因为石太铁路、京广铁路、石济铁路开通而取代了保定成为河北省省会，随着陇海铁路与京广铁路的贯通，郑州（原来为郑县）取代了开封，变成了河南省的省会。九江自古就是水路枢纽。故选 B。

11. C

【解析】 戈涅的"工业城市"直接孕育了《雅典宪章》的功能分区思想。故选 C。

12. B

【解析】 城市规划必须充分反映国家的相关政策，协调经济效率和社会公正之间的关系，因此需要确定城市发展战略、城市发展规模，确定规划建设用地，确定各类设施的配置规模和标准，调整城市用地，进行容积率的确定或建筑物的布置等。而居住小区的空间形态主要受地形、地貌的影响，因此难以体现政策性。因此 B 选项符合题意。

13. D

【解析】 城市规划的作用：①是宏观经济调控的手段；②保障社会公共利益；③协调社会利益,维护公平；④改善人居环境。

A、B、C 选项均属于城市规划调控手段；D 选项属于城乡规划实施管理中政府的职责。故选 D。

14. A

【解析】 根据《城乡规划法》,按法定程序报批,经依法批准的城乡规划编制成果才是城乡规划实施的依据。类似很多政府为方便建设或私人项目编制的规划方案,并不是城乡规划实施的依据,因此 A 选项错误,符合题意。故选 A

15. A

【解析】《城乡规划法》规定,县人民政府所在地镇总体规划由县人民政府组织编制,报上一级人民政府审批；其他镇的总体规划由镇人民政府组织编制,报上一级人民政府审批。因此 A 选项错误。故选 A。

16. B

【解析】《城乡规划法》规定,省域城镇体系规划由省、自治区人民政府组织编制,报国务院审批。故选 B。

17. D

【解析】 综合交通、环境保护、历史文化遗产保护、旅游等,专项规划是城市总体规划的内容。因此 D 选项符合题意。

18. D

【解析】 市域城镇体系规划纲要的内容包括：提出市域城乡统筹发展战略；确定生态环境、土地和水资源、能源、自然和历史文化遗产保护等方面的综合目标和保护要求,提出空间管制原则；预测市域总人口及城镇化水平,确定各城镇人口规模、职能分工、空间布局方案和建设标准；原则确定市域交通发展策略。D 选项的内容属于城市中心区规划的内容,因此 D 选项符合题意。

19. A

【解析】 城市总体规划是指导和调控城市发展建设的重要手段,保护和管理城市空间资源,也是城市规划参与城市综合性战略部署的工作平台,具有公共政策属性。而带动市域经济发展不是城市规划的主要作用,因此 A 选项符合题意。

20. B

【解析】 社会环境是指城市中社会生活和精神生活的结晶,体现了当地经济发展水平和当地居民的习俗、文化素养、社会道德和生活情趣等。B 选项显然是物质方面的内容,而非社会环境方面的。故选 B。

21. B

【解析】 自然环境的调查内容包括自然地理环境调查、气象因素调查、生态因素调查。生态因素调查主要涉及城市及周边地区的野生动植物种类与分布,生物资源,自然植被,园林绿地,城市废弃物的处置对生态环境的影响。B 选项为"野生动物种类与活动规律",城市规划中,主要调查的是动物的种类和分布,而动物的活动规律不属于调查的范围。故选 B。

22. D

【解析】 城市环境状况调查中,与城市规划相关的城市环境资料主要来自于两个方面的数据:一个是有关城市环境质量的监测数据,包括大气、水质、噪声等方面,主要反映现状中的城市环境质量水平;另一个是工矿企业等主要污染源的污染物排放监测数据。

显然,D 选项属于排放监测数据,A、B、C 选项属于环境质量监测数据。故选 D。

23. D

【解析】 进行历史文化环境的调查首先要通过对城市形成和发展过程的调查把握城市发展动力以及城市形态的演变原因。城市的经济、社会和政治状况的发展演变是城市发展最重要的决定因素。每个城市由于其历史、文化、经济、政治、宗教等方面的原因都在发展过程中形成了各自的特点。城市的特色与风貌体现在两个方面:一是社会环境方面,是城市中的社会生活和精神生活的结晶,可体现当地经济发展水平和当地居民的习俗、文化素养、社会道德和生活情趣等;二是物质方面,表现在历史文化遗产、建筑形式与组合、建筑群体布局、城市轮廓线、城市设施、绿化景观以及市场、商品、艺术和土特产等方面。城市历史文化环境中有形物质形态的调查对象是城市。D 选项中主要针对文物保护单位不全面,因此符合题意。故选 D。

24. D

【解析】 有色金属通常指除去铁(有时也除去锰和铬)和铁基合金以外的所有金属。唐山全市蕴藏着丰富的铁矿资源,其保有量 62 亿 t,次于鞍山,多于攀枝花,为国家三大铁矿集中区之一,因此,唐山应为黑色金属工业城市。故选 D。

25. A

【解析】 城市总体规划需要将所规划的城市纳入更为广阔的范围,才能更加清楚地认识所规划的城市的作用、特点及未来发展的潜力,主要目的是为了分析城市在区域中的地位和作用。故选 A。

26. C

【解析】 城市总体规划纲要的主要内容为:①提出城市规划区范围;②分析城市职能,提出城市性质和发展目标;③提出禁建区、限建区、适建区范围;④预测城市人口规模;⑤研究中心城区空间增长边界,提出建设用地规模和建设用地范围;⑥提出交通发展战略和主要对外交通设施布局原则;⑦提出重大基础设施和公共服务设施的发展目标;⑧提出建立综合防灾体系的原则和建设方针。C 选项的内容属于中心城区规划的内容,因此符合题意。故选 C。

27. A

【解析】 市域城镇体系规划应当包括下列内容。

(1) 提出市域城乡统筹的发展战略。其中位于人口、经济、建设高度聚集的城镇密集地区的中心城市,应当根据需要,提出与相邻行政区域在空间发展布局、重大基础设施和公共服务设施建设、生态环境保护、城乡统筹发展等方面进行协调的建议。

(2) 确定生态环境、土地和水资源、能源、自然和历史文化遗产等方面的保护与利用的综合目标和要求,提出空间管制原则和措施。

（3）预测市域总人口及城镇化水平,确定各城镇人口规模、职能分工、空间布局和建设标准。

（4）提出重点城镇的发展定位、用地规模和建设用地控制范围。

（5）确定市域交通发展策略;原则确定市域交通、通信、能源、供水、排水、防洪、垃圾处理等重大基础设施,重要社会服务设施,危险品生产储存设施的布局。

（6）根据城市建设、发展和资源管理的需要划定城市规划区。城市规划区的范围应当位于城市的行政管辖范围内。

（7）提出实施规划的措施和有关建议。分析确定城市性质、职能和发展目标属于中心城区规划的内容。因此 A 选项符合题意。

28. D

【解析】 对水源地要充分考虑后划入规划区,不是必须划入,有些城市的水源地可能不在该城市的行政范围内。因此 D 选项符合题意。

29. B

【解析】 港口的件杂货作业区一般应设在离城市较近、具有深水和中等深水条件的岸线段,以适应件杂货船停泊及方便有关业务部门联系。因此 B 选项符合题意。

30. B

【解析】 分散式城市总体布局的特点为:城市分为若干相对独立的组团,组团之间大多被河流、山川等自然地形、矿藏资源或对外交通系统分隔,组团间一般都有便捷的交通联系。组团与组团之间除河流、山川等自然地形分隔外,人工所造的对外交通系统也可以。B 选项不准确的原因在于也可以是人工环境(高速公路)等分隔,而不一定就是自然地形。

《城市道路交通规划设计规范》(GB 50220—1995)第 7.2.4 条规定,分片区开发的城市,各相邻片区之间至少应有两条以上的道路相贯通。A 选项正确。故 B 选项符合题意。

31. B

【解析】 大城市主干路周边不适宜做太多商业,干路形成商业大街既不满足商业服务对街面交通的需求,也不满足干路的交通功能。因此 B 选项符合题意。

32. A

【解析】 交通性主干道采用机动车快车道和机、非混行慢车道组合的四块板。次干路可布置为一块板横断面,支路宜布置为一块板横断面。机、非分行的三块板,可以很好地解决机动车有一定速度和非机动车比较多的矛盾,较适合生活性主干道。因此 A 选项符合题意。

33. A

【解析】《城市水系规划规范》(GB 50513—2009)第 4.2.2 条:划定水域控制线宜符合下列规定:①有堤防的水体,宜以堤顶临水一侧边线为基准划定;②无堤防的水体,宜按防洪、排涝设计标准所对应的洪(高)水位划定;③对水位变化较大而形成较宽涨落带的水体,可按多年平均洪(高)水位划定;④规划的新建水体,其水域控制线应按规划的水域范围线划定;⑤现状坑塘、低洼地、自然汇水通道等水敏感区域宜纳入水域控制范围。

由以上可知,A 选项错误,符合题意。

34. B

【解析】 在郊区布置单一大型居住区会增大居民上下班出行距离,使其来回往返于居住区和工作地点之间,高峰时易形成钟摆式交通。

ACD 选项均属于居住区内部的协调配置问题,不易产生问题。故选 B。

35. A

【解析】 在以商业设施为主体的公共中心,为避免商业活动受汽车交通的干扰,可以提供适宜而安全的购物休闲环境,而辟建商业步行街或步行街区,B 选项正确;在规模较大的城市,因公共设施的性质与服务地域和对象的不同,往往有全市性、地区性以及居住区、小区等分层级的集聚设置,形成城市公共中心的等级系列,C 选项正确;在一些大城市或都会地区,通过建立城市副中心,可以分解市级中心的部分职能,主、副中心相辅相成,共同完善市中心的整体功能,D 选项正确。故选 A。

36. A

【解析】 盆地地区布置工业用地,如果当地静风频率高,排放烟尘不能及时散开就会导致大气严重污染,此时,静风频率是重点考虑的影响因素。因此 A 选项符合题意。

37. B

【解析】 分散式城市总体布局,城市分为若干相对独立的组团,组团之间大多被河流、山川等自然地形、矿藏资源或对外交通系统分隔,组团间一般都有便捷的交通联系。

分散式布局的优点:①布局灵活,城市用地发展和城市容量具有弹性,容易处理好近期与远期的关系;②接近自然、环境优美;③各城市物质要素的布局关系井然有序,疏密有致。

分散式布局的缺点:①城市用地分散,土地利用不集约;②各城区不易统一配套建设基础设施,分开建设成本较高;③如果每个城区的规模达不到一个最低要求,城市氛围就不浓郁;④跨区工作和生活出行成本高,居民联系不便。由以上分析可知,B 选项符合题意。

38. D

【解析】 城市综合交通规划是将城市对外交通和城市内的各类交通与城市的发展和用地布局结合起来进行系统性综合研究的规划。D 选项属于控制性详细规划阶段道路交通规划内容。故选 D。

39. C

【解析】 城市综合交通体系构成应按照城市总体规划规模加以确定,而不是近期规模。因此 C 选项符合题意。

40. B

【解析】 居民出行调查对象包括年满 6 岁以上的城市居民、暂住人口和流动人口。故选 B。

41. D

【解析】 客运站的位置既要方便旅客,又要提高铁路运输效能,并应与城市的布局有机结合。客运站的服务对象是旅客,为方便旅客,位置要适当。中、小城市客运站可以布置在城区边缘,大城市可能有多个客运站,应深入城市中心区边缘布置。由以上分析可知,D 选项符合题意。

42. B

【解析】 依据规范,道路设计车速大于 50km/h 时,必须设置中央分隔带。故选 B。

43. A

【解析】 快速路在城市是联系城市各组团为中、长距离快速机动车交通服务的专用道路,属于全市性的机动交通主干线。快速路设有中央分隔带,布置有 4 条以上的行车道,全部采用立体交叉控制车辆出入,一般应布置在城市组团间的绿化分隔带中,不宜穿越城市中心和生活居住区,快速路两侧不应设置吸引大量车流、人流的公共建筑出入口。由以上分析可知,BCD 选项均错误,A 选项正确。故选 A。

44. B

【解析】 四块板道路横断面增加中央分隔带,解决对向机动车相互干扰问题。但占地投资大,交叉口通行能力低,适合机动车大、非机动车也大的交通性主干道。因横断面是四块板,无法调节车道使用宽度。因此 B 选项符合题意。

45. B

【解析】 公路规划中要注意逐步改变公路直接穿过小城镇的状况,并注意防止新的沿公路进行建设的现象发生,过境公路应以切线或环线绕城而过。因此 B 选项符合题意。

46. D

【解析】《历史文化名城名镇名村保护条例》第七条规定,具备下列条件的城市、镇、村庄,可以申报历史文化名城、名镇、名村:

(1)保存文物特别丰富;

(2)历史建筑集中成片;

(3)保留着传统格局和历史风貌;

(4)历史上曾经作为政治、经济、文化、交通中心或者军事要地,或者发生过重要历史事件,或者其传统产业、历史上建设的重大工程对本地区的发展产生过重要影响,或者能够集中反映本地区建筑的文化特色、民族特色。

申报历史文化名城的,在所申报的历史文化名城保护范围内还应当有 2 个以上的历史文化街区。

由以上分析可以看出,D 选项符合题意。

47. D

【解析】《历史文化名城名镇名村保护条例》第二十八条规定,在历史文化街区、名镇、名村核心保护范围内,不得进行新建、扩建活动。但是,新建、扩建必要基础设施和公共服务设施除外。《历史文化名城保护规划规范》(GB 50357—2005)规定,在历史文化名城保护范围内进行公共设施的新建、扩建活动,建筑应体现古城风貌特色。必要的基础设施是可以修建的,因此 D 选项符合题意。

48. B

【解析】 非物质文化遗产保护贯彻"保护为主、抢救第一、合理利用、加强管理"的方针。B 选项是非物质文化遗产的保护要求,因此 B 选项符合题意。

49. D

【解析】 市政管线和设施的设置应符合下列要求。

(1) 历史城区内不应新建水厂、污水处理厂、枢纽变电站,不宜设置取水构筑物。

(2) 排水体制在与城市排水系统相衔接的基础上,可采用分流制或截流式合流制。

(3) 历史城区内不得保留污水处理厂、固体废弃物处理厂。

(4) 历史城区内不宜保留枢纽变电站,变电站、开闭所、配电所应采用户内型。

(5) 历史城区内不应保留或新设置燃气输气、输油管线和储气、储油设施,不宜设置高压燃气管线和配气站。中低压燃气调压设施宜采用箱式等小体量调压装置。故选 D。

知识拓展:D 选项错在将历史文化名城和历史文化街区的概念搞混了。

50. C

【解析】 在风景名胜区规划中,游人统计常用口径有一次性游人容量、日游人容量、年游人容量。显然,C 选项符合题意。

51. B

【解析】 预测规划期内河湖可供水资源总量不属于城市河湖水系规划的基本内容。因此 B 选项符合题意。

52. A

【解析】 《城市环境卫生设施规划规范》(GB 50337—2003)第 7.3.1 条规定,城市污水处理厂位置的选择宜符合下列要求:

(1) 在城市水系的下游并应符合供水水源防护要求;

(2) 在城市夏季最小频率风向的上风侧;

(3) 与城市规划居住、公共设施保持一定的卫生防护距离;

(4) 靠近污水、污泥的排放和利用地段;

(5) 应有方便的交通、运输和水电条件。

由以上规范规定可以看出,A 选项符合题意。

53. C

【解析】 确定防洪标准是城市防洪设计和防洪工程实施的基础,是城市防洪的首要问题,城市应根据其社会经济地位的重要性按不同防洪级别确定防洪标准,防洪堤标高由设计洪水位和设计洪水位以上超高组成,设计洪水位应考虑江河水面的浪高;防洪堤的城市防洪标高应服从河道流域规划的在此河段的要求。C 选项的高于河道流域规划的总要求显然不正确。故选 C。

54. B

【解析】 固体废物污染物防治规划指标主要包括:①工业固体废物——处置率、综合利用率；②生活垃圾——城镇生活垃圾分类收集率、无害化处理率、资源化利用率；③危险废物——安全处置率；④废旧电子电器——收集率、资源化利用率。B选项正确。故选 B

55. A

【解析】 铁路和城市干路交叉点的控制标高应在总体规划阶段确定；详细规划阶段可采用高程箭头法、纵横断面法、设计等高线法；大型集会广场应有平缓的坡度，以利于排水。竖向规划的重点是利用地形达到工程合理、造价经济、景观美好，因此 A 选项错误。故选 A。

56. A

【解析】 液化石油气供应基地的选址要求如下：

(1) 液化石油气储配站属于甲类火灾危险性企业，站址应选择在城市边缘，与服务站之间的平均距离不宜超过 10km。

(2) 站址应选择在所在地区全年最小频率风向的上风侧。

(3) 与相邻建筑物应遵守有关规范所规定的安全防火距离。

(4) 站址应是地势平坦、开阔、不易积存液化石油气的地段，并避开地震带、地基沉陷和雷击等地区。不应选在受洪水威胁的地方。

(5) 具有良好的市政设施条件，运输方便。

(6) 应远离名胜古迹、游览地区和油库、桥梁、铁路枢纽站、飞机场、导航站等重要设施。

(7) 在罐区一侧应尽量留有扩建的余地。

A 选项的位于全年主导风向的上风向是错误的。故选 A。

57. C

【解析】 城市总体规划文本是对规划的各项目标和内容提出规定性要求的文件，采用条文形式。C 选项正确。故选 C。

58. B

【解析】 城市近期建设规划与土地利用总体规划相协调，根据城市总体规划、镇总体规划、土地利用总体规划、年度计划以及国民经济和社会发展规划，制定近期建设规划；近期内出现的计划外重大建设项目，应在此轮近期建设规划中落实，近期建设规划应发挥其调控作用，让城市在总体规划期限内合理发展。故选 B。

> 知识拓展：第一，近期建设规划的时限为 5 年，与城市总体规划不一致；第二，城市总体规划在规划的 20 年期限内应结合经济、政治和社会各方面因素合理确定发展规划，故均匀增长是不合理的。

59. B

【解析】 近期建设规划现状用地规模的统计应采用近期建设规划的规划建设用地数据。B 选项正确。故选 B。

60. C

【解析】 住房建设规划是我国新提出来的一项专题规划，住房建设规划内容侧重于各类住房建设量的计划安排,重点落实保障性住房用地,确定各类住房的供应比例及提出对中、下收入人群的住房解决方案。住房建设规划的任务为:估算住房用地需求总量;确定规划期限内各年度住房供应(含新建、改建住房)总量和各类住房的建设总量比例结构;安排各类新建、改建住房用地的空间布局和用地范围。而确定保障性住房的供应对象属于政策规定,不属于住房建设规划的内容。因此,C选项符合题意。

61. A

【解析】 建筑密度+绿地率<1,因为还有道路、广场等。建筑密度×平均层数为容积率,而容积率可以小于、等于或大于1。因此,A选项符合题意。

62. D

【解析】 《城乡规划法》第四十八条规定,修改控制性详细规划的,组织编制机关应当对修改的必要性进行论证,征求规划地段内利害关系人的意见,并向原审批机关提出专题报告,经原审批机关同意后,方可编制修改方案。修改后的控制性详细规划,应当依照本法第十九条、第二十条规定的审批程序报批。控制性详细规划修改涉及城市总体规划、镇总体规划的强制性内容的,应当先修改总体规划。燃气储气站属于强制性内容,因此要先修改总体规划,D选项符合题意。

63. C

【解析】 控制性详细规划的成果包括位置图、现状图、用地规划图、道路交通规划图、绿地景观规划图、各项工程管线规划图、其他相关规划图纸。C选项属于修建性详细规划的内容。故选C。

64. A

【解析】 规定禁建区、限建区、适建区属于总体规划的内容。因此A选项符合题意。

65. A

【解析】 在修建性详细规划中,对建筑、道路和绿地等的空间布局和景观规划进行设计的主要目的是对所在地块的建设提出具体的安排和设计,指导建筑设计和各项工程施工设计。因此A选项符合题意。

66. B

【解析】 日照分析软件可以合理、准确地分析日照时间,在技术上合理可行。按目前国家政策,居住区的规划均应进行日照分析,通过日照分析合理布局。因此B选项符合题意。

67. A

【解析】 修建性详细规划采用的图纸比例为1∶500～1∶2000。故选A。

68. C

【解析】 《国家统计局关于统计上划分城乡的暂行规定》及说明中,对城镇和乡村从行政体制上有比较明确的定义:城镇是指我国市镇建制和行政区划的基础区域,乡村是指城镇以外的其他区域。城镇包括城区和镇区。因此C选项正确。故选C。

69. C

【解析】 村域规划是村庄规划的组成部分,无法作为村庄规划的上位规划。因此C选项符合题意。

70. A

【解析】《城乡规划法》规定,规划区的具体范围由有关人民政府在组织编制的城市总体规划、镇总体规划、乡规划和村庄规划中,根据城乡经济社会发展水平和统筹城乡发展的需要划定,B选项正确。县级以上地方人民政府根据本地农村经济社会发展水平,按照因地制宜、切实可行的原则,确定应当制定乡规划、村庄规划的区域,D选项正确。有条件的村庄规划可参照《镇规划标准》(GB 50188—2007)执行,C选项正确。乡驻地规划范围都有编制规划,而不是针对国有土地部分,因此A选项错误。故选A。

71. A

【解析】《中国历史文化名镇(村)评选办法》规定,凡建筑遗产、文物古迹和传统文化比较集中,能较完整地反映某一历史时期的传统风貌和地方特色、民族风情,具有较高的历史、文化、艺术和科学价值,辖区内存有清朝以前年代建造或在中国革命历史中有重大影响的成片历史传统建筑群,总建筑面积在 $5000m^2$ 以上(镇)或 $2500m^2$ 以上(村)的镇(村),均可参加全国历史文化名镇(名村)的申报评定。因此A选项符合题意。

72. C

【解析】 保护规划成果由规划文本、规划图纸和附件三部分组成。

规划文本一般包括以下内容:城市历史文化价值概述;历史文化名城保护原则和保护工作重点;城市整体层次上保护历史文化名城的措施,包括古城功能的改善、用地布局的选择或调整、古城空间形态和视廊的保护等;各级文物保护单位的保护范围、建设控制地带以及各类历史文化街区的范围界线,保护和整治的措施要求;对重要历史文化遗存修整、利用和展示的规划意见;重点保护、整治地区的详细规划意向方案;规划实施管理措施等。重点整治地区的城市设计意图属于规划图纸,不是规划文本,因此C选项符合题意。

73. C

【解析】 居住区内绿地包括公共绿地、宅旁绿地、配套公建所属绿地和道路绿地,但并非所有绿地均算入绿地面积,如宅旁绿地面积计算的起止界限为退建筑边界 1.5m,A选项错误;公共绿地只是居住绿地中的一种,B选项不符合规定;D选项指的是组团绿地的设置要求,并不是计算绿地面积的标准,且只针对组团绿地,而非题目中的居住区绿地。因此,C选项符合题意。

74. D

【解析】 居住区规划用地平衡表的作用为与现状用地比较分析,检验用地分配的合理性,作为审批规划方案的依据,属于强制性标准。用地的分配无法体现居住区空间形态的关系,所以无法分析居住区空间形态是否合理。因此D选项符合题意。

75. D

【解析】《城市居住区规划设计规范》(GB 50180—1993)第 6.0.2 条文说明:居住区配套公建的配建水平,必须与居住人口规模相对应,并应与住宅同步规划、同步建设和同时投入使用。当规划用地周围有设施可使用时,配建的项目和面积可酌情减少;当周围的设施不足,需兼为附近居民服务时,配建的项目和面积可相应增加。配套公建显然无法按照市场效益最大化配置,那样的话公益性配建将得不到保证。因此D选项符合题意。

76. C

【解析】 风景名胜区规划分为总体规划和详细规划,经过审批后用于风景名胜区的规划管理。故选 C。

77. A

【解析】 简·雅各布斯的观点是对城市设计观念的批判,并不是对城市设计的调查和分析的方法。因此 A 选项符合题意。

78. A

【解析】 工业革命前,城市规划和城市设计基本是一回事,并附属于建筑学。工业革命后,现代城市规划学科逐渐发展成为一门独立的学科。现代的城市规划在发展的初期包含了城市设计内容。在《城乡规划法》以及 2006 年修订的《城市规划编制办法》中也删除了城市设计的内容,在我国的法律体系中,城市设计只具有建议性和指导性作用。因此 A 选项符合题意。

79. C

【解析】 近期建设规划是城市总体规划的组成部分,属于城市规划实施的手段。故选 C。

80. B

【解析】 公共性设施是指社会公众所共享的设施,主要包括公共绿地,公立的学校、医院等,也包括城市道路和各项市政基础设施。这些设施的开发建设通常是由政府或公共投资进行的。一般来说,公共性设施主要是由政府公共部门进行开发的,也可由国企和事业单位进行开发,如水厂、污水厂等。故选 B。

二、**多项选择题**(共 20 题,每题 1 分。每题的备选项中有 2~4 个符合题意。多选、少选、错选都不得分)

81. ABDE

【解析】 在全球化的背景下,在全球范围内进行着重新集结,形成了管理、控制层面集聚的城市,研究、开发层面集聚的城市和制造、装配层面集聚的城市,由此而导致了全球整体的城市体系结构的改变,由原来的城市与城市之间相对独立的以经济活动的部类为特征的水平结构改变为紧密联系且相互依赖的以经济活动的层面为特征的垂直结构,城市与城市之间构成了垂直性的地域分工体系。因此 A 选项正确,C 选项错误。在发达国家和部分新兴工业化国家/地区形成一系列全球性和区域性的经济中心城市,对于全球和区域经济的主导作用越来越显著;随着经济全球化的进程和经济活动在城市中的相对集中,城市与附近地区的城市之间、城市与周围区域之间原有的密切关系也在发生着变化,这种变化主要体现在城市与周边地区和周边城市之间的联系在减弱,经济全球化带来市场全球化,城市之间不再是区域的竞争,而是全球范围内都存在竞争,城市之间的竞争加剧。国际资本的选择,让城市经济更强大,城市在资本的促进下,会获得发展,因此,ABDE 选项符合题意。

82. BCE

【解析】 可持续发展的措施有：①最低限度地使用或消耗不可再生资源。包括将住房、商业、工业和交通中消耗的矿物燃料减少到最低限度,并在可能的情况下,代之以可再生资源,另外,要尽量减少对稀少矿产资源的浪费。城市中还有文化、历史和自然资产,它们是不可替代的,因而也是非再生资源,例如历史街区、公园和自然风景区,它们为人们提供了嬉戏、娱乐和接近自然的空间,B选项正确。②循环使用土地与建筑。城市建设应当首先使用衰败地区和闲置的土地和建筑,应尽量减少将农业用地转换成城市用地。同时要改变过去在城市边缘和郊区大规模建设低密度居住区的做法,应避免在城市之外建设零售业和校园风格的办公、商务园区,C选项正确,D选项错误。③优化地区管理。城市的可持续发展必须依靠强有力的地方领导和市民广泛参与的民主管理。居民应当在决策中扮演更重要的角色,E选项正确。A选项的坚决限制城市用地的进一步扩展是错误的,可持续发展不是不发展。因此BCE选项符合题意。

83. BCDE

【解析】 对各种理论进行总结如下：

(1)规模经济原理是指某些生产活动(主要指工业生产活动)具有规模越大成本越低的特点。随着企业规模的扩大,其内部的生产组织可以趋于合理化,从而提高效率、降低成本,而城市也有类似的效应。因此A选项错误。

(2)集聚经济原理是指经济活动在空间上相互靠近可以提高效益。这里又分为两种情况：第一种称为地方化经济,是指同一行业的企业在空间上集聚可以带来技术和信息交流的便利,可以共享同一个劳动市场,可以吸引与之配套或为之服务的相关产业围绕其发展,从而降低成本,提高效益；第二种称为城市化经济,是指不同行业的企业或经济单位在空间上集中,可以共同分担基础设施的投资,可以共享文化教育设施,可以从多样化的劳动市场中获得所需的不同技能的劳动力,从而提高效益。因此D选项正确。

(3)增长极理论认为,经济发展并非均衡地发生在地理空间上,而是以不同的强度在空间上呈点状分布,并按各种传播途径对整个区域经济发展产生不同的影响,这些点就是具有成长以及空间聚集意义的增长极。根据佩鲁的观点,增长极是否存在取决于有无发动型工业。所谓发动型工业就是能带动城市和区域经济发展的工业部门,一组发动型工业聚集在地理空间上的某一地区,则该地区就可以通过极化和扩散过程形成增长极,以获得最高的经济效益和快速的经济发展。因此C选项正确。

(4)经济基础理论认为,一个城市的全部经济活动,按其服务对象可分为两部分：一部分是为本城市的需要服务的；另一部分是为本城市以外的需要服务的。为外地服务的部分,是从城市以外为城市创造收入的部分,是城市得以存在和发展的经济基础,这部分活动称为城市的基本活动部分,它是导致城市发展的主要动力。因此B选项正确。

(5)梯度发展理论认为,随着任何一个国家或地区的经济发展,在生产分布上必然会产生两种趋势,即生产向某些地区集中的极化趋势和生产向广大地区分散的扩展趋势；前者受极化效应支配,后者受扩展效应支配。根据这一原理,处在高梯度的地区,经济发展主要在于预防经济结构老化,行之有效的办法是不断创新,建立新行业、新企业,创造新产品,保持技术上的领先地位；处在低梯度的地区,首先应重点发展占有较大优势的初级产业、劳动密集型产业,尽快接过那些从高梯度地区淘汰或外溢出来的产业,发展地区经济,并尽量争取外援,从最低的发展梯度向上攀登,在梯度转移的过程中,发达地区进入世界先进行列,不发达地区进入发达地区,从而一个梯度一个梯度地进位,具有累进效应。因此 E 选项正确。因此 BCDE 选项符合题意。

84. ACD

【解析】《城乡规划法》第二条规定,制定和实施城乡规划,在规划区内进行建设活动,必须遵守本法。

本法所称城乡规划,包括城镇体系规划、城市规划、镇规划、乡规划、村庄规划和社区规划。城市规划、镇规划分为总体规划和详细规划。详细规划分为控制性详细规划和修建性详细规划。因此 ACD 选项符合题意。

85. BCDE

【解析】《城乡规划法》第三十八条规定,在城市、镇规划区内以出让方式提供国有土地使用权的,在国有土地使用权出让前,城市、县人民政府城乡规划主管部门应当依据控制性详细规划,提出出让地块的位置、使用性质、开发强度等规划条件,作为国有土地使用权出让合同的组成部分。未确定规划条件的地块,不得出让国有土地使用权。因此 A 选项错误。

由《城乡规划法》第四十条、第四十三条可知,BCDE 选项正确。

86. ABC

【解析】《城市居住区规划设计规范》(GB 50180—1993)的相关规定如下。

(1) 小区内尽端式道路长度不宜大于 120m。

(2) 机动车与非机动车道路混行,其纵坡宜符合非机动车道的要求。

(3) 公共绿地设置要求:

① 面积:居住区公园 1.0hm²,小游园 0.4hm²,组团绿地 0.04hm²。

② 至少应有一个边与相应级别的道路相邻。

③ 绿化面积(含水面)不宜小于 70%。

④ 便于居民休憩、散步和交往之用,宜采用开敞式,以绿篱或其他通透式院墙栏杆作分隔。

⑤ 组团绿地的设置应满足有不少于 1/3 的绿地面积在标准的建筑日照阴影线范围之外的要求,并便于设置儿童游戏设施和适于成人游憩活动。

⑥ 其他块状、带状公共绿地应同时满足宽度不小于 8m、面积不小于 400m² 的要求。

由以上分析可知,ABC 选项符合题意。

87. ABCE

【解析】 现状调查的主要方法:①现场踏勘;②抽样或问卷调查;③访谈和座谈会调查;④文献资料搜集。故 ABCE 选项符合题意。

88. ACD

【解析】 历史文化名城保护规划必须遵循下列原则:

(1) 保护历史真实载体的原则;

(2) 保护历史环境的原则;

（3）合理利用、永续利用的原则。

由以上规定可知,ACD选项符合题意。

89. CDE

【解析】 《城市公共设施规划规范》(GB 50442—2008)第6.0.1条:体育设施用地规模按城市等级,以人均指标用地与人口规模计算,A选项正确。有一些公共设施,如银行、邮局、医疗、商业、公安部门等,由于它们业务与管理的需要自成系统,并各自规定了一套具体的建筑与用地指标,这些指标是从其经营管理的经济与合理性来考虑的。这类公共设施的规模,可以参考专业部门规定,结合具体情况确定,因此B选项正确,CD选项错误。文化娱乐设施应根据居民生活习惯和城市形态来确定,与城市风貌基本无关系,E选项错误。因此CDE选项符合题意。

90. CE

【解析】 工业区与居住区之间按要求隔开一定距离,称为卫生防护带,这段距离的大小随工业排放污染物的性质与数量的不同而变化。在卫生防护带中一般可以布置一些少数人使用的、停留时间不长的建筑,如消防车库、仓库、停车场、市政工程构筑物等,不得将体育设施、学校、儿童机构和医院等布置在防护带内。因此不宜设置的是CE选项。故CE选项符合题意。

91. ACE

【解析】 大型公共建筑由于交通活动频繁,应靠近主干道布置,但必须避免对干道交通造成影响,即靠近但避免直接向主干道开口,应尽量开向汇集行道路或次干道,A选项错误。由于城市功能的多样性,还有一些专业设施相聚配套而形成的专业性公共中心,如体育中心、科技中心、展览中心、会议中心等,分散布局利于形成更均衡的城市公共服务,B选项正确。沿公交干线加强开发强度,更好地为人流服务,是目前市场盛行的TOD模式,C选项错误。居住区相对集中布局,有利于提高公共服务的效率,D选项正确。公园绿地应采用各级匹配分布,均衡分布在城市的各个相应组团,获得更好的服务半径,分布在城市边缘显然不合理,E选项错误。因此ACE选项符合题意。

92. ABE

【解析】 城市能源规划的主要内容如下:

（1）确定能源规划的基本原则和目标;

（2）预测城市能源需求;

（3）平衡能源供需(包括能源总量和能源品种),并进一步优化能源结构;

（4）落实能源供应保障措施及空间布局规划;

（5）落实节能技术措施和节能工作;

（6）制定能源保障措施。

由以上分析可知,ABE选项符合题意。

93. ABD

【解析】 火电厂选址要求如下:

（1）符合城市总体规划要求。

（2）应尽量利用劣地或非耕地,或安排在《城市用地分类与规划建设用地标准》

(GB 50137—2011)中规定的三类工业用地内。

(3) 应尽量靠近负荷中心。

(4) 经济合理,以便缩短供热管道的距离,燃油电厂一般布置在炼油厂附近。

(5) 电厂铁路专用线选线要尽量减少对国家干线通过能力的影响。

(6) 电厂生产用水量大,包括汽轮机凝汽用水、发电机和油的冷却用水、除灰用水等。大型电厂首先应考虑靠近水源,直流供水。但是在取水高度超过 20m 时,采用直流供水不经济。

(7) 燃煤发电厂应有足够的储灰场,储灰场的容量要能容纳电厂 10 年的储灰量。储灰场址应尽量利用荒、滩地或山谷。

(8) 电厂选址应在城市环境容量允许条件下,满足环保要求。

(9) 厂址选择应充分考虑出线条件,留有适当的出线走廊宽度。

(10) 电厂厂址应满足地质、防震、防洪等要求。厂址标高应高于百年一遇的水位,如厂址标高低于洪水位时,其防洪堤堤顶标高应超过百年一遇的洪水位 0.5～1.0m。

因此 ABD 选项符合题意。

94. DE

【解析】 城市工程管线共沟敷设原则:①热力管不应与电力、通信电缆和压力管道共沟;②排水管道应布置在沟底;③腐蚀性介质管道的标高应低于沟内其他管线;④火灾危险性、可燃性、毒性、腐蚀性管道不应共沟敷设,并严禁与消防水管共沟敷设;⑤凡有可能产生互相影响的管线,不应共沟敷设。压力管道有给水、煤气、燃气等管道,重力管道有污水、雨水等管道。由以上原则第①条知道,C 选项正确(煤气管属于压力管),由第③条可知,管线共沟时,如有腐蚀性介质管道,排水管不能布置在底部,因此 E 选项错误。在城市工程管线避让中,压力管避让自流管,因此 D 选项错误。总体规划阶段需要确定工程干管的走向,详细规划阶段需要在道路断面图中确定管线的排列,故 AB 选项正确。因此 DE 选项符合题意。

95. ABDE

【解析】《环境保护法》明确环境保护的基本任务主要有两方面:一是生态环境保护;二是环境污染综合防治。城市环境保护规划既是城市规划的重要组成部分,又是环境规划的主要组成内容。按环境要素划分,城市环境保护规划可分为大气环境保护规划、水环境保护规划、固体废物污染控制规划、噪声污染控制规划。水环境保护规划总体上包括饮用水源保护规划和水污染控制规划。水污染控制包括主要污染物的浓度控制和总量控制。因此 ABDE 选项符合题意。

96. BD

【解析】 根据《城市规划编制办法》规定,城市性质不属于城市总体规划强制性内容,A 选项错误。城市总体规划强制性内容必须落实上位规划的强制性要求,B 选项正确。城市总体规划中的强制性内容和指导性内容有着法规上内含的本质不同,城市总体规划的强制性内容为必须执行内容,指导性内容则可根据实际情况做出是否执行的参考,因此不得进行取舍和互换,CE 选项错误。根据《城乡规划法》,修改涉及城市总体规划、镇总体规划强制性内容的,应当先向原审批机关提出专题报告,经同意后,方可编制修改方案,D选项正确。故BD选项符合题意。

97. BDE

【解析】 在控制性详细规划中,不用百分比表示的有:容积率、停车位、建筑体量。故BDE选项符合题意。

98. BCDE

【解析】 《镇规划标准》(GB 50188—2007)综合各地有关镇域镇村体系层次的划分情况,自上而下可分为中心镇、一般镇、中心村和基层村。故BCDE选项符合题意。

99. CDE

【解析】 居住区按照人口规模分为居住区、小区、组团三级,居住区人口规模一般为3万~5万人。因此AB选项错误。

居住区泛指不同居住人口规模的居住生活聚居地,特指被城市干道或自然分界线所围合,并与居住人口规模(3万~5万人)相对应,配建有一整套较完善的、能满足该区居民物质与文化生活所需的公共服务设施的居住生活聚居地。居住区的规划布局,应综合考虑周边环境、路网结构、公建与住宅布局、群体组合、绿地系统及空间环境等的内在联系,构成一个完善的、相对独立的有机整体。由以上分析可知CDE选项正确。故CDE选项符合题意。

100. BDE

【解析】 《风景名胜区管理条例》第二十六条规定,禁止在风景名胜区内进行下列活动:

(1)开山、采石、开矿、开荒、修坟立碑等破坏景观、植被和地形地貌的活动;

(2)修建储存爆炸性、易燃性、放射性、毒害性、腐蚀性物品的设施;

(3)在景物或者设施上刻画、涂污;

(4)乱扔垃圾。

第二十七条规定,禁止违反风景名胜区规划,在风景名胜区内设立各类开发区和在核心景区内建设宾馆、招待所、培训中心、疗养院以及与风景名胜资源保护无关的其他建筑物;已经建设的,应当按照风景名胜区规划,逐步迁出。

由以上分析可知,BDE选项符合题意。

2017 年度全国注册城乡规划师职业资格考试真题与解析

城乡规划原理

真　题

一、单项选择题(共80题,每题1分。每题的备选项中,只有1个最符合题意)

1. 下列关于城市形成的表述,正确的是(　　)。
   A. 城市最早是军事防御和宗教活动的产物
   B. 城市是由社会剩余物资的交换和争夺而产生的,也是社会分工和产业分工的产物
   C. 城市是人类第一次社会大分工的产物
   D. "城市"是在"城"与"市"功能叠加的基础上,以贸易活动为基础职能形成的复杂化、多样化的客观实体

2. 下列关于全球城市区域的表述,准确的是(　　)。
   A. 全球城市区域由全球城市与具有密切经济联系的二级城市扩展联合而形成
   B. 全球城市区域是多核心的城市区域
   C. 全球城市区域内部城市之间相互合作,与外部城市相互竞争
   D. 全球城市区域目前在发展中国家尚未出现

3. 下列关于新中国成立以来我国城镇化发展历程的表述,错误的是(　　)。
   A. 1949—1957年是我国城镇化的启动阶段
   B. 1958—1965年是我国城镇化的倒退阶段
   C. 1966—1978年是我国城镇化的停滞阶段
   D. 1979年以来是我国城镇化的快速发展阶段

4. 下列关于古罗马时期城市状况的表述,错误的是(　　)。
   A. 古罗马城市以方格网道路系统为骨架,以城市广场为中心
   B. 古罗马城市以广场、凯旋门和纪功柱等作为城市空间的核心和焦点
   C. 古罗马城市中散布着大量的公共浴池和斗兽场
   D. 罗马帝国时建设的营寨城多为方形或长方形,中间为十字形街道

5. 下列关于"有机疏散"理论的表述,正确的是(　　)。
   A. 在中心城市外围建设一系列的小镇,将中心城市的人口疏解到这些小镇中
   B. 中心城市进行结构性的重组,形成若干个小镇,彼此间以绿地进行隔离
   C. 中心城市之外的小镇应当强化与中心城市的有机联系,并承担中心城市的某方面职能
   D. 整个城市地区应当保持低密度,城市建设用地与农业用地应当有机地组合在一起

6. 下列关于勒·柯布西埃现代城市设想的表述,错误的是(　　)。
   A. 现代城市规划应当提供充足的绿地、空间和阳光,建设"垂直的花园城市"

B. 城市的平面应该是严格的几何形构图,矩形和对角线的道路交织在一起

C. 高密度的城市才是有活力的,大多数居民应当居住在高层住宅内

D. 中心区应当至少由三层交通干道组成:地下走重型车,地面用于市内交通,高架道路用于快速交通

7. 下列关于城市发展的表述,不准确的是(　　　)。

A. 农业劳动生产率的提高有助于推动城市化的发展

B. 城市中心作用强大,有助于带动周围区域社会经济的均衡发展

C. 交通通信技术的发展有助于城市中心效应的发挥

D. 城市群内各城市间的互相合作,有助于提高城市群的竞争能力

8. 下列关于城市空间布局的表述,正确的是(　　　)。

A. 城市轨道交通线、地面公交干线应当与城市主干路组合,形成城市交通走廊

B. 城市街区内应当有多种不同功能,保证居民能够就近就业

C. 城市居住地的布局应充分考虑小学的服务范围,避免学生穿越城市主干路

D. 城市中心区土地价格昂贵,应该鼓励各地块进行高强度开发

9. 中国古代城市的基本形制在(　　　)时期就已形成了雏形。

A. 夏　　　　　　　B. 商　　　　　　　C. 周　　　　　　　D. 秦

10.《国家新型城镇化规划(2014—2020年)》明确了新型城镇化的核心是(　　　)。

A. 优先发展中小城市与城镇　　　　　B. 人的城镇化

C. 改革户籍制度　　　　　　　　　　D. 优化城镇体系

11. 下列关于城市可持续发展的表述,不准确的是(　　　)。

A. 提高居民在城市发展决策中的参与程度

B. 通过车辆限行减少通勤和日常生活的出行

C. 居住、工作地点和生活环境应免遭环境危害

D. 以财政转移方式,在城市不同功能地区之间建立财政共享机制

12. 下列关于城市规划作用的表述,正确的是(　　　)。

A. 城市规划通过对各类开发进行管制,尽量减少新开发建设对周边地区带来的负面影响

B. 城市规划对城市建设进行管理的实质是对土地产权的控制

C. 城市规划安排城市各类公共服务设施与公共服务保障体系等"公共物品"

D. 城市规划通过预先安排的方式,按照预期经济收益最大化原则,协调各种社会需求

13. 下列关于我国城乡规划法律法规体系的表述,错误的是(　　　)。

A.《中华人民共和国城乡规划法》是城乡规划法律法规体系的基本法

B. 省会城市人大及其常委会可以制定该市的城乡规划地方法规

C. 地级市人民政府可以制定本行政区的城乡规划地方法规

D. 城乡规划标准规范中的强制性条文是政府对规划执行情况实施监督的依据

14. 下列关于我国城乡规划实施管理体系的表述,准确的是(　　　)。

A. 城乡规划的实施完全是由政府及其部门来承担的

    B. 政府及其部门针对重点地区和领域制定各项政策的行为,属于对城市规划的实施组织

    C. 城市建设用地的规划管理按照土地所有权属性的不同进行分类管理

    D. 省级人民政府可以确定镇人民政府是否有权办理建设工程规划许可证

15. 下列关于城镇体系规划制定程序的表述,错误的是( )。

    A. 城镇体系规划修编前,必须对现有规划的实施进行评估

    B. 城镇体系规划草案必须公告 30 日以上,规划编制单位必须组织征求专家与公众的意见

    C. 规划需经过本级人大常委会审议

    D. 规划审批机关组织专家和有关部门进行审查

16. 下列关于我国城乡规划编制体系的表述,正确的是( )。

    A. 我国城乡规划编制体系由城镇体系规划、城市规划、镇规划、乡规划和村庄规划构成并分为总体规划和详细规划

    B. 乡的详细规划可以分为控制性详细规划和修建性详细规划

    C. 城镇体系规划包括全国和省域两个层面,还可以依据实际需要编制跨行政区域的城镇体系规划

    D. 镇的控制性详细规划由其上一级人民政府城乡规划行政主管部门审批

17. 下列关于城镇体系概念和演化规律的表述,不准确的是( )。

    A. 没有中心城市就不可能形成现代意义的城镇体系

    B. 区域城镇体系一般经历"点—轴网"的演化过程

    C. 全球化时代的城市职能结构应以城市在经济活动组织中的地位分工为依据

    D. 城市连绵区无法形成城镇体系

18. 下列关于全国城镇体系规划内容的表述,不准确的是( )。

    A. 确定国家城镇化的总体战略和分期目标

    B. 规划全国城镇体系的总体空间格局

    C. 构架全国重大基础设施支撑系统

    D. 编制跨省界城镇发展协调地区的城镇发展协调规划

19. 下列关于省域城镇体系规划的表述,不准确的是( )。

    A. 符合全国城镇体系规划

    B. 与全国城市发展政策相符,与土地利用总体规划等相关法定规划相协调

    C. 确定区域城镇发展用地规模和控制目标

    D. 确定产业园区的布局

20. 下列不属于市域城镇体系规划内容的是( )。

    A. 提出与相邻行政区在空间发展布局、重大基础设施等方面协调建议

    B. 在城市行政管辖范围内划定城市规划区

    C. 确定农村居民点布局

    D. 原则确定交通、通信、能源等重大基础设施布局

21. 下列属于市域城镇体系规划强制性内容的是（　　）。

    A. 市域城乡统筹的发展战略

    B. 市域城镇体系空间布局

    C. 区域水利枢纽工程的布局

    D. 中心城市与相邻地域的协调发展问题

22. 下列关于市域城镇体系规划的表述，错误的是（　　）。

    A. 市域城镇聚落体系应分为中心城市—县城—镇区、乡集镇—行政村四级体系

    B. 市域城镇体系规划应划定城市规划区

    C. 市域城镇体系规划应专门对重点镇的建设规模进行研究

    D. 市域城镇体系规划应对市域交通与基础设施的布局进行协调

23. 按照《城市规划编制办法》，下列不属于城市总体规划编制内容的是（　　）。

    A. 原则确定市域重要社会服务设施的布局

    B. 确定中心城区满足中低收入人群住房需求的居住用地布局及标准

    C. 确定中心城区的交通发展战略

    D. 划定中心城区规划控制单元

24. 下列关于城市总体规划实施评估的表述，不准确的是（　　）。

    A. 城市总体规划组织编制机关，应当组织有关部门和专家不定期对规划实施情况进行评估

    B. 地方人民政府应当就规划实施情况向本级人民代表大会及其常务委员会报告

    C. 规划实施评估是修改城市总体规划的前置条件

    D. 规划实施评估应总结城市的发展方向和空间布局等规划目标落实情况

25. 下列不是影响城市空间发展方向因素的是（　　）。

    A. 地形地貌   B. 经济规模

    C. 铁路建设情况   D. 文物分布情况

26. 下列关于城市性质的表述，错误的是（　　）。

    A. 城市性质是对城市基本职能的表述

    B. 城市性质是确定城市发展方向的重要依据

    C. 城市性质采用定性分析与定量分析相结合，以定性分析为主的方法确定

    D. 城市性质要从城市在国民经济中所承担职能，及其形成与发展的基本因素中去认识

27. 下列关于规划人均城市建设用地面积指标的表述，错误的是（　　）。

    A. 规划人均城市建设用地面积指标通常控制在 $65 \sim 115 \mathrm{m}^2$/人范围内

    B. 规划人均城市建设用地指标应根据现状人均城市建设用地面积指标、所在气候区以及规划人口规模综合确定

  C. 新建城市的规划人均城市建设用地指标宜在 $85.1\sim105.1\text{m}^2$/人内确定

  D. 首都的规划建设用地指标应在 $95.1\sim105\text{m}^2$/人内确定

28. 下列关于规划区的表述,错误的是(　　)。

  A. 在城市、镇、乡、村的规划过程中,应首先划定规划区

  B. 规划区划定的主体是当地人民政府

  C. 水源地、生态廊道、区域重大基础设施廊道等应划入规划区

  D. 已划入所属城市规划区的镇,在镇总体规划中不再划定规划区

29. 下列关于城市形态的表述,错误的是(　　)。

  A. 集中型城市形态一般适合于平原

  B. 带型城市形态一般适合于沿河地区

  C. 放射型城市形态一般适合于山区

  D. 星座型城市形态一般适合于特大型城市

30. 下列关于信息社会城市空间形态演变的表述,不准确的是(　　)。

  A. 城乡界限变得模糊

  B. 城市各功能的距离约束变弱,空间出现网络化的特征

  C. 由于用地出现兼容化的特点,功能聚集体逐渐消失

  D. 网络的"同时"效应使不同地段的空间区位差异缩小

31. 不宜与文化馆毗邻布置的设施是(　　)。

  A. 科技馆　　　　　　　　　B. 广播电视中心

  C. 档案馆　　　　　　　　　D. 小学

32. 下列关于水厂厂址选择的表述,不准确的是(　　)。

  A. 应有较好的废水排除条件　　B. 应设在水源地附近

  C. 有远期发展的用地条件　　　D. 便于设立防护绿带

33. 下列表述中,错误的是(　　)。

  A. 在静风频率高的地区不应布置排放有害废气的工业

  B. 铁路编组站应布置在城市郊区

  C. 城市道路走向应尽量平行于城市夏季主导风向

  D. 各类专业市场应尽可能统一集聚布置,以发挥联动效应

34. 下列关于液化石油气储配站规划布局的表述,错误的是(　　)。

  A. 应选择在所在地区全年最大频率风向的下风侧

  B. 应远离居住区

  C. 应远离影剧院、体育场等公共活动场所

  D. 主产区和辅助区至少应各设置一个对外出入口

35. 城市固定避震疏散场所一般不包括(　　)。

  A. 广场　　　　　　　　　　B. 大型人防工程

  C. 绿化隔离　　　　　　　　D. 高层建筑中的避难层

36. 为了改善特大城市人口与产业过于集中布局在中心城区带来的环境恶化状况,最有效的途径是( )。

    A. 产业向城市近郊区转移

    B. 在市域甚至更大的区域范围布置生产力

    C. 在中心城区周边建立绿化隔离带

    D. 城市布局采用组团式结构

37. 风向频率是指( )。

    A. 各个风向发生的次数占同时期内不同风向的总次数的百分比

    B. 各个风向发生的天数占所有风向发生的总天数的百分比

    C. 某个风向发生的次数占同时期内不同风向的总次数的百分比

    D. 某个风向发生的天数占所有风向发生的总天数的百分比

38. 下列关于民用机场选址原则的表述,错误的是( )。

    A. 一个特大城市可以布置多个机场

    B. 高速公路的发展有利于多座城市共用一个机场

    C. 机场与城区的距离应尽可能远

    D. 机场跑道轴线方向尽量避免穿越城市区

39. 下列关于城市交通系统子系统构成的表述,正确的是( )。

    A. 城市道路、铁路、公路

    B. 自行车、公共汽车、轨道交通

    C. 城市道路、城市运输、交通枢纽

    D. 城市运输、城市道路、城市交通管理

40. 下列不属于交通政策范畴的是( )。

    A. 优先发展公共交通   B. 限制私人小汽车数量盲目扩张

    C. 开辟公共汽车专用道   D. 建立渠化交通体系

41. 下列不属于城市道路系统布局的主要影响因素的是( )。

    A. 城市交通规划   B. 城市在区域中的位置

    C. 城市用地布局结构与形态   D. 城市交通运输系统

42. 下列属于城市道路的功能分类的是( )。

    A. 机动车路   B. 混合性路   C. 自行车路   D. 交通性路

43. 下列关于城市道路系统规划基本要求的表述,不准确的是( )。

    A. 城市道路应成为划分城市各组团的分界线

    B. 城市道路的功能应当与毗邻道路的用地性质相协调

    C. 城市道路系统要有适当的道路网密度

    D. 城市道路系统应当有利于实现交通分流

44. 下列关于大城市铁路客运站选址的表述,正确的是( )。

    A. 城市中心   B. 城市中心区边缘

    C. 市区边缘   D. 市区高速公路入口处

45. 我国历史文化名城申报、批准、规划、保护的直接依据是(   )。

　　A.《保护世界文化和自然遗产公约》

　　B.《历史文化名城名镇名村保护条例》

　　C.《历史文化名城保护规划规范》

　　D.《北京宪章》

46. 历史文化名城保护规划的规划期限应(   )。

　　A. 不设置　　　　　　　　　　　　B. 与城市总体规划的规划期限一致

　　C. 与城市近期规划的规划期限一致　　D. 与旅游规划的规划期限一致

47. 下列属于城市紫线的是(   )。

　　A. 历史文化街区中文物保护单位的范围界线

　　B. 历史文化街区的保护范围界线

　　C. 历史文化街区建设控制地带的界线

　　D. 历史文化街区环境协调区的界线

48. 下列关于历史文化街区的表述,不准确的是(   )。

　　A. 总用地面积一般不小于 $1hm^2$

　　B. 历史建筑和历史环境要素可以是不同时代的

　　C. 需要保护的文物古迹和历史建筑的建筑用地面积占保护区用地总面积的比
　　　　例应在 70% 以上

　　D. 一个城市可以有多处历史文化街区

49. 城市绿地系统规划的任务不包括(   )。

　　A. 调查与评价城市发展的自然条件

　　B. 参与研究城市的发展规模和布局结构

　　C. 研究、协调城市绿地与其他各项建设用地的关系

　　D. 基于绿色生态职能确定城市禁止建设区范围

50. 下列不属于城乡规划中城市市政公用设施规划内容的是(   )。

　　A. 水资源、给水、排水、再生水　　　B. 能源、电力、燃气、供热

　　C. 通信　　　　　　　　　　　　　　D. 环卫、环保

51. 高压送电网和高压走廊的布局,属于下列(   )阶段城市电力工程规划的主要
任务。

　　A. 城市总体规划　　　　　　　　　　B. 城市分区规划

　　C. 控制性详细规划　　　　　　　　　D. 修建性详细规划

52. 下列不属于城市综合防灾减灾规划主要任务的是(   )。

　　A. 确定灾害区划

　　B. 确定城市各项防灾标准

　　C. 合理确定各项防灾设施的布局

　　D. 制定防灾设施的统筹建设、综合利用、防护管理等对策与措施

53. 城市防洪规划一般不包括(   )。

　　A. 河道综合治理规划　　　　　　　　B. 城市景观水体规划

C. 蓄滞洪区规划　　　　　　　　　　　D. 非工程的防洪措施

54. 下列不属于城市环境保护专项规划主要组成内容的是(　　)。

　　A. 大气环境保护规划　　　　　　　　B. 水环境保护规划

　　C. 垃圾废弃物控制规划　　　　　　　D. 噪声污染控制规划

55. 城市各类固体废物的综合利用与处理、处置的原则不包括(　　)。

　　A. 资源化　　　　　B. 减量化　　　　　C. 生态化　　　　　D. 无害化

56. 城市用地竖向规划工作的基本内容不包括(　　)。

　　A. 综合解决城市规划用地的各项控制标高问题

　　B. 使城市道路的纵坡度既能配合地形，又能满足交通上的要求

　　C. 结合机场、通信等控制高度要求，制定城市限高规划

　　D. 考虑配合地形，注意城市环境的立体空间的美观要求

57. 地下空间资源一般不包括(　　)。

　　A. 依附于土地而存在的资源蕴藏量

　　B. 依据一定的技术经济条件可合理开发利用的资源总量

　　C. 采用一定工程技术措施进行地形改造后可利用的地下、半地下空间资源

　　D. 一定的社会发展时期内有效开发利用的地下空间总量

58. 下列不属于城市总体规划成果图纸内容的是(　　)。

　　A. 市域空间管制　　　　　　　　　　B. 居住小区级绿地布局

　　C. 主要城市道路横断面示意　　　　　D. 近期主要改建项目的位置和范围

59. 下列关于城市近期建设规划编制的表述，错误的是(　　)。

　　A. 编制近期建设规划应对总体规划实施绩效进行全面检讨与评价

　　B. 编制近期建设规划不仅要调查城市建设现状，还要了解形成现状的条件和原因

　　C. 编制总体规划实施后的第二个近期建设规划，不需调整城市发展目标，仅需进行局部的微调和细化

　　D. 要处理好近期建设与长远发展、经济发展与资源环境条件的关系

60. 城市规划编制办法中，不属于近期建设规划内容的是(　　)。

　　A. 确定空间发展时序，提出规划实施步骤

　　B. 确定近期交通发展策略

　　C. 确定近期居住用地安排和布局

　　D. 确定历史文化名城、历史文化街区的保护措施

61. 下列关于控制性详细规划中地块的表述，错误的是(　　)。

　　A. 在规划方案的基础上进行用地细分，细分到地块

　　B. 经过划分后的地块是控制性详细规划具体控制的基本单位

　　C. 地块划分需要考虑用地现状、产权、开发模式、土地价值级差、行政管辖界限等因素

　　D. 细分后的用地作为城市开发建设的控制地块，不得再次细分

62. 下列关于控制性详细规划指标确定的表述,正确的是(   )。

    A. 按照规划编制办法,选取综合指标体系,并根据上位规划分别赋值

    B. 综合指标体系必须包括编制办法中规定的强制性内容

    C. 指标确定必须采用经济容积率的计算方法进行

    D. 指标的确定必须采用多种方法相互印证

63. 下列关于控制性详细规划编制的表述,不准确的是(   )。

    A. 编制控制性详细规划要以总体规划为依据

    B. 编制控制性详细规划要以规划的综合性研究为基础

    C. 编制控制性详细规划要以数据控制和图纸控制为手段

    D. 编制控制性详细规划要以规划设计与空间形象相结合的方案为形式

64. 下列关于控制性详细规划的表述,正确的是(   )。

    A. 控制性详细规划为修建性详细规划提供了准确的规划依据

    B. 控制性详细规划的基本特点是"地域性"和"数据化管理"

    C. 控制性详细规划提出控制性的城市设计和建筑环境的空间设计法定要求

    D. 控制性详细规划通过量化指标对所有建设行为严格控制

65. 下列关于修建性详细规划的表述,正确的是(   )。

    A. 修建性详细规划的成果应当包括规划说明书、文本和图纸

    B. 修建性详细规划的成果不能直接指导建设项目的方案设计

    C. 修建性详细规划中的日照分析是针对住宅进行的

    D. 修建性详细规划的成果必须包括效果图

66. 下列关于修建性详细规划中室外空间和环境设计的表述,错误的是(   )。

    A. 绿化设计需要通过对乔、灌、草等绿化元素的合理设计,达到改善环境、美化空间景观形象的效果

    B. 植物配置要提出植物配置建议并应具有地方特色

    C. 室外活动场地平面设计需要规划组织广场空间,包括休息场地、步行道等人流活动空间

    D. 夜景及灯光设计需要对照明灯具进行选择

67. 下列表述中不准确的是(   )。

    A. 县以上地方人民政府确定应当制定乡规划、村规划的区域

    B. 在应当制定乡、村规划的区域外也可以制定和实施乡规划和村庄规划

    C. 非农人口很少的乡不需要制定和实施乡规划

    D. 历史文化名村应制定村庄规划

68. 下列属于村庄规划内容的是(   )。

    A. 制定村庄发展战略   B. 确定基本农田保护区

    C. 村庄的地质灾害评估   D. 村民住宅的布局

69. 下列表述正确的是(   )。

    A. 村庄规划确定村庄供、排水设施的用地布局

B. 乡规划确定乡域农田水利设施用地

C. 县(市)城市总体规划确定县域小流域综合治理方案

D. 镇规划确定镇区防洪标准

70. 在历史文化名镇中,下列( )行为不需要由城市、县人民政府城乡规划行政主管部门会同同级文物主管部门批准。

A. 对历史建筑实施原址保护的措施

B. 对历史建筑进行外部修缮装饰、添加设施

C. 改变历史建筑的结构或者使用性质

D. 在核心保护范围内,新建、扩建必要的基础设施和公共服务设施

71. 当历史文化名镇因保护需要,无法按照标准和规范设置消防设施和消防通道时,应采用的措施是( )。

A. 由城市、县人民政府公安机关消防机构会同同级城乡规划主管部门制订相应的防火安全保障方案

B. 对已经或可能对消防安全造成威胁的历史建筑提出搬迁或改造措施

C. 适当拓宽街道,使其宽度和转弯半径满足消防车通行的基本要求

D. 将木结构或砖木结构的建筑逐步更新为耐火等级较高的建筑

72. 下列关于邻里单位理论的表述,错误的是( )。

A. 外部交通不穿越邻里单位内部

B. 以小学的合理规模为基础控制邻里单位的人口规模

C. 邻里单位的中心是小学,并与其他机构的服务设施一起布置

D. 邻里单位占地约 $25hm^2$

73. 下列关于居住区规划的表述,错误的是( )。

A. 居住区由住宅、道路、绿地和配套公共服务设施等组成

B. 居住区的人口规模为 3 万~5 万人

C. 过小的地块难以满足居住区组织形式的需要

D. 居住区空间布局应结合用地条件和功能的需要

74. 在确定住宅间距时,不需要考虑的因素是( )。

A. 管线埋设   B. 防火   C. 人防   D. 视线干扰

75. 下列关于居住区道路的表述,错误的是( )。

A. 居住区级道路一般是城市的次干路或城市支路

B. 在开放的街坊式居住区中,城市支路即是小区级道路

C. 宅间小路要满足消防、救护、搬家、垃圾清运等车辆的通行

D. 在人车分流的小区中,车行道不必到达所有住宅单元

76. 下列关于住宅布局的表述,错误的是( )。

A. 我国东部地区城市的住宅日照标准是冬至日 1 小时

B. 室外风环境包括夏季通风、冬季防风

C. 行列式布局可以保证所有住宅的物理性能,但是空间较呆板

D. 周边式布置领域感强,但存在局部日照不佳和视线干扰等问题

77. 下列关于风景名胜区规划的表述,错误的是( )。

　　A. 我国已经基本建立起了具有中国特色的国家风景名胜区管理体系

　　B. 风景名胜区总体规划要对风景名胜资源的保护做出强制性的规定,对资源的合理利用做出引导和控制性的规定

　　C. 国家级风景名胜区总体规划由省、自治区建设主管部门组织编制

　　D. 省级风景名胜区详细规划由风景名胜区管理机构组织编制

78. 舒尔茨《场所精神》研究的核心主题是( )。

　　A. 城市不是艺术品,而是生动、复杂的生活本身

　　B. 行为与建筑环境之间应有的内在联系

　　C. 批评《雅典宪章》束缚了城市设计的实践

　　D. 怎样的建筑和环境设计能够更好地支持社会交往和公共生活

79. 下列关于规划实施的表述,错误的是( )。

　　A. 规划实施包括了城市所有建设性行为

　　B. 规划实施的作用是保证城市功能和物质设施建设之间的协调

　　C. 规划实施的组织应当包括促进、鼓励某类项目在某些地区的集中建设

　　D. 规划实施管理是对各项建设活动实行审批或许可以及监督检查的综合

80. 下列关于规划实施管理的表述,错误的是( )。

　　A. 对于以划拨方式提供国有土地使用权的建设项目,建设单位在报送有关部门批准或核准前,应当向城乡规划主管部门申请核发选址意见书

　　B. 以出让方式提供国有土地使用权的建设项目,城乡规划主管部门应当依据控制性详细规划提出规划条件

　　C. 在乡村规划区内进行建设确需占用农用地的,应当先办理乡村建设规划许可证,再办理农用地转用手续

　　D. 在城市规划区内进行建设的,必须先办理建设用地规划许可证,再办理土地审批手续

二、多项选择题(共20题,每题1分。每题的备选项中有2～4个符合题意。多选、少选、错选都不得分)

81. 下列关于城市形成和发展的表述,正确的有( )。

　　A. 依据考古发现,人类历史上最早的城市出现在公元前3000年左右

　　B. 城市形成和发展的推动力量包括自然条件、经济作用、政治因素、社会结构、技术条件等

　　C. 随着资源枯竭,资源型城市不可避免地要走向衰退

　　D. 城市虽然是一个动态的地域空间形式,但是不同历史时期的城市其形成和发展的主要动因基本相同

　　E. 全球化是现代城市发展的重要动力之一

82. 下列有关欧洲古代城市的表述,正确的有（   ）。

    A. 古希腊时期的米利都城在布局上以方格网的道路系统为骨架,以城市广场为中心

    B. 中世纪城市中,教堂往往占据着城市的中心位置,是天际轮廓的主导因素

    C. 中世纪城市商业成为主导性的功能。关税厅、行业会所等成为城市活动的重要场所

    D. 文艺复兴时期的城市,大部分地区是狭小、不规则的道路网结构

    E. 文艺复兴时期的建筑师提出了大量不规则形状的理想城市方案

83. 下列关于当代城市的表述,正确的有（   ）。

    A. 制造业城市出现衰退,服务业城市快速发展

    B. 城市分散化发展趋势明显,中心城市功能向郊区及周边地区疏散

    C. 全球城市中的社会分化加剧,贫富差距扩大

    D. 电子商务成为全球城市发展的推动力量

    E. 不同地理区域的城市间联系加强

84. 下列关于现代城市规划体系的表述,正确的有（   ）。

    A. 现代城市规划融社会实践、政府职能、专门技术于一体

    B. 城市规划体系包括法律法规体系、行政体系、编制体系

    C. 城市规划法律法规体系是城市规划体系的核心

    D. 城市规划的行政体系不仅仅限于城市规划行政主管部门之间的关系,而且还涉及其与各级政府以及政府其他部门之间的关系

    E. 城市规划的文本体系是城市规划法律法规体系的重要组成部分,是城市规划法律权威性的体现

85. 城市总体规划中的城市住房调查涉及的内容包括（   ）。

    A. 城市现状居住水平   B. 中低收入家庭住房状况

    C. 居民住房意愿   D. 当地住房政策

    E. 居民受教育程度

86. 下列（   ）不宜单独作为城市人口规模预测方法,但可以用来校核。

    A. 综合平衡法   B. 环境容量法

    C. 比例分配法   D. 类比法

    E. 职工带眷系数法

87. 按照《城市规划编制办法》的规定,下列关于城市总体规划纲要成果的表述,准确的有（   ）。

    A. 城市总体规划纲要成果包括纲要文本、说明和基础资料汇编

    B. 纲要文字说明必须简要说明城市的自然、历史和现状特点

    C. 纲要阶段必须确定城市各项建设用地指标,为成果制定提供依据

    D. 区域城镇关系分析是纲要成果的组成部分

    E. 城市总体规划方案图必须标注各类主要建设用地

88. 下列关于信息化时期城市形态变化的表述,错误的有( )。

    A. 在区域层面上看,城市发展更加分散

    B. 城市中心与边缘的聚集效应差别减小

    C. 城市各部分之间的联系减弱

    D. 位于郊区的居住社区功能变得更加纯粹

    E. 电子商务蓬勃发展,导致城市中心商务区衰落

89. 城市建设用地平衡表的主要作用包括( )。

    A. 评价城市各项建设用地配置的合理水平

    B. 衡量城市土地使用的经济性

    C. 比较不同城市之间建设用地的情况

    D. 规划管理部门审定城市建设用地规模的依据

    E. 控制规划人均城市建设用地面积指标

90. 下列( )是城市道路与公路衔接的原则。

    A. 有利于把城市对外交通迅速引出城市

    B. 有利于把入城交通方便地引入城市中心

    C. 有利于过境交通方便地绕过城市

    D. 规划环城公路成为公路与城市道路的衔接路

    E. 不同等级的公路与相应等级的城市道路衔接

91. 下列关于停车设施布置的表述,正确的有( )。

    A. 城市商业中心的机动车公共停车场一般应布置在商业中心的外围

    B. 城市商业中心的机动车公共停车场一般应布置在商业中心的核心

    C. 城市主干路上可布置路边临时停车带

    D. 城市次干路上可布置路边永久停车带

    E. 在城市主要出入口附近应布置停车设施

92. 历史文化名城保护体系的层次主要包括( )。

    A. 历史文化名城   B. 历史文化街区

    C. 文物保护单位   D. 历史建筑

    E. 非物质文化遗产

93. 历史文化名城保护规划的编制内容包括( )。

    A. 合理调整历史城区的职能

    B. 控制历史城区内的建筑高度

    C. 确定历史城区的保护界线

    D. 保护或延续历史城区原有的道路格局

    E. 保留必要的二、三类工业

94. 城市绿地系统的功能包括( )。

    A. 改善空气质量   B. 改善地形条件

    C. 承载游憩活动   D. 降低城市能耗

E. 减少地表径流

95. 城市水资源规划的主要内容包括(　　)。

A. 水资源开发与利用现状分析　　　　B. 供用水现状分析

C. 供需水量预测及平衡分析　　　　　D. 水资源保障战略

E. 给水分区平衡

96. 近期建设规划发挥对城市建设活动的综合协调功能体现在(　　)。

A. 将规划成果转化为法定性的政府文件

B. 建立城市建设的项目库并完善规划跟踪机制

C. 建立项目审批的协调机制

D. 建立规划执行的监督检查机制

E. 组织编制城市建设的年度计划或规划年度报告

97. 下列表述中准确的有(　　)。

A. 在编制城市总体规划时应同步编制规划区内的乡、镇总体规划

B. 在编制城市总体规划时可同期编制与中心城区关系密切的镇总体规划

C. 城市规划区内的镇建设用地指标与中心城区建设用地指标一致

D. 城市规划区内的乡和村庄生活服务设施和公益事业由中心城区提供

E. 中心城区的市政公用设施规划也要考虑相邻镇、乡、村的需要

98. 下列关于居住区竖向规划的表述,正确的有(　　)。

A. 当平原地区道路纵坡大于0.2%时,应采用锯齿形街沟

B. 非机动车道纵坡宜小于2.5%

C. 车道和人行道的横坡应为0.1%~0.20%

D. 草皮土质护坡的坡比值为1∶0.5~1∶1.0

E. 挡土墙高度超过6m时宜作退台处理

99. 风景名胜区总体规划包括(　　)。

A. 风景资源评价

B. 生态资源保护措施,重大建设项目布局,开发利用强度

C. 风景游览组织、旅游服务设施安排

D. 游客容量预测

E. 生态保护和植物景观培养

100.《新都市主义宪章》倡导的原则包括(　　)。

A. 应根据人的活动需求进行功能分区

B. 邻里在土地使用与人口构成上的多样性

C. 社区应该对步行和机动车交通同样重视

D. 城市必须由形态明确和易达的公共场所和社区设施所形成

E. 城市场所应当由反映地方历史、气候、生态和建筑传统的建筑设计、景观设计所构成

真 题 解 析

一、单项选择题(共 80 题,每题 1 分。每题的备选项中,只有 1 个最符合题意)

1. B

【解析】 城市最早是政治统治、军事防御和商品交换的产物,"城"是由军事防御产生的,"市"是由商品交换(市场)产生的。归根结底,城市是由社会剩余物资的交换和争夺而产生的,也是社会分工和产业分工的产物,具体来讲是第三次社会大分工的产物,A选项错误,B选项正确,C选项错误。

城市是在"城"与"市"功能叠加的基础上,以行政和商业活动为基本职能的复杂化、多样化的客观实体,D选项错误。故选 B。

2. B

【解析】 全球城市区域是在全球化高度发展的前提下,以经济联系为基础,由全球城市及其腹地内经济实力较为雄厚的二级大中城市扩展联合而形成的一种独特空间现象,A选项中应为其腹地内的二级城市,因此错误。全球城市区域是多核心的城市扩展联合的空间结构,并非单一核心的城市区域,B选项正确。多个中心之间形成基于专业化的内在联系,各自承担着不同的角色,既相互合作,又相互竞争,在空间上形成了一个极具特色的城市区域,因此 C 选项错误。全球城市区域并不限于发达国家的大都市,这种发展趋势是在全球范围内发生的,包括发展中国家,因此 D 选项错误。故选 B。

3. B

【解析】 1958—1965 年是我国城镇化的波动发展阶段,故 B 选项符合题意。

4. A

【解析】 古希腊时期,城市布局上出现了以方格网道路系统为骨架,以城市广场为中心的希波丹姆模式,A选项中表述为古罗马城市特点错误。故选 A。

5. B

【解析】 有机疏散就是把大城市目前的那一整块拥挤的区域分解成为若干个集中单元,并把这些单元组织成为"在活动上相互关联的有功能的集中点"。在这样的意义上,构架起了城市有机疏散的最显著特点,就是原先密集的城区将分裂成一个一个的集镇,它们彼此之间将由保护性的绿化地带隔离开来。因此 B 选项符合题意。

6. C

【解析】 勒·柯布西埃现代城市的设想为一个 300 万人口的城市规划图,中央为中心区,除了必要的各种机关、商业和公共设施、文化和生活服务设施外,有将近 40 万人居住在 24 栋 60 层高的摩天大楼中,高楼周围有大片的绿地,建筑仅占地 5%。在其外围是环形居住带,有 60 万居民住在多层的板式住宅内。最外围是可容纳 200 万居民的花园住宅。整个城市的平面是严格的几何形构图,矩形的和对角线的道路交织在一起。规划的中心思想是提高市中心的密度,改善交通,全面改造城市地区,形成新的城市概念,提供充足的绿地、空间和阳光。在该项规划中,柯布西埃还特别强调了大城市交通运输的重要性。在中心区规划了一个地下铁路车站,车站上面布置直升机起降场。中心区的交通干道由三层组成:地下走重型车辆,地面用于市内交通,高架道路用于快速交通。由以上分析可知,200万人居住在花园住宅,而不居住在高层住宅,因此C选项符合题意。

7. C

【解析】 交通通信技术的发展,使得区位优势相对减弱,加强了城市郊区的服务功能,不利于城市中心区效应的发挥,故C选项符合题意。

8. C

【解析】 轨道交通、快速公交线属于快速疏散性交通型,地面公交干线属于服务性交通型,不能结合形成交通廊道,因为这样会彼此干扰,A选项错误。居住区有不同的功能可保证居住区的协调,但不是机械的功能组合,就业与居住之间有些用地不应布置在一起,因为这样会造成污染和相互影响,B选项错误。城市中心地区地块的地价昂贵,有些商业地块可高强度开发,但一些公益性设施,比如公园、展览馆等用地,进行高强度开发显然是不符合实际的,D选项错误。居住区的教育设施配套,应充分考虑小学的服务范围,应减少城市交通穿越,以保证学生的安全,因此C选项正确。故选C。

9. B

【解析】 影响后世数千年的城市基本形制在商代早期建设的河南偃师商城、中期建设的位于今天郑州的商城和位于今天湖北的盘龙城中已显雏形。故选B。

10. B

【解析】 《国家新型城镇化规划(2014—2020年)》规定,要高举中国特色社会主义伟大旗帜,以邓小平理论、"三个代表"重要思想、科学发展观为指导,紧紧围绕全面提高城镇化质量,加快转变城镇化发展方式,以人的城镇化为核心,有序推进农业转移人口市民化,因此B选项符合题意。

11. B

【解析】 应依据可持续发展措施,优先发展公共交通,合理使用私人小汽车和自行车等个体交通工具,创造良好的步行环境,实现客运交通系统多方式的协调发展。通过车辆限行是"一刀切"直接停止的行为,而非可持续发展,合理使用才是可持续的发展方式,故B选项符合题意。

12. A

【解析】 城市规划对城市建设进行管理的实质是对开发权的控制,故B选项错误。城市规划通过对社会、经济、自然环境等的分析,结合未来发展的安排,从社会需要的角度对各类公共设施等进行安排,并通过土地使用的安排为公共利益的实现提供了基础。通过开发控制保障公共利益不受到损害,但并不能安排各类"公共产品",比如外交、社保等也属于公共保障体系的"公共品",显然,城市规划是无法安排的,故C选项错误。城市规划以预先安排的方式,在具体的建设行为发生之前对各种社会需求进行协调,从而保证各群体的利益得到体现,同时也保证社会公共利益的实现,而并非追求利益最大化,故D选项错误。故选A。

13. C

【解析】 依据《中华人民共和国立法法》,设区市地方人民政府可以制定本行政区域内有关城市管理、环境保护等方面的地方法规。只有设区市才能制定,C选项未做任何的限定,所以是错误的。故选C。

14. D

【解析】 在市场经济体制下,城乡规划的实施并不是完全由政府及其部门来承担,有相当一部分是通过私人企业来承担的,比如房地产开发,故A选项错误。根据《城乡规划法》的有关规定,城市建设用地的规划管理按照土地使用权的获得方式不同可以区分为两种情况,其管理的方式有所不同,故C选项错误。针对城市建设状况,依据经法定程序批准的城乡规划,针对重点领域(如产业政策)和重点地区制定相应的城乡规划政策,保证城乡规划的有效实施。B选项是说"各类"政策行为,故B选项不准确。

《城乡规划法》第四十条规定,在城市、镇规划区内进行建筑物、构筑物、道路、管线和其他工程建设的,建设单位或者个人应当向城市、县人民政府城乡规划主管部门或者省、自治区、直辖市人民政府确定的镇人民政府申请办理建设工程规划许可证,故D选项正确。故选D。

15. B

【解析】《城乡规划法》第二十四条规定,城乡规划组织编制机关应当委托具有相应资质等级的单位承担城乡规划的具体编制工作。第二十六条规定,城乡规划报送审批前,组织编制机关应当依法将城乡规划草案予以公告,并采取论证会、听证会或者其他方式征求专家和公众的意见,公告的时间不得少于30日。组织编制机关而非编制机关,因此B选项错误。故选B。

16. C

【解析】 我国城乡规划编制体系由城镇体系规划、城市规划、镇规划、乡规划和村庄规划构成。城市规划、镇规划划分为总体规划和详细规划,详细规划分为控制性详细规划和修建性详细规划,故A、B选项错误。非县人民政府所在地的镇的控制性详细规划由镇人民政府组织编制,报上一级人民政府审批,故D选项错误。故选C。

17. D

【解析】 城市连绵区、城市地带和城市群内都可形成特定的城镇体系,比如:环渤海城市群、日本太平洋沿岸大都市带。故选D。

18. D

【解析】 全国城镇体系规划的主要内容是:①明确国家城镇化的总体战略与分期目标;②确立国家城镇化的道路与差别化战略;③规划全国城镇体系的总体空间格局;④构架全国重大基础设施支撑系统;⑤特定与重点地区的规划。因此D选项符合题意。

19. D

【解析】 对产业园区的布局属于城市总体规划阶段的内容,因此D选项错误。故选D。

20. C

【解析】《城市规划编制办法》第三十条规定,市域城镇体系规划应当包括下列内容：①提出市域城乡统筹的发展战略。②确定生态环境、土地和水资源、能源、自然和历史文化遗产等方面的保护与利用的综合目标和要求，提出空间管制原则和措施。③预测市域总人口及城镇化水平，确定各城镇人口规模、职能分工、空间布局和建设标准。④提出重点城镇的发展定位、用地规模和建设用地控制范围。⑤确定市域交通发展策略，原则确定市域交通、通信、能源、供水、排水、防洪、垃圾处理等重大基础设施、重要社会服务设施、危险品生产储存设施的布局。⑥根据城市建设、发展和资源管理的需要划定城市规划区。城市规划区的范围应当位于城市的行政管辖范围内。⑦提出实施规划的措施和有关建议。农村居民点的布局属于村庄规划内容，因此 C 选项符合题意。

21. C

【解析】 城镇体系规划的强制性内容应包括：①区域内必须控制开发的区域，包括自然保护区、退耕还林(草)地区、大型湖泊、水源保护区、分滞洪地区、基本农田保护区、地下矿产资源分布地区，以及其他生态敏感区等；②区域内的区域性重大基础设施的布局，包括高速公路、干线公路、铁路、港口、机场、区域性电厂和高压输电网、天然气门站、天然气主干管、区域性防洪、滞洪骨干工程、水利枢纽工程、区域引水工程等；③涉及相邻城市、地区的重大基础设施布局，包括取水口、污水排放口、垃圾处理场等。由以上分析可知，C 选项符合题意。

22. A

【解析】 目前，市域城镇发展布局规划中可将市域城镇聚落体系分为中心城市—县城—镇区、乡集镇—中心村四级。对一些经济发达的地区，从节约资源和城乡统筹的要求出发，结合行政区划调整，实行中心城区—中心镇—新型农村社区的城市型居民点体系。因此，A 选项符合题意。

23. D

【解析】 根据《城市规划编制办法》关于城市总体规划编制内容的规定，市域城镇体系规划应当包括：确定市域交通发展策略；原则确定市域交通、通信、能源、供水、排水、防洪、垃圾处理等重大基础设施、重要社会服务设施、危险品生产储存设施的布局，故 A 选项正确。中心城区规划应当包括：确定交通发展战略和城市公共交通的总体布局，落实公交优先政策，确定主要对外交通设施和主要道路交通设施布局；研究住房需求，确定住房政策、建设标准和居住用地布局；重点确定经济适用房、普通商品住房等满足中低收入人群住房需求的居住用地布局及标准，故 BC 选项正确。所以 D 选项符合题意。

24. A

【解析】《城乡规划法》第四十六条规定，省域城镇体系规划、城市总体规划、镇总体规划的组织编制机关，应当组织有关部门和专家定期对规划实施情况进行评估，并采取论证会、听证会或者其他方式征求公众意见，因此 A 选项错误。故选 A。

25. B

【解析】 影响城市发展方向的因素较多，可大致归纳为以下几种：①自然条件。地形地貌、河流水系、地质条件等土地的自然因素通常是制约城市用地发展的重要因素之一。②人工环境。高速公路、铁路、高压输电线等区域基础设施的建设状况以及区域产业布局和区域中各城市间的相对位置关系等因素均有可能成为制约或诱导城市向某一特定方向发展的重要因素。③城市建设现状与城市形态结构。④规划及政策性因素。例如,土地部门主导的土地利用总体规划中,必定体现农田保护政策,从而制约城市用地的扩展过多地占用耕地;而文物部门所制定的有关文物保护的规划或政策,则限制城市用地向地下文化遗址或地上文物古迹集中地区的扩展。⑤其他因素。除以上因素外,土地产权问题、农民土地征用补偿问题、城市建设中的城中村问题等社会问题也是需要关注和考虑的因素。

由以上分析可知,经济规模会影响城市发展速度,但是对城市发展方向影响较小,故 B 选项符合题意。

26. A

【解析】 城市性质是指城市在一定地区、国家以至更大范围内的政治、经济与社会发展中所处的地位和担负的主要职能,它由城市形成与发展的主导因素的特点所决定,由该因素组成的基本部门的主要职能所体现。城市性质关注的是城市最主要的职能,是对主要职能的高度概括,故 A 选项符合题意。

27. D

【解析】 《城市用地分类与规划建设用地标准》(GB 50137—2011)第 4.2.3 条规定,首都的规划人均城市建设用地面积指标应在 $105.1\sim115.0\text{m}^2$/人内确定,故 D 选项符合题意。

28. A

【解析】 《城市规划编制办法》第二十条规定,编制城市总体规划,应先组织编制总体规划纲要,研究确定总体规划中的重大问题,将其作为编制规划成果的依据,因此 A 选项符合题意。

29. C

【解析】 放射型城市的建成区总平面的主体团块有 3 个以上明确的发展方向,包括指状、星状、花状等子型,这些形态的城市多位于地形较平坦,而对外交通便利的平原地区,故 C 选项符合题意。

30. C

【解析】 虽然城市用地出现兼容化的特点,但是由于城市外部效应,规模经济仍然存在,为了获取更高的集聚经济,不同阶层、不同收入水平与文化水平的城市居民可能会集聚在某个特定的地理空间,形成各种社区;功能性质类似或联系密切的经济活动,可能会根据它们的相互关系聚集成区,因此 C 选项错误,符合题意。

随着信息化的发展,城市空间结构出现分散,城乡界限变动模糊,同时,网络的"同时"效应使得不同地段的空间区位差异缩小,城市各功能单位的距离约束变弱,空间出现网络化的特点,因此 ABD 选项正确。

31. D

【解析】 文化馆是县、市一级的群众文化事业单位,有的地方也叫文化中心、文化活动中心,其作用是开展群众文化活动,并给群众文娱活动提供场所。由于要进行排练、艺术表演等,文化馆不宜布置在靠近医院、住宅及托儿所、幼儿园、小学等建筑一侧,因此 D

选项符合题意。

32. B

【解析】《室外给水设计规范》(GB 50013—2006)第 8.0.1 条规定,水厂厂址的选择,应符合城镇总体规划和相关专项规划,并根据下列要求综合确定:①给水系统布局合理;②不受洪水威胁;③有较好的废水排除条件;④有良好的工程地质条件;⑤有便于远期发展控制用地的条件;⑥有良好的卫生环境,并便于设立防护地带;⑦少拆迁,不占或少占农田;⑧施工、运行和维护方便。注:有沉沙特殊处理要求的水厂宜设在水源地附近。不是所有的水厂都要靠近水源地附近,而是有沉沙特殊处理要求的才需要。因此 B 选项符合题意。

33. D

【解析】 在静风频率比较高的地区,因为污染物难以扩散,不应布置排放有害废气的工业,A 选项正确。铁路编组站占地面积大,且昼夜作业,噪声对城市有干扰,应该布置在城市郊区铁路干线交会处,B 选项正确。城市道路又是城市的通风道,要结合城市绿地规划,把绿地中的新鲜空气通过道路引入城市,因此道路的走向要有利于通风,一般应平行于夏季主导风向,故 C 选项正确。有些专业市场统一集聚布置,可以发挥联动效应,但有些专业市场有自己的服务半径,不宜集聚布置,D 选项错误,符合题意。

34. A

【解析】 液化石油气属于危险品,液化石油气储配站应布置于所在地区全年最小风频风向的上风向,故 A 选项错误,符合题意。

35. D

【解析】《城市抗震防灾规划标准》(GB 50413—2007)第 2.0.6 条规定,固定避震疏散场所是供避震疏散人员较长时间避震和进行集中性救援的场所。通常可选择面积较大、人员容置较多的公园、广场、体育场地/馆、大型人防工程、停车场、空地、绿化隔离带以及抗震能力强的公共设施、防灾据点等。D 选项所指的场所存在二次灾害的危险。故选 D。

36. A

【解析】 产业转移是优化生产力空间布局、形成合理产业分工体系的有效途径,是推进产业结构调整、加快经济发展方式转变的必然要求。产业向城市近郊区转移是改善特大城市人口与产业过于集中布局在中心城区带来的环境恶化状况的最有效的途径。故选 A。

37. A

【解析】 风向频率一般是分 8 个或 16 个罗盘方位观测,累计某一时期内(一季、一年或多年)各个方位风向的次数,并以各个风向发生的次数占该时期内观测、累计各个不同风向(包括静风)的总次数的百分比来表示。故选 A。

38. C

【解析】 航空港布局规划原则:①在城市分布比较密集的区域,应在各城市使用都方便的位置设置若干城市共用的航空港,高速公路的发展有利于多座城市共用一个航空港。②随着航空事业的进一步发展,一个特大城市周围可以布置若干个机场。③从净空限制的角度分析,航空港的选址应尽可能使跑道轴线方向避免穿过市区。城市规划要注意妥善处理航空港与城市的距离。必须努力争取在满足机场选址的要求前提下,尽量缩短航空港与城区的距离。

由以上分析可知,机场与城市的距离不是越远越好,因此 C 选项符合题意。

39. D

【解析】 城市交通系统包括城市道路系统(交通行为的通道)、城市运输系统(交通行为的运作)和城市交通管理系统(交通行为的控制)三个组成部分。故选 D。

40. D

【解析】 建立渠化交通体系是交通工程措施,不属于交通政策范畴,因此 D 选项符合题意。

41. A

【解析】 影响城市道路系统布局的因素主要有三个:①城市在区域中的位置(城市外部交通联系和自然地理条件);②城市用地布局结构与形态(城市骨架关系);③城市交通运输系统(市内交通联系)。因此 A 选项符合题意。

42. D

【解析】 城市道路的功能分类:交通性道路、生活性道路。城市道路的规划分类:快速路、主干路、次干路、支路。故 D 选项符合题意。

43. A

【解析】 城市道路系统规划的基本要求中的第一条:满足组织城市用地的“骨架”要求。城市各级道路应成为划分城市各组团、各片区地段、各类城市用地的分界线,因此不是任何等级的道路都可以划分组团的,划分的范围与道路等级具有对应关系,A 选项错误。故选 A。

44. B

【解析】 中、小城市客运站可以布置在城区边缘,大城市可能有多个客运站,应深入城市中心区边缘布置,因此 B 选项符合题意。

45. B

【解析】《历史文化名城名镇名村保护条例》第二条规定,历史文化名城、名镇、名村的申报、批准、规划、保护,适用本条例,因此 B 选项符合题意。

46. B

【解析】《历史文化名城名镇名村保护条例》第十五条规定,历史文化名城、名镇保护规划的规划期限应当与城市、镇总体规划的规划期限相一致;历史文化名村保护规划的规划期限应当与村庄规划的规划期限相一致。因此 B 选项符合题意。

47. B

【解析】《城市紫线管理办法》第二条规定,本法所称城市紫线,是指国家历史文化名城内的历史文化街区和省、自治区、直辖市人民政府公布的历史文化街区的保护范围界线,以及历史文化街区外经县级以上人民政府公布保护的历史建筑的保护范围界线,因此 B 选项符合题意。

48. C

【解析】《历史文化名城保护规划规范》(GB 50357—2005)第 4.1.1 条规定,历史文化街区应具备以下条件：①有比较完整的历史风貌；②构成历史风貌的历史建筑和历史环境要素基本上是历史存留的原物；③历史文化街区用地面积不小于 $1hm^2$；④历史文化街区内文物古迹和历史建筑的用地面积宜达到保护区内建筑总用地的 60% 以上。

C 选项的 70% 错误。故选 C。

49. D

【解析】　城市绿地系统规划的任务是调查与评价城市发展的自然条件,参与研究城市的发展规模和布局结构,研究、协调城市绿地与其他各项建设用地的关系,确定和部署城市绿地,处理远期发展与近期建设的关系,指导城市绿地系统的合理发展。D 选项属于城市总体规划的内容。故选 D。

50. D

【解析】　市政公用设施主要指规划区范围内的水资源、给水、排水、再生水、能源、电力、燃气、供热、通信、环卫设施等工程。D 选项的环保不属于市政公用设施。故选 D。

51. A

【解析】　城市电力工程规划的主要任务和内容中,城市总体规划中的主要内容：①预测城市供电负荷；②选择城市供电电源；③确定城市电网供电电压等级和层次；④确定城市变电站容量和数量；⑤布局城市高压送电网和高压走廊；⑥提出城市高压配电网规划技术原则。从第⑤点可知,高压送电网和高压走廊的布局,属于城市总体规划阶段的内容,因此 A 选项符合题意。

52. A

【解析】　城市综合防灾减灾规划的主要任务是：根据城市自然环境、灾害区划和城市定位,确定城市各项防灾标准,合理确定各项防灾设施的布局、等级、规模；充分考虑防灾设施与城市常用设施的有机结合,制定防灾设施的统筹建设、综合利用、防护管理等对策与措施,因此 A 选项的内容不属于城市综合防灾减灾规划的任务。故选 A。

53. B

【解析】　城市景观水体规划属于城市景观规划的内容,不属于防洪工程的内容,因此 B 选项符合题意。

54. C

【解析】　按环境要素划分,城市环境保护规划可分为大气环境保护规划、水环境保护规划、固体废物污染控制规划、噪声污染控制规划,因此 C 选项符合题意。

55. C

【解析】　固体废物污染控制规划是根据环境目标,按照资源化、减量化和无害化的原则确定各类固体废物的综合利用率与处理、处置指标体系并制定最终治理对策,因此 C 选项的生态化不正确。故选 C。

56. C

【解析】　城市用地竖向规划工作包括下列基本内容：①结合城市用地选择,分析研究自然地形,充分利用地形,对一些需要采用工程措施后才能用于城市建设的地段提出工程措施方案；②综合解决城市规划用地的各项控制标高问题,如防洪堤、排水干管出口、桥梁和道路交叉口等；③使城市道路的纵坡度既能配合地形,又能满足交通上的要求；④合理组织城市用地的地面排水；⑤经济合理地组织好城市用地的土方工程，考虑填方和挖方的平衡；⑥考虑配合地形，注意城市环境的立体空间的美观要求。C 选项不属于城市用地竖向规划的内容。故选 C。

57. C

【解析】 人类社会为开拓生存与发展空间，将地下空间作为一种宝贵的空间资源。地下空间资源一般包括三方面含义：一是依附于土地而存在的资源蕴藏量；二是依据一定的技术经济条件可合理开发利用的资源总量；三是一定的社会发展时期内有效开发利用的地下空间总量。由以上分析可知，C 选项错误。故选 C。

58. B

【解析】 居住小区级绿地布局属于居住区修建性详细规划的内容，因此 B 选项符合题意。

59. C

【解析】 编制第二个近期规划，必须对城市面临的许多重大问题重新进行思考和分析研究，对五年前确立的城市发展目标和策略进行必要的调整，而不仅仅是局部的微调或细节的深化，因此 C 选项错误，符合题意。

60. A

【解析】 城市近期建设规划的基本内容：①确定近期人口和建设用地规模，确定近期建设用地范围和布局；②确定近期交通发展策略，确定主要对外交通设施和主要道路交通设施布局；③确定各项基础设施、公共服务和公益设施的建设规模和选址；④确定近期居住用地安排和布局；⑤确定历史文化名城、历史文化街区、风景名胜区等的保护措施，城市河湖水系、绿化、环境等保护、整治和建设措施；⑥确定控制和引导城市近期发展的原则和措施。城市人民政府可以根据本地区的实际，决定增加近期建设规划中的指导性内容。

确定空间发布时序，提出规划实施步骤是总体规划阶段的内容，因此 A 选项符合题意。

61. D

【解析】 在规划方案的基础上进行用地细分，一般细分到地块，使之成为控制性详细规划实施具体控制的基本单位。地块划分考虑用地现状、产权划分和土地使用调整意向、专业规划要求（如城市"五线"——红线、绿线、紫线、蓝线、黄线）、开发模式、土地价值区位级差、自然或人为边界、行政管辖界线等因素，结合用地功能性质不同、用地产权或使用权边界的区别等进行划分。用地细分应根据地块区位条件，综合考虑地方实际开发运作方式，对不定性质与权属的用地提出细分标准，原则上细分后的用地应作为城市开发建设的基本控制地块，不允许无限细分。由以上分析可知，细分后的用地不是不能再细分，而是不能无限细分，一般情况的细分是可以的，因此 D 选项错误。故选 D。

62. B

【解析】 控制性详细规划指标的确定方法：按照规划编制办法，选取符合规划要求和规划意图的若干规划控制指标组成综合指标体系，并根据研究分析分别赋值，A 选项错误。综合控制指标体系中必须包括编制办法中规定的强制性内容，因此 B 选项正确。

指标的确定一般采用四种方法,即测算法、标准法、类比法和反算法,C选项错误。指标确定的方法依实际情况而定,也可采用多种方法相互印证,D选项中必须采用多种方法印证不正确。故选 B。

63. D

【解析】 控制性详细规划是以总体规划(或分区规划)为依据,以规划的综合性研究为基础,以数据控制和图纸控制为手段,以规划设计与管理相结合的法规为形式,对城市用地建设和设施建设实施控制性的管理,把规划研究、规划设计与规划管理结合在一起的规划方法。D选项实际为修建性详细规划的概念。故选 D。

64. A

【解析】 控制性详细规划为修建性详细规划和各项专业规划设计提供准确的规划依据,A选项正确。控制性详细规划的基本特点:一是"地域性",二是"法制化管理",B选项错误。控制性详细规划从城市整体环境设计的要求上,提出意象性的城市设计和建筑环境的空间设计准则和控制要求,也为下一步修建性详细规划提供依据,同时也可作为工程建设项目规划管理的依据,C选项错误。控制性详细规划是在对用地进行细分的基础上,规定用地的性质、建筑量及有关环境、交通、绿化、空间、建筑形体等的控制要求,但并不是对所有建设行为都进行控制,D选项错误。故选 A。

65. D

【解析】 修建性详细规划成果应当包括规划说明书、图纸,A选项错误。基本图纸包括位置图、现状图、场地分析图、规划总平面图、道路交通规划设计图、竖向规划图、效果表达(局部透视图、鸟瞰图、规划模型、多媒体演练等),D选项正确。成果的技术深度应该能够指导建设项目的总平面设计、建筑设计和工程施工图设计,满足委托方的规划设计要求和国家现行的相关标准、规范的技术规定,B选项错误。在修建性详细规划中,需要日照分析的有住宅、医院、学校和托幼等,因此日照分析不是针对住宅进行的,C选项错误。故选 D。

66. D

【解析】 修建性详细规划中应当具有夜景灯光设计,D选项是对灯具的选择,显然是错误的。故选 D。

67. C

【解析】《城乡规划法》第三条规定,县级以上地方人民政府根据本地农村经济社会发展水平,按照因地制宜、切实可行的原则,确定应当制定乡规划、村庄规划的区域。县级以上地方人民政府鼓励、指导前款规定以外的区域的乡、村庄制定和实施乡规划、村庄规划,故 AB 选项正确。历史文化名村保护规划的规划期限应当与村庄规划的规划期限相一致,历史文化名村应制定村庄规划,故 D 选项正确。是否需要编制和实施乡规划,与农业与非农业人口的多少无关,而是与上位规划的要求有关,C选项属于根本性的认知错误。故选 C。

68. D

【解析】《城乡规划法》第十八条规定,乡规划、村庄规划应当从农村实际出发,尊重村民意愿,体现地方和农村特色。乡规划、村庄规划的内容应当包括:规划区范围,住宅、道路、供水、排水、供电、垃圾收集、畜禽养殖场所等农村生产、生活服务设施、公益事业等各项建设的用地布局、建设要求,以及对耕地等自然资源和历史文化遗产保护、防灾减灾等的具体安排。乡规划还应当包括本行政区域内的村庄发展布局。因此 D 选项符合题意。

69．A

【解析】 参考上题的解析可知,A 选项符合题意。

70．D

【解析】《历史文化名城名镇名村保护条例》第三十四条规定,对历史建筑实施原址保护的,建设单位应当事先确定保护措施,报城市、县人民政府城乡规划主管部门会同同级文物主管部门批准。第三十五条规定,对历史建筑进行外部修缮装饰、添加设施以及改变历史建筑的结构或者使用性质的,应当经城市、县人民政府城乡规划主管部门会同同级文物主管部门批准,并依照有关法律、法规的规定办理相关手续,故 ABC 选项不正确。第二十八条规定,在历史文化街区、名镇、名村核心保护范围内,新建、扩建必要的基础设施和公共服务设施的,城市、县人民政府城乡规划主管部门核发建设工程规划许可证、乡村建设规划许可证前,应当征求同级文物主管部门的意见,D 选项的建设情况只是"征求",而非会同批准。故选 D。

71．A

【解析】《历史文化名城名镇名村保护条例》第三十一条规定,历史文化街区、名镇、名村核心保护范围内的消防设施、消防通道,应当按照有关的消防技术标准和规范设置。确因历史文化街区、名镇、名村的保护需要,无法按照标准和规范设置的,由城市、县人民政府公安机关消防机构会同同级城乡规划主管部门制订相应的防火安全保障方案。因此 A 选项符合题意。

72．D

【解析】 依据邻里单位 6 大原则可知,邻里单位占地约 65hm^2,因此 D 选项符合题意。

73．A

【解析】 居住区用地由住宅用地、公建用地、道路用地和公共绿地组成。A 选项中的绿地不等于公共绿地,二者是包含关系,因此 A 选项错误。居住区人口为 3 万～5 万人,B 选项正确。居住区空间结构是根据居住区组织结构、功能要求、用地条件等因素,规划所确定的住宅、公共服务设施、道路、绿地等相互关系,D 选项正确。而过小的地块应限制,难满足居住区组织形式需要,C 选项正确。故选 A。

74．C

【解析】《住宅建筑规范》(GB 50368—2005)第 4.1.1 条规定,住宅间距应以满足日照要求为基础,综合考虑采光、通风、消防、防灾、管线埋设、视觉卫生等要求确定,因此 C 选项符合题意。

75．B

【解析】 居住区级道路一般是城市的次干路或城市支路,既有组织居住区交通的作用,也具有城市交通的作用,故 A 选项正确。居住区级道路一般用以划分小区的道路,一般与城市支路同级,故 B 选项错误。宅间小路是进入庭院及住宅的道路,主要通行自行车及行人,但也要满足消防、救护、搬家、垃圾清运等汽车的通行,故 C 选项正确。在人车分流的小区中,在满足消防的情况下,车行道不必达到所有的住宅单位,故 D 选项正确。故选 B。

76. A

【解析】 我国东部地区城市的日照标准是大寒日大城市不小于 2 小时,中小城市不小于 3 小时,因此 A 选项符合题意。

77. D

【解析】《风景名胜区条例》第十六条规定,国家级风景名胜区规划由省、自治区人民政府建设主管部门或者直辖市人民政府风景名胜区主管部门组织编制。省级风景名胜区规划由县级人民政府组织编制。第二十条规定,省级风景名胜区的详细规划,由省、自治区人民政府建设主管部门或者直辖市人民政府风景名胜区主管部门审批。因此 D 选项符合题意。

78. B

【解析】 舒尔茨在《场所精神》中提出了行为与建筑环境之间应有的内在联系。场所不仅具有实体空间的形式,而且还有精神上的意义,因此 B 选项符合题意。

79. A

【解析】 城市规划实施包括了城市发展和建设过程中的所有建设性行为,或者说,城市发展和建设中的所有建设性行为都应该成为城市规划实施的行为。城市规划的实施就是为了使城市的功能与物质性设施及空间组织之间不断地协调。城市规划实施的组织,还应包括制定相应的规划实施的政策,比如促进、鼓励某类项目在某些地区的集中或者限制某类项目在该地区建设等,以对城市建设进行引导,保证城市规划能够得到实施。城市规划实施的管理主要是指对城市建设项目进行规划管理,即对各项建设活动实行审批或许可、监督检查以及对违法建设行为进行查处等管理工作,因此 BCD 选项正确。A 选项应为城市发展和建设过程中的所有建设性行为,而不是城市所有建设性行为,因此 A 选项符合题意。

80. C

【解析】《城乡规划法》第四十一条规定,在乡、村庄规划区内进行乡镇企业、乡村公共设施和公益事业建设以及农村村民住宅建设,不得占用农用地;确需占用农用地的,应当依照《土地管理法》有关规定办理农用地转用审批手续后,由城市、县人民政府城乡规划主管部门核发乡村建设规划许可证。建设单位或者个人在取得乡村建设规划许可证后,方可办理用地审批手续,故 C 项符合题意。

二、多项选择题(共 20 题,每题 1 分。每题的备选项中有 2~4 个符合题意。多选、少选、错选都不得分)

81. ABE

【解析】 依据考古发现,人类历史上最早的城市出现在公元前 3000 年左右,A 选项

2017年度全国注册城乡规划师职业资格考试真题与解析·城乡规划原理

正确。资源型城市随着资源存量的减少、枯竭或是当特色资源遭到破坏时,城市大都面临再次定位、转型的选择,否则只能走向衰退,只有转型才能避免衰退,故 C 选项错误。城市是一个动态的地域空间形式,城市形成和发展的主要动因也会随着时间和地点的不同而发生变化,现代城市的发展开始凸显出一些与以往不同的动力机制,故 D 选项错误。在全球化的今天,全球化也是城市发展的重要动力之一,故 E 选项正确。城市形成和发展的推动力量很多,主要包括了自然作用、经济作用、政治因素、社会结构、技术条件等,故 B 选项正确。因此 ABE 选项符合题意。

82. AB

【解析】 在中世纪,经济和社会生活中心转向农村,手工业和商业十分萧条,城市处于衰落状态,教堂占据了城市的中心位置。另外,由于中世纪战争的频繁,城市的设防要求提到较高的地位,也出现了一些以城市防御为出发点的规划模式,故 C 选项错误。文艺复兴时期,建设了一系列具有古典风格和构图严谨的广场和街道以及一些世俗的公共建筑。其中具有代表性的有威尼斯的圣马可广场,梵蒂冈的圣彼得大教堂等。文艺复兴时期,出现了一系列有关理想城市格局的讨论,故 DE 选项错误。所以 AB 选项符合题意。

83. ACDE

【解析】 后工业社会中的城市的性质由生产功能转向服务功能,制造业的地位明显下降,服务业的经济地位逐渐上升,故 A 选项正确。现代化交通运输网络的发展,以及信息网络对交通运输网络的补充,大大拓宽了城市的活动空间,使城市得以延伸其各种功能的地域分布,使城市化呈现扩散化趋势;另一方面,城市化发展又呈现集聚化趋势。城市空间的扩展表现为中心城市高度集聚,并向外呈非连续性用地扩展,而城市集中的地区,各城市与中心城市的联系加强,整个城市群呈融合趋势,即大分散,小集中趋势,故 B 选项错误。全球城市的经济条件分化加剧,贫富差距扩大,因此 C 选项正确。随着互联网的发展,电子商务能够更好地为全球城市中的金融活动提供支持,成为全球城市发展的推动力量,D 选项正确。在全球城市分工体系中,利用不同地理区域城市优势进行分工,让不同区域城市为全球城市服务,不同区域的城市间联系加强,E 选项正确。故选ACDE。

84. ACD

【解析】 现代城市规划体系包括法律法规体系、行政体系、工作体系,是融合社会实践、政府职能、专门技术于一体的现代规划体系,而城市规划法律法规体系是城市规划体系的核心,是整个规划体系基础,因此 A 选项正确,B 选项错误,C 选项正确。

城市规划的行政体系包括纵向行政体系和横向行政体系,横向行政体系体现的是城乡规划主管部门与政府其他各部门之间的关系,D 选项正确。

城市规划的法规体系是城市规划体系的核心,体现权威性,E 选项错误。故选 ACD。

85. ABCD

【解析】 城市住房及居住环境调查的内容包括:了解城市现状居住水平,中低收入家庭住房状况,居民住房意愿,居住环境,当地住房政策,因此 ABCD 选项符合题意。

86．BCD

【解析】 城市总体规划采用的城市人口规模预测方法主要有综合平衡法、时间序列法、相关分析法(间接推算法)、区位法和职工带眷系数法。某些人口规模预测方法不宜单独作为预测城市人口规模的方法,但可以作为校核方法使用,例如环境容量法(门槛约束法)、比例分配法、类比法。因此 BCD 选项符合题意。

87．BD

【解析】 城市总体规划纲要的成果包括文字说明、图纸和专题研究报告,故 A 选项错误。城市总体规划纲要研究宏观层面的城市问题,提出城市建设用地的规模,但不确定城市各项建设用地指标,C 选项错误。城市总体规划方案图可以标注主要建设用地,但不是各类用地都要标注,E 选项错误。城市总体规划的纲要文本需要说明城市的自然、历史和现状特点,分析区域城镇体系关系,BD 选项正确。故选 BD。

88．CDE

【解析】 信息化时期城市形态的变化为:城市空间结构形态将从集聚走向分散,但分散之中又有集中,呈现大分散与小集中的局面,因此 A 选项正确。分散的结果就是城市规模扩大、市中心区的聚集效应降低,城市边缘区与中心区的聚集效应差别缩小,城市密度梯度的变化曲线日趋平缓,城乡界限变得模糊,因此 B 选项正确,C 选项错误。网络化的趋势使城市空间形散而神不散,城市结构正是在网络的作用下,以前所未有的紧密程度联系着。位于郊区的社区不仅是传统的居住中心,而且还是商业中心、就业中心,具备了居住、就业、交通、游憩等功能,可以被看作多功能社区的端倪。电子商务的发展不会导致城市中心商务区的衰落,因此 DE 选项错误。由以上分析可知,CDE 选项符合题意。

89．ADE

【解析】 城市建设用地平衡表罗列出各项用地在用地面积、占城市建设用地比例、人均城市建设用地方面的规划与现状的数值,用来分析城市各项用地的数量关系,用数量的概念来说明城市现状与规划方案中各项用地的内在联系,为合理分配城市用地提供必要的依据,为评价城市各项建设用地配置提供数据支持,为把控各类人均用地指标提供判断。由平衡表无法衡量城市土地使用的经济性。由以上分析可知,ADE 选项符合题意。

90．ACD

【解析】 城镇间道路把城市对外联络的交通引出城市,又把大量入城交通引入城市。所以城镇间道路与城市道路网的连接应有利于把城市对外交通迅速引出城市,避免入城交通对城市道路,特别是城市中心地区道路上的交通的过多冲击,还要有利于过境交通方便地绕过城市,而不应该把过境的穿越性交通引入城市和城市中心地区。在城市规划方面,规划环城公路与城市道路衔接具有较好的截留和疏散功能,但应该避免城市道路与公路直接衔接,以免对外交通直接对城市交通造成冲击。因此 ACD 选项符合题意。

91．AE

【解析】 城市停车设施一般分为 6 类:①城市出入口停车设施,即外来机动车公共停车场,应设在城市外围的城市主要出入干路附近,附有车辆检查站,配备旅馆、饮食等服务设施,还可配备一定的娱乐设施;②交通枢纽性停车设施;③生活居住区停车设施,主要为自行车停放设施;④城市各级商业、文化娱乐中心附近的公共停车设施,一般布置在商业、文化娱乐的外围,步行距离以不超过100~150m为宜,大型公共设施的停车首选地下停车库或专用停车楼,同时考虑设置一定的地面停车场;⑤城市外围大型公共活动场所停车设施,如体育场馆、大型超级商场,停车场设置在设施的出入口附近,也可结合公共汽车首末站进行布置;⑥道路停车设施,为临时停车设施,主干路不允许路边临时停车,次干路可考虑设置少量路边临时停车带,支路在适当位置允许路边停车的横断面设计。因此AE选项符合题意。

92. ABC

【解析】 历史文化名城保护规划应建立历史文化名城、历史文化街区与文物保护单位三个层次的保护体系。因此ABC选项符合题意。

93. ABD

【解析】 有关规范规定,历史文化名城保护规划必须控制历史城区内的建筑高度。历史城区道路系统要保持或延续原有道路格局,对富有特色的街巷,应保持原有的空间尺度。历史文化名城保护规划应划定历史地段(历史文化街区)、历史建筑(群)、文物古迹和地下文物埋藏区的保护界线,并提出相应的规划控制和建设的要求。历史文化名城保护规划应合理调整历史城区的职能,控制人口容量,疏解城区交通,改善市政设施,以及提出规划的分期实施及管理的建议。因此ABD选项符合题意。

94. ACDE

【解析】 城市绿地系统的功能有:①改善小气候;②改善空气质量;③减少地表径流,减缓暴雨积水,涵养水源,蓄水防洪;④减灾功能;⑤改善城市景观;⑥对游憩活动的承载功能;⑦城市节能,降低采暖和制冷的能耗。因此ACDE选项符合题意。

95. ABCD

【解析】 城市水资源规划的主要内容为:①水资源开发与利用现状分析;②供用水现状分析;③供需水量预测及平衡分析;④水资源保障战略。因此ABCD选项符合题意。

96. BCE

【解析】 要使近期建设规划真正能够发挥对城市建设活动的综合协调功能,必须从以下几个方面努力:①将规划成果转化为指导性和操作性很强的政府文件;②建立城市建设的项目库并完善规划跟踪机制;③建立建设项目审批的协调机制;④建立规划执行的责任追究机制;⑤组织编制城市建设的年度计划或规划年度报告。因此BCE选项符合题意。

97. BE

【解析】 城市总体规划需要对规划区内的各乡、镇进行职能分工、产业定位,用于指导规划区内乡、镇总体规划的编制,因此,规划区内的很多乡、镇总体规划应在城市总体规划编制后编制,A选项错误。在编制总体规划时,与中心城区关系密切的镇,此部分镇基本已经属于中心城区,承担了中心城区的功能,可同期研究,同期编制,B选项正确。镇与城市具有不同的规划标准,城市采用《城市用地分类与规划建设用地标准》

（GB 50137—2011），而一般镇采用《镇规划标准》（GB 50188—2007），因此 C 选项错误。在城市规划区内的村庄生活服务设施和公益事业由村庄提供，不由中心城区提供（比如村委会、红白喜事厅），因此 D 选项错误。一些时候，由于某些相邻镇、乡、村的需要，中心城区的市政公用设施规划也需要相应的给予考虑，E 选项正确。故选 BE。

98. BE

【解析】 当平原地区道路纵坡小于 0.2％时，应采用锯齿形街沟。非机动车道纵坡宜小于 2.5％，超过时应按规定限制坡长，机动车与非机动车混行道路应按非机动车道坡度要求控制。车道和人行道的横坡应为 1.0％～2.0％。草皮土质护坡的坡比值应小于 1∶0.5。对用地条件受限制或地质不良地段，可采用挡土墙，挡土墙适宜的经济高度为 1.5～3.0m，一般不超过 6m，超过 6m 时宜作退台处理。因此 BE 选项符合题意。

99. ABD

【解析】 风景名胜区总体规划应包括以下内容：①风景资源评价；②生态资源保护措施、重大建设项目布局、开发利用强度；③功能结构与空间布局；④禁止开发和限制开发的范围；⑤风景名胜区的游客容量；⑥有关专项规划。因此 ABD 选项符合题意。

100. CDE

【解析】 1993 年新都市主义协会成立后发表了《新都市主义宪章》，倡导在下列原则下：①邻里在用途与人口构成上的多样性；②社区应该对步行和机动车交通同样重视；③城市必须由形态明确和普遍易达的公共场所和社区设施所形成；④城市场所应当由反映地方历史、气候、生态和建筑传统的建筑设计和景观设计所构成。因此 CDE 选项符合题意。

2018 年度全国注册城乡规划师职业资格考试真题与解析

城乡规划原理

真　题

一、单项选择题（共 80 题,每题 1 分。每题的备选项中,只有 1 个最符合题意）

1. 下列关于城市概念的表述,准确的是(　　)。
   A. 城市是人类第一次社会大分工的产物
   B. 城市的本质特点是分散
   C. 城市是"城"与"市"叠加的实体
   D. 城市最早是政治统治、军事防御和商品的产物

2. 下列关于城市发展的表述,错误的是(　　)。
   A. 集聚效益是城市发展的根本动力
   B. 城市与乡村的划分越来越清晰
   C. 城市与周围广大区域保持着密切联系
   D. 城市最早是政治统治、军事防御和商品交换的产物

3. 下列关于大都市区的表示中,错误的是(　　)。
   A. 英国最早采用大都市区概念
   B. 大都市区是为了城市统计而划定的地域单元
   C. 大都市区是城镇化发展到较高阶段的产物
   D. 日本的都市圈与大都市区内涵基本相同

4. 下列不属于城市空间环境演进基本规律的是(　　)。
   A. 从封闭的单中心到开放的多中心空间环境
   B. 从平面空间环境到立体空间环境
   C. 从生产性空间环境到生活性空间环境
   D. 从分离的均质城市空间到整合的单一城市空间

5. 下列关于城镇化进程按时间顺序排列的四个阶段的表述,准确的是(　　)。
   A. 城镇集聚化阶段、逆城镇化阶段、郊区化阶段、再城镇化阶段
   B. 城镇集聚化阶段、郊区化阶段、再城镇化阶段、逆城镇化阶段
   C. 城镇集聚化阶段、郊区化阶段、逆城镇化阶段、再城镇化阶段
   D. 城镇集聚化阶段、逆城镇化阶段、再城镇化阶段、郊区化阶段

6. 下列关于古希腊希波丹姆(Hippodamus)城市布局模式的表述,正确的是(　　)。
   A. 该模式在雅典城市布局中得到了最为完整的体现
   B. 该模式的城市空间中,一系列公共建筑围绕广场建设,成为城市生活的核心
   C. 皇宫是城市空间组织的关键性节点
   D. 城市的道路系统是城市空间组织的关键

7. 下列关于绝对君权时期欧洲城市改建的表述,准确的是(　　)。

A. 这一时期欧洲国家的首都,均发展成为封建统治与割据的中心大城市

B. 这一时期的城市改建,以伦敦市的改建影响最为巨大

C. 这一时期的城市改建,受到古典主义思潮的影响

D. 这一时期的教堂是城市空间的中心和塑造城市空间的主导因素

8. 下列关于近代空想社会主义理想和实践的表述,错误的是(　　)。

A. 莫尔的"乌托邦"概念除了提出理想社会组织结构改革的设想之外,也描述了他理想中的建筑、社区和城市

B. 欧文提出了"协和村"的方案,并进行了实践

C. 傅里叶提出了以"法郎吉"为单位建设 5000 人左右规模的社区

D. 戈定在法国古斯(Guise)的工厂相邻处按照傅里叶的"法郎吉"设想进行了实践

9. 下列关于近代"工业城市"设想的描述,错误的是(　　)。

A. 建筑师戈涅是"工业城市"设想的提出者

B. "工业城市"是一个城市的实际规划方案,位于平原地区的河岸附近,便于交通运输

C. "工业城市"的规模假定为 35000 人

D. "工业城市"中提出了功能分区思想

10. 从城市土地使用形态出发的空间组织理论不包括(　　)。

A. 同心圆理论　　　　　　　　B. 功能分区理论

C. 扇形理论　　　　　　　　　D. 多核心理论

11. 按照伊萨德的观点,下列关于决定城市土地租金的各类要素的表述,准确的是(　　)。

A. 与城市几何中心的距离　　　B. 顾客到达该地址的可达性

C. 距城市公园的远近　　　　　D. 竞争者的类型

12. 下列关于中国古代城市的表述,错误的是(　　)。

A. 夏代的城市建设已使用陶制的排水管及采用夯打土坯筑台技术等

B. 西周洛邑所确立的城市形制已基本具备了此后都城建设的特征

C. "象天法地"的理念在咸阳的规划建设中得到了运用

D. 汉长安城的布局按照《周礼·考工记》的形制形成了贯穿全城的中轴线

13. 下列表述中,正确的是(　　)。

A.《大上海计划》代表着近代中国城市规划的最高成就

B. 重庆《陪都十年建设计划》将城区划分为中央政治区、市行政区、工业区、商业区、文教区、住宅区等六大功能区

C.《大上海都市计划》的整个中心区路网采用小方格和放射路相结合的形式,中心建筑群采取中国传统的中轴线对称的手法

D. 1929 年南京《首都规划》的部分地区采用美国当时最为流行的方格网加对角线方式,并将古城墙改造为环城大道

14. 下列关于 1956 年《城市规划编制暂行办法》的表述,错误的是(　　)。

　　A. 这是中华人民共和国第一部重要的城市规划法规性文件

　　B. 内容包括设计文件及协议的编订办法

　　C. 包括城市规划基础资料、规划设计阶段、总体规划和控制性详细规划等方面的内容

　　D. 由国家建委颁布

15. 下列关于企业集群的表述,正确的是(　　)。

　　A. 新兴产业之间具有较强的依赖性,因此要比成熟产业更容易形成企业集群

　　B. 邻近大学并具有便利的交通条件,有利于企业集群的形成

　　C. 以非标准化或为顾客定制产品为主的制造业,有较强的地方联系,容易形成企业集群

　　D. 设立高科技园区是形成企业集群的基本条件

16. 影响居民社区归属感的因素是(　　)。

　　A. 社区居民收入水平　　　　　　　　B. 社区内有较多的购物、娱乐设施

　　C. 社区内有较多教育、医疗设施　　　　D. 居民对社区环境的满意度

17. 下列哪个选项无助于实现人居环境可持续发展目标?(　　)

　　A. 为所有人提供足够的住房

　　B. 完善供水、排水、废物处理等基础设施

　　C. 控制地区人口数量和建设区扩张

　　D. 推广可循环的能源系统

18. 下列关于城镇体系概念的表述,不准确的是(　　)。

　　A. 它是以一个区域内的城镇群体为研究对象,而不是把一座城市当作一个区域系统来研究

　　B. 城镇体系是由一定数量的城镇所组成的,这些城镇是通过客观的和非人为的作用而形成的区域分工产物

　　C. 城镇体系最本质的特点是城镇之间是相互联系的,构成了一个有机整体

　　D. 城镇体系的核心是中心城市

19. "城镇体系"一词的首次提出是出自(　　)。

　　A. 1915 年格迪斯的《进化中的城市》

　　B. 1933 年克里斯塔勒的《德国南部中心地》

　　C. 1960 年邓肯的《大都市与区域》

　　D. 1970 年贝里和霍顿的《城镇体系的地理学透视》

20. 下列不属于我国城镇体系规划主要基础理论的是(　　)。

　　A. 核心-边缘理论　　　　　　　　　　B. 点-轴开发模式

　　C. 扇形理论　　　　　　　　　　　　D. 圈层结构理论

21. 下列不属于城市总体规划主要作用的是(　　)。

　　A. 战略引领作用　　　　　　　　　　B. 刚性控制作用

　　C. 风貌提升作用　　　　　　　　　　D. 协同平台作用

22. 下列不属于城市总体规划主要任务的是（　　）。

    A. 合理确定城市分阶级发展方向、目标、重点和时序

    B. 控制土地批租、出让，正确引导开发行为

    C. 综合确定土地、水、能源等各类资源的使用标准和控制指标

    D. 合理配置城乡基础设施和公共服务设施

23. 下列关于城乡规划实施评估的表述，错误的是（　　）。

    A. 城市总体规划实施评估的唯一目的就是监督规划的执行情况

    B. 省域城镇体系规划、城市总体规划、镇总体规划都应进行实施评估

    C. 对城乡规划实施进行评估，是修改城乡规划的前置条件

    D. 城市总体规划实施评估应全面总结现行城市总体规划各项内容的执行情况

24. 下列哪一项不是城市总体规划中城市发展目标的内容？（　　）

    A. 城市性质　　　　　　　　　　　B. 用地规模

    C. 人口规模　　　　　　　　　　　D. 基础设施和公共设施配套水平

25. 下列不属于城市总体规划中人口构成研究关注重点的是（　　）。

    A. 消费构成　　　B. 年龄构成　　　C. 职业构成　　　D. 劳动构成

26. 下列哪一项不是合理控制超大、特大城市人口和用地规模的举措？（　　）

    A. 在城市中心组团内推广"小街区、密路网"的街区制模式

    B. 在城市中心组团外围划定绿化隔离地区

    C. 在城市中心组团之外，合适距离的位置建立新区，疏解非核心功能

    D. 通过城市群内各城镇间的合理分工，实现核心城市的功能和人口疏解

27. 下列不属于影响城市发展方向主要因素的是（　　）。

    A. 地形地貌　　　　　　　　　　　B. 高速公路

    C. 城市商业中心　　　　　　　　　D. 农田保护政策

28. 下列不属于城市用地条件评价内容的是（　　）。

    A. 自然条件评价　　　　　　　　　B. 社会条件评价

    C. 建设条件评价　　　　　　　　　D. 用地经济性评价

29. 下列关于城市建设用地分类的表述，正确的是（　　）。

    A. 小学用地属于居住用地

    B. 宾馆用地属于公共管理与公共服务用地

    C. 居住小区内的停车场属于道路与交通设施用地

    D. 革命纪念建筑用地属于文物古迹用地

30. 下列不属于城市总体规划阶段公共设施布局需要研究内容的是（　　）。

    A. 公共设施的总量

    B. 公共设施的服务半径

    C. 公共设施的投资预算

    D. 公共设施与道路交通设施的统筹安排

31. 下列关于城市道路系统与城市用地协调发展关系的表述，错误的是（　　）。

    A. 水网发达地区的城市可能出现河路融合、不规则的方格网形态路网

B. 位于交通要道的小城镇,可能出现外围放射路与城区路网衔接的形态

C. 大城市按照多中心组团式布局,必然出现出行距离过长、交通过于集中的通病

D. 不同类型的城市干路网是与不同的城市用地布局形式密切相关的

32. 下列铁路客运站在城市中的布置方式,错误的是( )。

    A. 通过式　　　　　B. 尽端式　　　　　C. 混合式　　　　　D. 集中式

33. 下列关于城市交通调查与分析的表述,不正确的是( )。

A. 居民出行调查对象应包括暂住人口和流动人口

B. 居民出行调查常采用随机调查方法进行

C. 货运调查的对象是工业企业、仓库、货运交通枢纽

D. 货运调查常采用深入单位访问的方法进行

34. 下列关于城市综合交通发展战略研究内容的表述,错误的是( )。

A. 确定城市综合交通体系总体发展方向和目标

B. 确定各交通子系统发展定位和发展目标

C. 确定航空港功能、等级规模和规划布局

D. 确定城市交通方式结构

35. 下列关于城市机场选址的表述,正确的是( )。

A. 跑道轴线方向尽可能避免穿过市区,且与城市主导风向垂直

B. 跑道轴线方向最好与城市侧面相切,且与城市主导风向垂直

C. 跑道轴线方向最好与城市侧面相切,且与城市主导风向一致

D. 跑道轴向方向尽可能穿过市区,且与城市主导风向一致

36. 下列关于城市道路系统的表述,错误的是( )。

A. 方格网式道路系统适用于地形平坦城市

B. 方格网式道路系统非直线系数小

C. 自由式道路系统适用于地形起伏变化较大的城市

D. 放射形干路容易把外围交通迅速引入市中心

37. 下列关于缓解城市中心区停车矛盾措施的表述,错误的是( )。

A. 设置独立的地下停车库

B. 结合公共交通枢纽设置停车设施

C. 利用城市中心区的小街巷划定自行车停车位

D. 在商业中心的步行街或广场上设置机动车停车位

38. 下列关于城市公共交通系统的表述,错误的是( )。

A. 减少居民到公交站点的步行距离可以提高公交的吸引力

B. 减少公交线网的密度可以提高公交的便捷性

C. 公交换乘枢纽是城市公共交通系统的核心设施

D. 公共交通方式的客运站能力应与客流需求相适应

39. 下列不属于历史文化名城、名镇、名村申报条件的是( )。

A. 保存文物特别丰富

B. 历史建筑集中成片

    C. 城市风貌体现传统特色

    D. 历史上建设的重大工程对本地区的发展产生过重要影响

40. 符合历史文化名城条件的没有申报的城市,国务院建设主管部门会同国务院文物主管部门可以向( )提出申报建议。

    A. 该城市所在地的城市人民政府

    B. 该城市所在地的省、自治区人民政府

    C. 该城市所在地的建设主管部门

    D. 该城市所在地的建设主管部门及文物主管部门

41. 下列关于历史文化名城保护的表述,错误的是( )。

    A. 对于格局和风貌完整的名城,要进行整体保护

    B. 对于格局和风貌犹存的名城,除保护文物古迹、历史文化街区外,要对尚存的古城格局和风貌采取综合保护措施

    C. 对于整体格局和风貌不存但是还保存着若干历史文化街区的名城,要用这些局部地段来反映城市文化延续和文化特色,用它来代表古城的传统风貌

    D. 对于难以找到一处历史文化街区的少数名城,要结合文物古迹和历史建筑,在周边复建一些古建筑,保持和延续历史地段的完整性和整体风貌

42. 下列关于历史文化名城保护规划内容的表述,错误的是( )。

    A. 必须分析城市的历史、社会、经济背景和现状

    B. 应建立历史城区、历史文化街区与文物保护单位三个层次的保护体系

    C. 提出继承和弘扬传统文化、保护非物质文化遗产的内容和措施

    D. 应合理调整历史城区的职能,控制人口容量,疏解城区交通,改善市政设施

43. 关于历史文化街区应当具备的条件,下列说法错误的是( )。

    A. 有比较完整的历史风貌

    B. 构成历史风貌的历史建筑和历史环境要素基本是历史存留的原物

    C. 历史文化街区用地面积不小于 $1 hm^2$

    D. 历史文化街区内文物古迹和历史建筑的用地面积宜达到保护区内总用地面积的 60% 以上

44. 历史文化街区保护相关的内容的表述,错误的是( )。

    A. 历史文化街区是指保存一定数量和规模的历史建筑、构筑物且传统风貌完整的生活地域

    B. 编制城市规划时应当划定历史文化街区、文物古迹和历史建筑的紫线

    C. 2002 年修改颁布的《文物法》中提出了"历史文化街区"的法定概念

    D. 单看历史文化街区内的每一栋建筑,其价值尚不足以作为文物加以保护,但它们加在一起形成的整体风貌却能反映出城镇历史风貌的特点

45. 下列关于历史文化街区保护界限划定要求的表述,错误的是( )。

    A. 要考虑文物古迹或历史建筑的现状用地边界

    B. 要考虑构成历史风貌的自然景观边界

C. 历史文化街区内在街道、广场、河流等处视线所及范围内的建筑物用地边界或外界面可以划入保护界限

D. 历史文化街区的外围必须划定建设控制地带及环境协调区的边界

46. 2016年《中共中央　国务院关于进一步加强城市规划建设管理工作的若干意见》提出,要用5年左右的时间,完成（　　　）划定和历史建筑确定工作。

A. 国家历史文化名城

B. 国家历史文化名城、省级历史文化名城

C. 历史城镇

D. 历史文化街区

47. 根据《城市黄线管理办法》,不纳入黄线管理的是（　　　）。

A. 取水构筑物　　　B. 取水点　　　C. 水厂　　　D. 加压泵站

48. 下列不属于能源规划内容的是（　　　）。

A. 石油化工　　　B. 电力　　　C. 煤炭　　　D. 燃气

49. 下列不属于城市总体规划阶段供热工程规划内容的是（　　　）。

A. 预测城市热负荷　　　　　　　B. 选择城市热源和供热方式

C. 确定热源的供热能力、数量和布局　　D. 计算供热管道管径

50. 下列不属于城市生活垃圾无害化处理方式的是（　　　）。

A. 卫生填埋　　　B. 堆肥　　　C. 密闭运输　　　D. 焚烧

51. 下列与海绵城市相关的表述,不准确的是（　　　）。

A. 通过加强城市规划建设管理,有效控制雨水径流,实现自然积存、自然渗透、自然净化的城市发展方式

B. 编制供水专项规划时,要将雨水年径流总量控制率作为其刚性控制指标

C. 全国各城市新区、各类园区、成片开发区要全面落实海绵城市建设要求

D. 在建设工程施工图审查、施工许可等环节,将海绵城市相关工程措施作为重点审查内容

52. 下列属于城市总体规划强制性内容的是（　　　）。

A. 用水量标准　　　　　　　B. 城市防洪标准

C. 环境卫生设施布置标准　　　D. 用气量标准

53. 下列不属于地震后易引发的次生灾害的是（　　　）。

A. 水灾　　　B. 火灾　　　C. 风灾　　　D. 爆炸

54. 下列不属于城市抗震防灾规划基本目标的是（　　　）。

A. 当遭遇多遇地震时,城市一般功能正常

B. 抗震设防区城市的各项建设必须符合城市抗震防灾规划的要求

C. 当遭受相当于抗震设防烈度的地震时,城市一般功能及生命线工程基本正常,重要工矿企业能正常或者很快恢复生产

D. 当遭遇罕见地震时,城市功能不瘫痪,要害系统和生命线不遭受严重破坏,不发生严重的次生灾害

55. 下列不属于地质灾害的是(　　)。

　　A. 地震　　　　　　　B. 泥石流　　　　　C. 砂土液化　　　　D. 活动断裂

56. 下列关于城市总体规划文本的表述,错误的是(　　)。

　　A. 具有法律效力的文件

　　B. 包括对上版城市总体规划实施的评价

　　C. 文本的编制性内容要对下位规划的编制提出要求

　　D. 文本的文字要规范、准确、利于具体操作

57. 下列不属于城市总体规划强制性内容的是(　　)。

　　A. 区域内水源保护区的地域范围

　　B. 城市人口规模

　　C. 城市燃气储气罐站位置

　　D. 重要地下文物埋藏区的保护范围和界限

58. 下列关于详细规划的表述,错误的是(　　)。

　　A. 法定的详细规划分为控制性详细规划和修建性详细规划

　　B. 详细规划的规划年限与城市总体规划保持一致

　　C. 控制性详细规划是 1990 年代初才正式采用的详细规划类型

　　D. 修建性详细规划属于开发建设蓝图型详细规划

59. 下列关于控制性详细规划用地细分的表述,不准确的是(　　)。

　　A. 用地细分一般细分到地块,地块是控制性详细规划实施具体控制的基本单位

　　B. 各类用地细分应采用一致的标准

　　C. 细分后的地块可进行弹性合并

　　D. 细分后的地块不允许无限细分

60. 下列关于控制性详细规划建筑后退指标的表述,不准确的是(　　)。

　　A. 指建筑控制线与规划地块边界之间的距离

　　B. 应综合考虑不同道路等级的后退红线要求

　　C. 日照、防灾、建筑设计规范的相关要求一般为建筑后退的直接依据

　　D. 与美国区划中的建筑后退(setback)含义一致

61. 下列关于绿地率指标的表述,不准确的是(　　)。

　　A. 绿化覆盖率大于绿地率

　　B. 绿地率与建筑密度之和不大于 1

　　C. 绿地率是衡量地块环境质量的重要指标

　　D. 绿地率是地块内各类绿地面积占地块面积的百分比

62. 修建性详细规划策划投资效益分析和综合技术经济论证的内容不包括(　　)。

　　A. 资本估算与工程成本估算　　　　　B. 相关税费估算

　　C. 投资方式与资金峰值估算　　　　　D. 总造价估算

63. 修建性详细规划基本图纸的比例是(　　)。

　　A. 1∶3000～1∶5000　　　　　　B. 1∶2000～1∶10000

C. 1：500～1：2000   D. 1：100～1：1000

64. 下列不属于镇规划强制性内容的是(   )。

 A. 确定镇规划区的范围

 B. 明确规划区建设用地规模

 C. 确定自然与历史文化遗产保护、防灾减灾等内容

 D. 预测一、二、三产业的发展前景以及劳动力与人口流动趋势

65. 镇规划中用于计算人均建设用地指标的人口口径，正确的是(   )。

 A. 户籍人口   B. 户籍人口和暂住人口之和

 C. 户籍人口和通勤人口之和   D. 户籍人口和流动人口之和

66. 下列不能单独用来预测城市总体规划阶段人口规模的是(   )。

 A. 时间序列法   B. 间接推算法

 C. 综合平衡法   D. 比例分配法

67. 下列关于一般镇镇区规划各类用地比例的表述，不准确的是(   )。

 A. 居住用地比例为 28%～38%

 B. 公共服务设施用地比例为 10%～18%

 C. 道路广场用地比例为 10%～17%

 D. 公共绿地比例为 6%～10%

68. 下列关于村庄规划用地分类的表述，不正确的是(   )。

 A. 具有小卖铺、小超市、农家乐功能的村民住宅用地仍然属于村民住宅用地

 B. 长期闲置不用的宅基地属于村庄其他建设用地

 C. 村庄公共服务设施用地包括兽医站、农机站等农业生产服务设施用地

 D. 田间道路(含机耕道)、林道等农用道路不属于村庄建设用地

69. 佩里提出的"邻里单位"用地规模约为 65hm²，主要目的是(   )。

 A. 为了降低建筑密度，保证良好的居住环境

 B. 为了社区更加多样化

 C. 为了保证上小学不穿越城市道路

 D. 可以形成规模适宜的社区

70. 下列表述中，正确的是(   )。

 A. 居住区内部可以不再划分居住小区   B. 居住区不应被城市干路穿越

 C. 居住小区需要较大的开发地块   D. 开放社区要求减小小区的规模

71. 下列关于居住区公共服务设施的表述，正确的是(   )。

 A. 临近的城市公共服务设施不能代替居住区的配套设施

 B. 配建公共服务设施属于公益性设施

 C. 居住小区规模越大，配套设施的服务半径越大

 D. 停车楼属于配建公共服务设施

72. 我国早期小区的周边式布局没有继续采用的主要原因不包括(   )。

 A. 存在日照通风死角

 B. 受交通噪声影响的沿街住宅数量较多

C. 难以解决停车问题

D. 难以适应地形变化

73. 下列关于居住区道路的表述,错误的是(　　)。

A. 居住区级道路可以是城市支路

B. 小区级道路是划分居住组团的道路

C. 宅间路要满足消防、救护、搬家、垃圾清运等汽车的通行

D. 小区步行路必须满足消防车通行的要求

74. 下列关于风景名胜区的表述,不准确的是(　　)。

A. 风景名胜区应当具备游览和科学文化活动的多重功能

B. 《风景名胜区条例》规定,国家对风景名胜区实行科学规划、统一管理、合理利用的工作原则

C. 风景名胜区按照资源的主要特征分为历史圣地类、滨海海岛类、民俗风情类、城市风景类等 14 个类型

D. 110km² 的风景名胜区属于大型风景名胜区

75. 下列不属于风景名胜区详细规划编制内容的是(　　)。

A. 环境保护　　　　　　　　　B. 建设项目控制

C. 土地使用性质与规模　　　　D. 基础工程建设安排

76. "城市设计"(Urban Design)一词首次出现于(　　)。

A. 19 世纪中期　　　　　　　　B. 19 世纪末期

C. 20 世纪初期　　　　　　　　D. 20 世纪中期

77. 根据比尔·希利尔的研究,在城市中步行活动的三元素是(　　)。

A. 出发点、目的地、路径上所经历的一系列空间

B. 个性、结构、意义

C. 通达性、连续性、多样性

D. 图底、场所、链接

78. 根据住房和城乡建设部《城市设计管理办法》,下列表述不准确的是(　　)。

A. 重点地区城市设计应当塑造城市风貌特色,并提出建筑高度、体量、风格、色彩等控制要求

B. 重点地区城市设计的内容和要求应当纳入控制详细规划,详细控制要点应纳入修建性详细规划

C. 城市、县人民政府城乡规划主管部门负责组织编制本行政区域内重点地区的城市设计

D. 城市设计重点地区范围以外地区,可依据总体城市设计,单独或者结合控制性详细规划等开展设计

79. 下列关于城乡规划实施的表述,错误的是(　　)。

A. 各级政府根据法律授权负责城乡规划实施的组织和管理

B. 政府部门通过对具体建设项目开发建设进行管制才能达到规划实施的目的

C. 城乡规划实施包括了城乡发展和建设过程中的公共部门和私人部门的建设

性活动

  D. 政府运用公共财政建设基础设施和公益性设施,直接参与城乡规划的实施

80. 下列哪一项目建设对周边地区的住宅开发具有较强的带动作用?( )

  A. 城市公园   B. 变电站

  C. 污水厂   D. 政府办公楼

二、多项选择题(共20题,每题1分。每题的备选项中有2~4个符合题意。多选、少选、错选都不得分)

81. 下列关于我国城镇化现状特征与发展趋势的表述,准确的有( )。

  A. 城镇化过程经历了大起大落阶段以后,已经开始进入了持续、健康的发展阶段

  B. 以大中城市为主体的多元城镇化道路将成为我国城镇化战略的主要选择

  C. 城镇化发展总体上东部快于西部,南方快于北方

  D. 东部沿海地区城镇化进程总体快于中西部内陆地区,但中西部地区将不断加速

  E. 城市群、都市圈等将成为城镇化的重要空间单元

82. 下列关于多核心理论的表述,正确的有( )。

  A. 是关于区域城镇体系分布的理论

  B. 通过对美国大部分大城市的研究,提出了影响城市中活动分布的四项原则

  C. 城市空间通过相互协调的功能在特定地点的彼此强化等,形成了地域的分化

  D. 分化的城市地区形成各自的核心,构成了整个城市的多中心

  E. 城市中有些活动对其他活动容易产生对抗或者消极影响,这些活动应该在空间上彼此分离布置

83. 下列关于邻里单位的表述,正确的有( )。

  A. 是一个组织家庭生活的社区计划

  B. 一个邻里单位的开发应当提供满足一所小学的服务人口所需要的住房

  C. 应该避免各类交通的穿越

  D. 邻里单位的开放空间应当提供小公园和娱乐空间的系统

  E. 邻里单位的地方商业应当布置在其中心位置,便于邻里单位内部使用

84. 下列表述中,正确的有( )。

  A. 1980年全国城市规划工作会议之后,各城市全面开展了城市规划的编制工作

  B. 1982年国务院批准了第一批共24个国家历史文化名城

  C. 1984年《中华人民共和国城市规划法》是中华人民共和国成立以来第一部关于城市规划的法律

  D. 1984年,为适应全国国土规划纲要编制的需要,城乡建设环境保护部组织编制了全国城镇布局规划纲要

E. 1984 年至 1988 年间,国家城市规划行政主管部门实行国家计委、城乡建设环境保护部双重领导,以城乡建设环境保护部为主的行政体制

85. 下列关于全球化背景下城市发展的表述,正确的是( )。

A. 中小城市的发展更依赖于地区中心城市与全球网络相联系

B. 不同国家的城市间的相互作用的程度更为加强

C. 疏解特大城市人口和产业提升成为城市竞争力的重要措施

D. 制造业城市出现了较大规模的衰败

E. 城市间的职能分工越来越受到全球产业地域分工体系的影响

86. 下列表述中,正确的有( )。

A. 土地资源、水资源和森林资源是城市赖以生存和发展的三大资源

B. 土地在城乡经济、社会发展与人民生活中的作用主要表现为土地的承载功能、生产功能和生态功能

C. 城市土地使用的环境效益和社会效益,主要与城市用地性质有关,与城市的区位无关

D. 城市水资源开发利用的用途包含城市生产用水、生活用水等

E. 正确评价水资源承载能力是城市规划必须做的基础工作

87. 按照《城市用地分类与规划建设用地标准》(GB 50137—2011),符合规划人均建设用地指标要求的有( )。

A. Ⅱ气候区,现状人均建设用地规模 70m²,规划人口规模 55 万人,规划人均建设用地指标 93m²

B. Ⅲ气候区,现状人均建设用地规模 106m²,规划人口规模 70 万人,规划人均建设用地指标 103m²

C. Ⅳ气候区,现状人均建设用地规模 92m²,规划人口规模 45 万人,规划人均建设用地指标 107m²

D. Ⅴ气候区,现状人均建设用地规模 106m²,规划人口规模 45 万人,规划人均建设用地指标 105m²

E. Ⅵ气候区,现状人均建设用地规模 120m²,规划人口规模 30 万人,规划人均建设用地指标 115m²

88. 下列表述中,正确的有( )。

A. 城市与周围乡镇地区有密切联系,城乡总体布局应进行城乡统筹安排

B. 城市规划应建立清晰的空间结构,合理划分功能分区

C. 超大、特大城市的旧区应重点通过完善快速路、主干路等道路系统,增加各类停车设施,解决交通拥堵问题

D. 城市应分别在各区设立开发区,满足各区经济发展、社会发展的需要

E. 城市总体规划划定的规划区范围内的用地都可以建设开发区

89. 下列关于道路系统规划的表述,正确的有( )。

A. 城市道路的走向应有利于通风,一般平行于夏季主导风向

B. 城市道路路线转折角较大时,转折点宜放在交叉口上

C. 城市道路应为管线的铺设留有足够的空间

D. 公路兼有过境和出入城交通功能时,应与城市内部道路功能混合布置

E. 城市干路系统应有利于组织交叉口交通

90. 下列关于城市公共交通规划的表述,正确的有(　　)。

A. 城市公共交通系统的形式要根据出行特征分析确定

B. 城市公交路线规划应首先考虑满足通勤出行的需要

C. 城市公共交通线路的走向应与主要客流流向一致

D. 城市公共交通线网规划应尽可能增加换乘系数

E. 城市公共汽(电)车线网规划应考虑与城市轨道交通线网之间的便捷换乘

91. 下列属于历史文化名城类型的有(　　)。

A. 古都型 　　　　　　　　　　　B. 传统风貌型

C. 风景名胜型 　　　　　　　　　D. 特殊史迹型

E. 一般史迹型

92. 在下列哪些层次的城市规划中,应明确城市基础设施的用地位置,并划定城市黄线?(　　)

A. 城镇体系规划 　　　　　　　　B. 城市总体规划

C. 控制性详细规划 　　　　　　　D. 修建性详细规划

E. 历史文化名城保护规划

93. 下列应划定蓝线的有(　　)。

A. 湿地 　　　　B. 河湖 　　　　C. 水源地 　　　　D. 水渠

E. 水库

94. 下列属于可再生能源的有(　　)。

A. 太阳能 　　　　B. 天然气 　　　　C. 风能 　　　　D. 水能

E. 核能

95. 控制性详细规划编制内容一般包括(　　)。

A. 土地使用控制 　　　　　　　　B. 城市设计引导

C. 建筑建造控制 　　　　　　　　D. 市政设施配套

E. 造价与投资控制

96. 下列关于修建性详细规划的表述,正确的有(　　)。

A. 修建性详细规划属于法定规划

B. 修建性详细规划是一种城市设计类型

C. 修建性详细规划的任务是对所在地块的建设提出具体的安排和设计

D. 修建性详细规划用以指导建筑设计和各项工程施工图设计

E. 修建性详细规划侧重对土地出让的管理和控制

97. 十九大报告对乡村振兴提出的总要求包括(　　)。

A. 产业兴旺 　　　　B. 生活富裕 　　　　C. 村容整洁 　　　　D. 治理有效

E. 生态宜居

98. 历史文化名镇、名村保护规划应当包括的内容有（　　　）。

    A. 传统格局和历史风貌的保护要求

    B. 名镇、名村的发展定位

    C. 核心保护区内重要文物保护单位及历史建筑的修缮设计方案

    D. 保护措施、开发强度和建设控制要求

    E. 保护规划分期实施方案

99. 下列关于居住区绿地率计算的表述，正确的有（　　　）。

    A. 绿地率是居住区内所有绿地面积与用地面积的比值

    B. 计算中不包括宽度小于 8m 的宅旁绿地

    C. 计算中不包括行道树

    D. 计算中不包括屋顶绿化

    E. 水面可以计入绿地率

100. 下列关于城市设计理论与其代表人物的表述，正确的是（　　　）。

    A. 简·雅各布斯在《美国大城市的生与死》中研究怎样的建筑和环境设计能够更好地支持社会交往和公共生活，提升户外空间规划设计的有效途径

    B. 西谛在《城市建筑艺术》一书中提出了现代城市空间组织的艺术原则

    C. 凯文·林奇在《城市意象》一书中提出了城市意象的构成要素是地标、节点、路径、边界和地区

    D. 第十小组尊重城市的有机生长，出版了《建筑模式语言》一书，其设计思想的基本出发点是对人的关怀和对社会的关注

    E. 埃德蒙·N.培根在《小型城市空间的社会生活》中，描述了城市空间质量与城市活动之间的密切关系，证明物质环境的一些小改观，往往能显著地改善城市空间的使用情况

真 题 解 析

一、单项选择题(共80题,每题1分。每题的备选项中,只有1个最符合题意)

1. D

【解析】 具体说城市是人类第三次社会大分工的产物,A选项错误;城市的本质特点是集聚,B选项错误;城市是在"城"与"市"功能叠加的基础上,以行政和商业活动为基本职能的复杂化、多样化的客观实体,城市并不是简单地实体叠加,因此C选项错误;城市最早是政治统治、军事防御和商品交换的产物,"城"是由军事防御产生的,"市"是由商品交换(市场)产生的,因此D选项正确。

2. B

【解析】 随着乡村的发展,在一些人口密集、经济发达的地区,城乡之间已经越来越难进行截然的划分,因此B选项错误。故选B。

3. A

【解析】 大都市区是一个大的城市人口核心,以及与其有着密切社会经济联系的、具有一体化倾向的邻接地域的组合,它是国际上进行城市统计和研究的基本地域单元,是城镇化发展到较高阶段时产生的城市空间组织形式。美国是最早采用大都市区概念的国家,加拿大的"国情调查大都市区",英国的"标准大都市劳动区"和"大都市经济劳动区",澳大利亚的"国情调查扩展城市区",瑞典的"劳动——市场区"以及日本的都市圈等均与美国的大都市圈有相同的内涵。由以上分析可知,A选项错误,BCD选项正确。故A选项符合题意。

4. D

【解析】 城市空间环境演进的基本规律为:①从封闭的单中心到开放的多中心空间环境;②从平面空间环境到立体空间环境;③从生产性空间环境到生活性空间环境;④从分离的均质城市空间到连续多样城市空间。因此D选项符合题意。

5. C

【解析】 依据时间序列,城镇化进程可以分为四个基本阶段:城镇集聚化阶段、郊区化阶段、逆城镇化阶段、再城镇化阶段,C选项正确。故选B。

6. B

【解析】 古希腊希波丹姆(Hippodamus)城市布局模式在米利都城得到了最为完整的体现,A选项错误。在这些城市中,广场是市民集聚的空间,围绕着广场建设的一系列的公共建筑成为城市生活的核心,同时,在城市空间组织中,神庙、市政厅、露天剧院和市场是市民生活的重要场所,也是城市空间组织的关键性节点。因此B选项正确,CD选项错误。故选B。

7. C

【解析】 在绝对君权时期建立的一批中央集权的国家,形成了现在国家的基础,这些国家的首都,如巴黎、柏林、维也纳等,均发展成为政治、经济、文化中心型的大城市,指的是这一批均成为中心大城市,而非封建统治与割据的中心城市,A 选项错误。这一时期的城市改建以巴黎改建影响最大,B 选项错误。这一时期的宏伟宫殿和公共广场成为城市空间的主导因素,D 选项错误。故选 C。

8. C

【解析】 傅里叶在 1829 年提出了以"法朗吉"为单位建设由 1500～2000 人组成的社区,废除家庭小生产,以社会大生产替代,因此 C 选项错误,符合题意。

9. B

【解析】 "工业城市"是法国建筑师戈涅的设想提出的方案,假想位于山岭起伏地带的河岸的斜坡上,人口规模为 35000 人的城市方案,在城市内部的布局中,强调按功能划分为工业、居住、城市中心等,各项功能之间是相互分离的,以便于今后各自的扩展需要。因此 B 选项错误,符合题意。

10. B

【解析】 从城市土地使用形态出发的空间组织理论包括同心圆理论、扇形理论、多核心理论,B 功能分区理论是从城市功能组织出发的空间组织理论,因此 B 选项符合题意。

11. B

【解析】 伊萨德认为决定城市土地租金的要素主要有:①与中央商务区(CBD)的距离;②顾客到该址的可达性;③竞争者的数目和他们的位置;④降低其他成本的外部效果。综上判断,B 选项正确。故选 B。

12. D

【解析】 汉武帝时期,执行"废黜百家,独尊儒术"的封建礼制思想,但根据汉代国都长安遗址的发掘,表明其布局尚未完全按照《周礼·考工记》的形制进行,没有贯穿全城的对称轴线,宫殿与居民区相互穿插,城市整体的布局并不规则,因此 D 选项错误,符合题意。

13. D

【解析】 1946 年开始编制的《大上海都市计划总图》代表了近代中国城市规划的最高成就,A 选项中的 1929 年公布的《大上海计划》错误。1929 年的南京"首都计划",对南京进行功能分区,共计分为中央政治区、市行政区、工业区、商业区、文教区、住宅区等六大功能。中央政治区是建设重点。道路系统规划拓宽原有部分道路,部分地区采用美国当时最为流行的方格网加对角线方式,并将古城墙改造为环城大道,因此 B 选项错误,D 选项正确。1929 年公布的《大上海计划》避开已经发展起来的租界地区,以建设和振兴华界为核心,选址在黄浦江下游毗邻吴淞口的吴淞和江湾之间开辟一个新市区,新市区内有市中心区,北为商业区,东为进出口机构,其他为住宅区。整个中心区的规划路网采用小方格和放射路相结合的形式,中心建筑群采取中国传统的中轴线对称的手法,因此 C 选项错误。故 D 选项符合题意。

14. C

【解析】 国家建委颁布的《城市规划编制暂行办法》,是中华人民共和国成立以来第一部重要的城市规划立法。该《办法》分 7 章 44 条,包括城市规划基础资料、规划设计阶段、总体规划和详细规划等方面的内容以及设计文件及协议的编订办法。因详细规划包括控制性详细规划和修建性详细规划,故 C 选项错误,符合题意。

15. C

【解析】 所谓的企业集群,主要是指地方企业集群,是一组在地理上靠近的相互联系的公司和关联的机构,它们同处在一个特定的产业领域,由于具有共性和互补性而联系在一起。以非标准化或为顾客制定产品为主的制造业,需要与顾客面对面地信息交流,地方联系相对较强,容易形成地方企业集群,所以 C 选项符合题意。

16. D

【解析】 影响居民社区归属感的主要原因包括:①居民对社区生活条件的满意程度;②居民的社区认同程度;③居民在社区内的社会关系;④居民在社区内的居住年限;⑤居民对社区活动的参与,因此 D 选项符合题意。

17. C

【解析】 有助于实现人居环境可持续发展的具体规定:①为所有人提供足够的住房;②改善人类住区的管理,其中尤其强调了城市管理,并要求通过种种手段采取有创新的城市规划解决环境和社会问题;③促进可持续土地使用的规划和管理;④促进供水、下水、排水和固体废物管理等环境基础设施的统一建设,并认为"城市开发的可持续性通常由供水和空气质量,并由下水和废物管理等环境基础设计状况等参数界定";⑤在人类居住中推广循环的能源和运输系统;⑥加强多灾地区的人类居住规划和管理;⑦促进可持久的建筑工业活动行动的依据;⑧鼓励开发人力资源和增强人类住区开发的能力。故选 C。

18. B

【解析】 城镇体系是由一定数量的城镇所组成的。城镇之间存在着职能、规模和功能方面的差别,即各城镇都有自己的特色,而这些差别和特色则是依据各城镇在区域发展条件的影响和制约下,通过客观的和人为的作用而形成的区域分工产物。因此 B 选项符合题意。

19. C

【解析】 该概念的正式提出是 20 世纪 60 年代。1960 年邓肯所著的《大都市和区域》,首次使用了城镇体系这一词,因此 C 选项正确。故选 C。

20. C

【解析】 核心-边缘理论、点-轴开发模式、圈层结构理论是城镇体系规划的主要理论,研究的是整个城市和城市之间的关系。在城市内部,各类土地使用之间的配置具有一定的模式。为此,许多学者对此进行了研究,提出了许多的理论,其中最为基础的是同心圆理论、扇形理论和多核心理论。扇形理论研究的是城市内部的土地形态理论。由以上分析可知,C 选项符合题意。

21. C

【解析】 城市总体规划是城市规划的重要组成部分。经法定程序批准的城市总体规划文件,是编制城市近期建设规划、详细规划、专项规划和实施城市规划行政管理的法定依据,各类涉及城乡发展和建设的行业发展规划,都应符合城市总体规划的要求。由于具有全局性和综合性,我国的城市总体规划不仅是专业基础,同时更重要的是引导和调控城市建设、保护和管理城市空间资源的重要依据和手段,因此也是城市规划参与城市综合性战略部署的工作平台,因此 ABD 选项正确。风貌控制属于控制性详细规划内容,属于控制性详细规划的作用,因此 C 选项符合题意。

22. B

【解析】 控制土地批租、出让,正确引导开发行为属于控制性详细规划的内容。因此 B 选项符合题意。

23. A

【解析】 一方面,在城乡规划实施期间,需要结合当地经济社会发展的情况,定期对规划目标实现的情况进行跟踪评估,及时监督规划的执行情况,及时调整规划实施的保障措施,提高规划实施的严肃性;另一方面,对城乡规划进行全面、科学的评估,也有利于及时研究规划实施中出现的新问题,及时总结和发现城乡规划的优点和不足,为继续贯彻实施规划或者对其进行修改提供可靠的依据。监督规划的执行是其中一个目的而不是唯一目的,因此 A 选项错误,符合题意。

24. A

【解析】 城市发展目标包括:①经济发展目标:国内生产总值、人均国民收入等;②社会发展目标:人口规模、年龄结构等人口构成指标;③城市建设目标:建设规模、用地结构、基础设施和社会公共设施配套水平等指标;④环境保护目标:城市形象与生态环境水平等方面的指标。从以上分析可知,城市性质不属于城市发展目标,因此 A 选项符合题意。

25. A

【解析】 城市人口的状态是在不断变化的,可以通过对一定时期内城市人口的年龄、寿命、性别、家庭、婚姻、劳动、职业、文化程度、健康状况等方面的构成情况加以分析,反映城市人口构成的特征。因此 A 选项符合题意。

26. C

【解析】 在城市核心区之外建设新区,增加了城市用地规模,因超大、特大城市具有的吸引力,会导致城市规模继续增大,因此 C 选项符合题意。

27. C

【解析】 影响城市发展方向的因素较多:①自然条件:地形地貌、河流水系等;②人工环境:高速公路等;③城市建设现状与城市形态结构;④规划及政策性因素;⑤其他因素:土地产权问题、农民土地征用补偿问题等。城市商业中心是城市内部的用地,随城市的发展方向而发展,因此不属于影响城市发展方向的因素,其受城市发展方向的影响,故 C 选项符合题意。

28. B

【解析】 城市用地的评价包括多方面的内容,主要体现在三个方面,分别是自然条件评价、建设条件评价和用地经济性评价,因此 B 选项符合题意。

29. D

【解析】 小学用地属于教育科研用地;宾馆属于商业用地;居住小区内的停车场属于居住用地,因此 D 选项符合题意。

30. C

【解析】 总体规划阶段,在研究确定城市公共设施总量指标和分类分项指标的基础上,进行公共设施用地的总体布局:①公共设施项目要合理地配置;②公共设施需按照与居民生活的密切程度确定合理的服务半径;③公共设施的布局要结合城市道路与交通规划考虑;④根据公共设施本身的特点及其对环境的要求进行布置;⑤公共设施布置要考虑城市景观组织的要求;⑥公共设施的布局要考虑合理的建设顺序,并留有余地;⑦公共设施的布置要充分利用城市原有基础。从以上分析可知,C选项符合题意。

31. C

【解析】 城市发展到大城市,如果仍然按照单中心集中式的布局,必然出现出行距离过长、交通过于集中、交通拥挤阻塞,导致生产生活不便、城市效率低下等一系列的大城市通病。因此规划一定要引导城市逐渐形成相对分散的、多中心组团式布局,中心组团(可以以原中等城市为主体构成)相对紧凑、相对独立,若干外围组团相对分散的结构。从以上分析可知,C选项的描述是单中心集中式布局的特点而不是多中心组团式布局的特点,因此C选项符合题意。

32. D

【解析】 铁路客运站在城市的布置方式有:通过式、尽端式、混合式,因此D选项符合题意。

33. B

【解析】 居民出行OD调查的对象包括年满6岁以上的城市居民、暂住人口和流动人口,一般都采用抽样家庭访问的方法进行调查,为了保证调查质量,建议采用专业调查人员家庭访问法,故A选项正确,B选项错误。货运调查常采用抽样发调查表或深入单位访问的方法,调查各工业企业、仓库、批发部、货运交通枢纽,专业运输单位的土地使用特征、产销储运情况、货物种类、运输方式、运输能力、吞吐情况、货运车种、出行时间、路线、空驶率以及发展趋势等情况,CD选项正确。故B选项符合题意。

34. C

【解析】 确定航空港功能、等级规模和规划布局是城市对外交通规划的内容。故C选项符合题意。

35. C

【解析】 航空港的选址应尽可能使跑道轴线方向避免穿过市区,最好位于与城市侧面相切的位置,机场跑道中心与城区边缘的最小距离以5~7km为宜;方便飞机的起飞,跑道应与城市主导风向一致。因此C选项符合题意。

36. B

【解析】 方格网式道路系统非直线系数大,因此B选项符合题意。

37. D

【解析】 设置独立式停车库增加了停车位,可以减少停车矛盾,A选项正确。结合公共交通枢纽设置停车位可以方便交通方式的周转,可以截流前去中心区的车辆,减少停车矛盾,B选项正确。利用城市中心的小街巷划定自行车停车位,既能增加自行车的出行量,又能减少非机动车对机动车停车位的侵占,相对增加了机动车位,因此可以缓解城市中心区的停车矛盾,C选项正确。商业中心区的步行街和广场上设置机动车停车位不但没有截流,反而会吸引更多的车辆驶入中心区,无法缓解停车矛盾,因此D选项错误,符合题意。

38. B

【解析】 "方便"就是要少走路、少换乘、少等候,城市主要活动中心住地均有车可乘,因此要求其交通要合理布线提高公交线网覆盖率,缩短行车间隔,所以B选项错误,符合题意。

39. C

【解析】 《历史文化名城名镇名村保护条例》规定具备下列条件的城市、镇、村庄,可以申报历史文化名城、名镇、名村:(一)保存文物特别丰富;(二)历史建筑集中成片;(三)保留着传统格局和历史风貌;(四)历史上曾经作为政治、经济、文化、交通中心或者军事要地,或者发生过重要历史事件,或者其传统产业、历史上建设的重大工程对本地区的发展产生过重要影响,或者能够集中反映本地区建筑的文化特色、民族特色。申报历史文化名城的,在所申报的历史文化名城保护范围内还应当有2个以上的历史文化街区。因此C选项符合题意。

40. B

【解析】 《历史文化名城名镇名村保护条例》第十条:对符合本条例第七条规定的条件而没有申报历史文化名城的城市,国务院建设主管部门会同国务院文物主管部门可以向该城市所在地的省、自治区人民政府提出申报建议;仍不申报的,可以直接向国务院提出确定该城市为历史文化名城的建议。因此B选项符合题意。

41. D

【解析】 少数历史文化名城,目前已难以找到一处值得保护的历史文化街区。对它们来讲,重要的不是去再造一条仿古街道,而是要全力保护好文物古迹周围的环境,否则和其他一般城市就没什么区别了。要整治周围环境,拆除一些违章建筑,把保护文物古迹的历史环境提高到新水平,表现出这些文物建筑的历史功能和当时达到的艺术成就。故D选项符合题意。

42. B

【解析】 《历史文化名城保护规划标准》(GB/T 50357—2018)第3.1.2条:历史文化名城保护规划必须分析城市的历史、社会、经济背景和现状,体现名城的历史价值、科学价值、艺术价值和文化内涵,A选项正确。第3.1.3条:历史文化名城保护规划应坚持整体保护的理念,建立历史文化名城、历史文化街区与文物保护单位三个层次的保护体系,B选项错误。第3.1.7条:历史文化名城保护规划应合理调整历史城区的职能,控制人口容量,疏解城区交通,改善市政设施,D选项正确。《历史文化名城名镇名村街区保护规划编制审批办法》第十二条:历史文化名城保护规划应提出继承和弘扬传统文化、保护非物质文化遗产的内容和措施。C选项正确。故B选项符合题意。

43. D

【解析】 《历史文化名城保护规划规范》(GB 50357—2005)第4.1.1条规定历史文化街区应具备下列条件:①应有比较完整的历史风貌;②构成历史风貌的历史建筑和历

史环境要素基本上是历史存留的原物;③历史文化街区核心保护范围面积不应小于 $1hm^2$;④历史文化街区内文物古迹和历史建筑的用地面积宜达到保护区内建筑总用地面积的60%以上。D 选项的"保护区内总用地面积"不等于"保护区内建筑总用地面积",因此 D 选项错误,符合题意。

44. A

【解析】 历史文化街区是指经省、自治区、直辖市人民政府核定公布的保存文物特别丰富、历史建筑集中成片、能够较完整和真实地体现传统格局和历史风貌,并具有一定规模的历史地段。2002 年修改颁布的《文物法》采用了"历史文化街区"这一专有名词。需要经省级单位核定公布才能称为历史文化街区,因此 A 选项符合题意。

45. D

【解析】《历史文化名城保护规划规范》(GB 50357—2005)第 3.2.1 条规定历史文化街区应划定保护区和建设控制地带的具体界线,也可根据实际需要划定环境协调区的界线,因此 D 选项符合题意。

46. D

【解析】 2016 年《中共中央 国务院关于进一步加强城市规划建设管理工作的若干意见》提出用 5 年左右时间,完成所有城市历史文化街区划定和历史建筑确定工作,因此 D 选项符合题意。

47. D

【解析】《城市黄线管理办法》第二条第二款规定:取水工程设施(取水点、取水构筑物及一级泵站)和水处理工程设施等城市供水设施。只有一级泵站才划入,D 选项错误,因此 D 选项符合题意。

48. A

【解析】 在城市规划中,石油化工不属于城市能源的供能品,因此不属于能源规划的内容,A 选项符合题意。

49. D

【解析】 城市总体规划中的主要内容:①预测城市热负荷;②选择城市热源和供热方式;③确定热源的供热能力、数量和布局;④布局城市供热重要设施和供热干线管网。

计算供热管道管径属于详细规划阶段的内容,因此 D 选项符合题意。

50. C

【解析】 密闭运输只是运输,不属于处理方式。故 C 选项符合题意。

51. B

【解析】 本题考查的是国办发〔2015〕75 号(海绵城市)。通过加强城市规划建设管理,有效控制雨水径流,实现自然积存、自然渗透、自然净化的城市发展方式,A 选项正确。全国各城市新区、各类园区、成片开发区要全面落实海绵城市建设要求,C 选项正确。在建设工程施工图审查、施工许可等环节,要将海绵城市相关工程措施作为重点审查内容,D 选项正确。编制城市总体规划、控制性详细规划以及道路、绿地、水等相关专项规划时,要将雨水年径流总量控制率作为其刚性控制指标,B 选项不准确。故 B 选项符合题意。

52. B

【解析】 依据《编制办法》城市总体规划强制性内容,城市防洪标准是城市总体规划强制性内容中城市防灾减灾包含的内容,因此 B 选项符合题意。

53. C

【解析】 本题考查的是城市综合防灾减灾规划。地震后因为可能影响水库、高压输电网、危险品仓库等的安全,易形成水灾、火灾和爆炸,因此 ABD 选项正确。风灾是属于自然天气影响,与地震没关系,因此 C 选项符合题意。

54. B

【解析】 根据《城市抗震防灾规划管理规定》第八条,城市抗震防灾规划编制应当达到下列基本目标:①当遭遇多遇地震时,城市一般功能正常;②当遭受相当于抗震设防烈度的地震时,城市一般功能及生命系统基本正常,重要工矿企业能正常或者很快恢复生产;③当遭受罕遇地震时,城市功能不瘫痪,要害系统和生命线工程不遭受破坏,不发生严重的次生灾害。因此 B 选项符合题意。

55. A

【解析】 城市地质灾害主要有崩塌滑坡、泥石流、矿山踩空塌陷、地面沉降、土地沙化、地裂缝、沙土液化以及活动断裂等,因此 A 选项符合题意。

56. B

【解析】 城市总体规划文本是对规划的各项目标和内容提出规定性要求的文件,采用条文形式。文本格式和文字应规范、准确,利于具体操作。在规划文本中应当明确表述规划的强制性内容。文本附则中需要说明文本的法律效力、规划的生效日期、修改的规定以及规划的解释权,因此 AD 选项正确。强制性内容必须落实上级政府规划管理的约束性要求,因此 C 选项正确。城市总体规划文本是对规划的各项目标和内容提出规定性要求的文件,不涉及对上版规划的实施评价,因此 B 选项错误,符合题意。

57. B

【解析】 城市人口规模属于预测性数据,无法作为总体规划强制性内容,因此 B 选项符合题意。

58. B

【解析】 详细规划分为控制性详细规划和修建性详细规划,显然,修建性详细规划没有明确和固定的目标年限,因此一般来说,详细规划没有明确的目标年限,因此 B 选项符合题意。

59. B

【解析】 本题考查的是控制性详细规划的编制方法与要求。在规划方案的基础上进行用地细分,一般细分到地块,成为控制性详细规划实施具体控制的基本单位。用地细分应根据地块区位条件,综合考虑地方实际开发运作方式,对不同性质与权属的用地提出细分标准,原则上细分的用地应当作为城市开发建设的基本控制地块,不允许无限细分,因此 B 选项符合题意。

60. D

【解析】 建筑后退指建筑控制线与规划地块边界之间的距离,控制线指建筑主体不应超越的控制线,其内涵应与国家相关建筑规范一致,A 选项正确,D 选项错误。建筑后退的确定应综合考虑不同道路等级、相邻地块性质、建筑间距要求、历史保护、城市设计与空间景观要求、公共空间控制要求等因素,B选项正确。城市设计中的街道景观与街道尺度控制要求,日照、防灾、建筑设计规范的相关要求一般为确定建筑后退指标的直接依据,C选项正确。故D选项符合题意。

61. A

【解析】 绿地率是衡量地块环境质量的重要指标,是指地块内各类绿地面积总和与地块用地面积的百分比。因为有道路等占地,绿地率与建筑密度之和不大于1.0。一般情况下,绿化覆盖率大于绿地率,但不能说一定大于,因此A选项符合题意。

62. C

【解析】 投资效益分析和综合技术经济论证包括:①土地成本估算;②工程成本估算;③相关税费估算;④总造价估计;⑤综合技术经济论证。从以上分析可知,毫不涉及投资方式和资金峰值估算,故C选项符合题意。

63. C

【解析】 修建性详细规划基本图纸比例为1:500~1:2000。故C选项符合题意。

64. D

【解析】 镇规划的强制性内容:规划区范围、规划区建设用地规模、基础设施和公共服务设施用地、水源地和水系、基本农田和绿化用地、环境保护、自然与历史文化遗产保护、防灾减灾等。故D选项符合题意。

65. B

【解析】《镇规划标准》(GB 50188—2007)第3.2.1条规定镇域总人口应为其行政地域内常住人口,常住人口应为户籍、寄住人口数之和,因此B选项正确。故B选项符合题意。

66. D

【解析】 时间序列法、间接推算法、综合平衡法、区位法可以单独预测城市人口;环境容量法、比例分配法、类比法作为校核的方法,不能单独预测人口规模。因此D选项符合题意。

67. A

【解析】 一般镇镇区规划建设用地比例为:居住用地比为33%~43%;公共服务设施用地比例为10%~18%;道路广场用地比例为10%~17%;公共绿地比例为6%~10%。因此A选项符合题意。

68. B

【解析】《村庄规划用地分类指南》规定:兼具小卖部、小超市、农家乐等功能的村民住宅用地属于村民住宅用地,A选项正确。公共管理、文体、教育、医疗卫生、社会福利、宗教、文物古迹等设施用地以及兽医站、农机站等农业生产服务设施用地,考虑到多数村庄公共服务设施通常集中设置,为了强调其综合性,将其统一归为"村庄公共服务设施用地",C选项正确。田间道路(含机耕道)、林道等属于非建设用地中的农用道路,D选项正确。长期闲置的宅基地,既然用地功能明确为宅基地,那么就属于村庄建设用地,B选项错误。故B选项符合题意。

69. C

【解析】 邻里单位周边为城市道路所包围,城市交通不穿越邻里单位内部;邻里单位内部道路系统应限制外部车辆穿越,一般采用尽端式道路,以保持内部的安全和安静;以小学的合理规模为基础控制邻里单位的人口规模,使小学生不必穿过城市道路,一般邻里单位的规模为5000人左右,规模小的邻里单位3000~4000人;邻里单位的中心是小学,与其他服务设施一起布置在中心广场或绿地中;邻里单位占地约160英亩(约合65hm²),每英亩10户,保证儿童上学距离不超过半英里(0.8km);邻里单位内小学周边没有商店、教堂、图书馆和公共活动中心。因此C选项符合题意。

70. A

【解析】 居住小区的基本特征为:①以城市道路或自然界限(如河流)划分,不为城市交通干路所穿越的完整地段;②小区具有完整的居民日常使用的配套设施;③小区规模与配套设施相对应。居住区级道路一般是城市的次干道或城市支路,用于划分居住小区,所以,居住小区不应被城市干路穿越,B选项中的居住区不应被干路穿越错误。居住区的规模大于居住小区的规模,C选项错误。开放型居住区布局一般是用地规模较大的居住区在城市路网规划的条件要求下,形成的有若干居住地块组合的布局形态,是否满足居住小区的规模是由规范规定的,与是否开放无关,D选项错误。现实中,也存在仅仅超过居住小区一点规模的居住区,此时没必要划分居住小区,因此A选项符合题意。

71. D

【解析】 当规划用地周围有设施可使用时,配建的项目和面积可酌情减少;当周围的设施不足,需兼为附近居民服务时,配建的项目和面积可酌情增加,因此A选项错误。居住区公共服务设施按投资管理的属性可分为公益性、准公益性和经营性设施三种,例如中小学校属于公益性设施,医院和文化活动中心属于准公益性设施,幼儿园属于经营性设施,因此B选项错误。配套设施的服务半径有其自身的规定,比如小学500m,与小区规模无关,C选项错误。居住区内的停车库(楼)属于公共服务设施中的市政公用设施部分,D选项正确。故D选项符合题意。

72. C

【解析】 周边式布置由于存在日照通风死角、过于形式化、不利于利用地形、东西向住宅的日照条件不佳、沿街噪声影响的住宅较多等缺点,在此后的居住区规划中没有继续采用。停车难是因为用地的技术经济的影响,除低强度开发的小区外都存在这个问题,不是因为住宅布局的原因造成的。因此C选项符合题意。

73. D

【解析】 居住区级道路一般用以划分小区的道路,在大城市中通常与城市支路同级,A选项正确。小区级道路一般用以划分组团的道路,B选项正确。宅间小路是进出庭院及住宅的道路,主要通行自行车及行人,但也要满足消防、救护、搬家、垃圾清运等汽车的通行,C选项正确。小区步行道不一定要满足消防车的通行,有些步行道因为高差或者景观要求,根本通行不了车辆,因此D选项符合题意。

74. B

【解析】《风景名胜区条例》第三条：国家对风景名胜区实行科学规划、统一管理、严格保护、永续利用的原则,因此 B 选项错误。故 B 选项符合题意。

75. A

【解析】 风景名胜区详细规划编制应当依据总体规划确定的要求,对详细规划地段的景观与生态资源进行评价与分析,对风景游览组织、旅游服务设施安排、生态保护和植物景观培育、建设项目控制、土地使用性质与规模、基础工程建设安排等做出明确要求与规定,能够直接用于具体操作与项目实施。从以上可知,A 选项符合题意。

76. D

【解析】 "城市设计(Urban Design)"一词于 20 世纪 50 年代后期出现于北美。故 D 选项符合题意。

77. A

【解析】 根据比尔·希利尔的研究,在城市中的步行活动具有三个元素：出发点、目的地、路径上所经历的一系列空间,因此 A 选项符合题意。

78. B

【解析】《城市设计管理办法》第十四条：重点地区城市设计的内容和要求应当纳入控制性详细规划,并落实到控制性详细规划的相关指标中。重点地区的控制性详细规划未体现城市设计内容和要求的,应当及时修改完善,因此 B 选项符合题意。

79. B

【解析】 政府根据法律授权通过对开发项目的规划管理,保证城市规划所确定的目标、原则和具体内容在城市开发和建设行为中得到贯彻。这种管理实质上是通过对具体建设项目的开发建设进行控制来达到规划实施的目的,但实现规划实施目的的手段不局限于管理手段,还有规划手段、政府手段,以及财政手段等,因此 B 选项符合题意。

80. A

【解析】 变电站、污水处理厂与居住区住宅建设具有负外部效应,因此不会带动住宅的开发；政府办公楼属于工作属性建筑,能较强地带动周边的服务产业发展,与可以直接给住宅建设带来环境正效益的城市公园相比较,带动性相对较弱。因此 A 选项正确。故 A 选项符合题意。

二、多项选择题(共 20 题,每题 1 分。每题的备选项中有 2～4 个符合题意。多选、少选、错选都不得分)

81. CDE

【解析】 本题考查的是我国城镇化的历程与现状。城镇化过程中经历了大起大落阶段以后,已经进入了持续、加速和健康发展阶段,并非"开始进入",A 选项不符合题意。以大城市为主体的多元化的城镇化道路将成为我国城镇化战略的主要选择,B 选项中的大中城市为主体不准确,因此 B 选项不符合题意。城市群、都市圈等将成为城镇化的重要空间单元,因此 E 选项正确。城镇化发展的区域重点经历了由西向东的转移过程,总体上东部快于西部,南方快于北方,C选项正确。东部沿海地区城镇化总体快于西部内陆地区,但中国西部地区将不断加速,D选项正确。因此CDE选项符合题意。

82. BDE

【解析】 多核心理论由哈里斯和乌尔曼于1945年提出,他们通过对美国大部分大城市的研究,提出了影响城市中活动分布的四项原则,在这四个因素的相互作用下,再加上历史遗留习惯的影响和局部地区的特征,通过相互协调的功能在特定地点的彼此强化,不相协调的功能在空间上的彼此分离,由此形成了地域的分化,使一定的地区范围内保持了相对的独特性,具有明确的性质,这些分化了的地区又形成各自的核心,从而构成了整个城市的多中心。因此,城市并非是由单一中心而是由多个中心构成。从以上分析可知,BDE选项正确。多核心理论研究的是城市内部的土地形态,与区域城镇体系无关,A选项错误。C选项应该是不相协调的功能在空间上的分离造成了地域的分化,因此C选项错误。故BDE选项符合题意。

83. ABD

【解析】 邻里单位就是"一个组织家庭生活的社区计划",因此这个计划不仅要包括住房,而且要包括它们的环境,还要有相应的公共设施,这些设施至少要包括一所小学、零售商店和娱乐设施等,A选项正确。邻里单位由6个原则组成:①规模上,一个邻里单位的开发应当提供满足一所小学的服务人口所需要的住房,因此B选项正确。②边界:邻里单位应当以城市的主要交通干道为边界,这些道路应当足够宽以满足交通通行的需要,避免汽车从居住单位内穿越。③开放空间:应当提供小公园和娱乐空间的系统,它们被计划用来满足特定邻里的需要。④机构用地:学校和其他机构的服务范围应当对应于邻里单位的界限,它们应该适当地围绕着一个中心或公地进行成组布置。⑤地方商业:与服务人口相适应的一个或更多的商业区应当布置在邻里单位的周边,最好是处于道路的交叉处或与相邻邻里的商业设施共同组成商业区。⑥内部道路系统:邻里单位应当提供特别的街道系统,每一条道路都要与它可能承载的交通量相适应,整个街道网要设计得便于单位内的运行同时又能阻止过境交通的使用。从以上分析可知,ABD选项正确。故ABD选项符合题意。

84. BDE

【解析】 1980年全国城市规划工作会议之后,各城市即逐步开展了城市规划的编制工作,A选项错误。1982年1月15日国务院批准了第一批共24个国家历史文化名城,此后分别于1986年、1994年相继公布了第二、第三批共75个国家级历史文化名城,所以B选项正确。1989年12月26日全国人大常委会通过了《中华人民共和国城市规划法》,是中华人民共和国成立以来第一部关于城市规划的法律,故C选项错误。1984年,为适应全国国土规划纲要编制的需要,建设部组织编制了全国城镇布局规划纲要,由国家计委纳入全国国土规划纲要,同时作为各省编制省城城镇体系规划和修改,调整城市总体规划的依据,因此D选项正确。1984年至1988年间,国家城市规划行政主管部门实行国家计委、建设部双重领导、以建设部为主的行政体制,适应了改革开放初期政府主导下的城市快速建设时期的需要,促进了城市建设投资和城市建设之间的协同,故E选项正确。故BDE选项符合题意。

知识拓展：城乡建设环境保护部是中华人民共和国国务院曾设置的一个单位，1982 年 5 月 4 日，由国家城市建设总局、国家建筑工程总局、国家测绘总局和国家基本建设委员会的部分机构，与国务院环境保护领导小组办公室合并，成立城乡建设环境保护部；1988 年城乡建设环境保护部撤销，改为建设部。环境保护部门分出成立国家环境保护总局，直属国务院。

85. BCE

【解析】 由于各类城市生产的产品和提供的服务是全球性的，都是以国际市场为导向的，其联系的范围极为广泛，但在相当程度上并不以地域性的周边联系为主，即使是一个非常小的城市，它也可以在全球城市网络中建立与其他城市和地区的跨地区甚至是跨国的联系，它不再需要依赖于附近的大城市而对外发生作用，因此 A 选项错误。在全球化的进程中，且随着空间经济结构重组，城市与城市之间的相互作用与相互依存程度更为加强，城市的体系也发生了结构性的变化，B 选项正确。由于特大城市的人口的大量集聚，出现了通勤半径几小时的消耗，大大降低了城市的生产效率，因此疏解特大城市人口和产业提升，是提升此类城市竞争力的重要举措，C 选项正确。全球化发展中，大城市产业需求和劳动力需求，仍然需要大量的人口，在经济全球化的影响下，发达国家的一些工业城市经历了衰败的过程，但新兴发展中国家的制造业城市仍在发展，D 选项错误。全球整体的城市体系结构的改变，由原来的城市与城市之间相对独立的以经济活动的部类为特征的水平结构改变为紧密联系且相互依赖的以经济活动的层面为特征的垂直结构，城市与城市之间构成了垂直性的地域分工体系在全球经济影响下越来越大，E 选项正确，因此 BCE 选项符合题意。

86. BDE

【解析】 土地资源、水资源和矿产资源影响到城市的产生和发展的全过程，决定城市的选址、城市性质和规模、城市空间结构及城市特色，是城市赖以生存和发展的三大资源，所以 A 选项错误。土地在城乡经济、社会发展与人民生活中的作用主要表现为土地的承载功能、生产功能和生态功能，这三大功能缺一不可，B 选项正确。城市用地的空间位置不同，不仅造成用地间的级差收益不同，也使土地使用的环境效益与社会效益发生联动变化，因此 C 选项错误。我国城市的水资源开发利用几乎包括了人类水资源开发利用的全部内容，既有城市工业用水、居民消费用水，还有无土栽培的农业用水和绿地用水，因此 D 选项正确。城市总体规划要对城市水资源的可靠性进行分析，保障城市生产和人民生活的基础性工作，因此正确评价水资源供应量是城市规划必须做的基础工作，E 选项正确。故 BDE 选项符合题意。

87. DE

【解析】 (1) Ⅱ气候区，现状人均建设用地规模 70m²，规划人口规模 55 万人，允许调整幅度为 +0.1～+20m²，调整后为 70.1～90m²，允许采用人均建设用地指标 65～95m²，因此最后范围为 70.1～90m²，A 选项的 93m² 错误。

(2) Ⅲ气候区，现状人均建设用地规模 106m²，规划人口规模 70 万人，允许调整幅度为－25～－5m²。调整后为81～101m²。允许采用的人均建设用地指标为90～110m²，因此最后范围为90～101m²，因此B选项的103m²错误。

（3）Ⅳ气候区，现状人均建设用地规模92m²，规划人口规模45万人，允许调整幅度为－10～＋15m²，因此调整后为82～107m²，允许采用的人均建设用地指标为80～105m²，因此最后范围为82～105m²，因此C选项的107m²错误。

（4）Ⅴ气候区，现状人均建设用地规模106m²，规划人口规模45万人，允许调整的幅度为－20～0.1m²，调整后为86～105.9m²，允许采用的人均建设用地指标为90～110m²，因此最后范围为90～105.9m²，因此D选项的105m²正确。

（5）Ⅵ气候区，现状人均建设用地规模120m²，规划人口规模30万人，允许调整幅度为＜0m²，允许采用的人均建设用地规模≤115m²，因此E选项正确。故DE选项符合题意。

88．ABC

【解析】 城市与周围乡镇地区有密切联系，城乡总体布局应进行城乡统筹安排，把密切联系的乡镇划入规划区，A选项正确。城市规划应当明确清晰的空间结构，合理划分功能分区，B选项正确。在超大、特大城市旧区改造过程中，应重点完善快速路、主干路等道路系统，增加停车设施，着重解决交通拥堵的问题，C选项正确。开发区的设立应根据城市经济发展水平，在城市设立，D选项中分别在各区设立不符合要求，是一个城市依据经济社会发展水平设立，D选项错误。根据《城乡规划法》，在规划区范围内的非建设用地不得设立各类开发区，E选项错误。因此ABC选项符合题意。

89．ACE

【解析】 城市道路的走向应有利于通风，一般平行于夏季主导风向，A选项正确。道路路线转折角大时，转折点宜放在路段上，不宜设在交叉组织，既有益于丰富道路景观，又有利于交通安全，因此B选项错误。公路兼有为过境和出入城交通服务的两种作用，不能和城市内部的道路系统相混淆，故D选项错误。城市道路系统应有利于组织交叉口交通，且满足敷设管线的足够空间，CE选项正确。故ACE选项符合题意。

90．ABCE

【解析】 在主要客流的集散点设置不同交通方式的换乘枢纽，方便乘客停车与换乘，尽可能减少居民乘车出行的换乘次数，因此E选项正确，D选项错误。在公交线网规划中，要依据出行特征来确定交通的形式，且线路网的走向应与主要客流流向一致，优先满足城市居民上下班乘车的需求，同时满足生活出行、旅游等乘车需求，ABC选项正确。故ABCE选项符合题意。

91．ABCE

【解析】 根据历史文化名城的形成历史、自然和人文地理以及它们的城市物质要素和功能结构等方面过行对比分析，归纳为七大类型：古都型、传统风貌型、风景名胜型、地方及民族特型、近现代史痕迹型、特殊职能型、一般史迹型。故ABCE选项符合题意。

92．BCD

【解析】 本题考查的是《城市黄线管理办法》。其中第七条规定：编制城市总体规划，应当根据规划内容和深度要求，合理布置城市基础设施，确定城市基础设施的用地位置和范围,划定其用地控制界线;第八条规定:控制性详细规划应当依据城市总体规划,落实城市总体规划确定的城市基础设施的用地位置和面积,划定城市基础设施用地界线,规定城市黄线范围内的控制指标和要求,并明确城市黄线的地理坐标;修建性详细规划应当依据控制性详细规划按不同项目具体落实城市基础设施用地界线,提出城市基础设施用地配置原则或者方案,并标明城市黄线的地理坐标和相应的界址地形图。故 BCD 选项符合题意。

93. ABDE

【解析】《城市蓝线管理办法》第二条规定:本办法所称城市蓝线,是指城市规划确定的江、河、湖、库、渠和湿地等城市地表水体保护和控制的地域界线。水源地不是一种水体,其肯定属于江、河、湖、库等一种,因此不属于需要划定蓝线的。故 ABDE 选项符合题意。

94. ACD

【解析】《中华人民共和国可再生能源法》第二条:本法所称可再生能源,是指风能、太阳能、水能、生物质能、地热能、海洋能等非化石能源。故 ACD 选项符合题意。

95. ABCD

【解析】 根据规划编制办法、规划管理需要和现行的规划控制实践,控制指标体系由土地使用、建筑建造、配套设施控制、行为活动、其他控制要求等五方面的内容组成。市政设施配套属于设施配套控制,城市设计引导属于建筑建造控制。故选 ABCD。

96. ACD

【解析】 依据《城乡规划法》,修建性详细规划属于法定规划,因此 A 选项正确。根据《城市规划编制办法》的要求,修建性详细规划的任务是依据已批准的控制性详细规划及城乡规划主管部门提出的规划条件,对所在地块的建设提出具体的安排和设计,用以指导建筑设计和各项工程设施设计,CD 选项正确。相对于控制性详细规划侧重于对城市开发建设活动的管理与控制,修建性详细规划则侧重于具体开发建设项目的安排和直观表达,同时也受控制性详细规划的控制和指导。相对于城市设计强调方法的运用和创新,修建性详细规划则更注重实施的技术经济条件及其具体的工程施工设计,因此 BE 选项错误。故选 ACD。

97. ABDE

【解析】 十九大报告对乡村振兴战略指出:要坚持农业农村优先发展,按照产业兴旺、生态宜居、乡风文明、治理有效、生活富裕的总要求,建立健全城乡融合发展体制机制和政策体系,加快推进农业农村现代化。故选 ABDE。

98. ADE

【解析】《历史文化名城名镇名村保护条例》第十四条规定,保护规划应当包括下列内容:①保护原则、保护内容和保护范围;②保护措施、开发强度和建设控制要求;③传统格局和历史风貌保护要求;④历史文化街区、名镇、名村的核心保护范围和建设控制地带;⑤保护规划分期实施方案。故选 ADE。

99. DE

【解析】 绿地率指居住区用地范围内各类绿地面积的总和占居住区用地面积的比

率。居住区内绿地应包括：公共绿地、宅旁绿地、公共服务设施所属绿地和道路绿地（即道路红线内的绿地），其中包括满足当地植树绿化覆土要求、方便居民出入的地下或半地下建筑的屋顶绿地，不应包括其他屋顶、晒台的人工绿地。故选 DE。

100．ABC

【解析】《建筑模式语言》是克里斯托弗·亚历山大于 1977 年出版的，它从城镇、邻里、住宅、花园和房间等多种尺度描述了 253 个模式，通过模式的组合，使用者可以创造出很多变化。模式的意义在于为设计师提供一种有用的行为与空间之间的关系序列，体现了空间的社会用途。《小型城市空间的社会生活》的作者为威廉·怀特。故选 ABC。

2019 年度全国注册城乡规划师职业资格考试真题与解析

城乡规划原理

真　题

一、**单项选择题**(共 80 题,每题 1 分。每题的备选项中,只有 1 个最符合题意)

1. 下列说法正确的是(　　)。

    A. 城市是人类社会第一次社会大分工的产物

    B. 城市的本质特点是集聚

    C. 城市是"城"与"市"叠加的实体

    D. 城市最早是人口增长的产物

2. 下列关于城市和乡村的表述,不正确的是(　　)。

    A. 城市和村是一个统一体,不存在截然的界限

    B. 城乡联系包含物质联系、经济联系、人口移动联系、技术联系等

    C. 城乡基本差异主要包括集聚规模、生产效率、职能、物质形态、文化观念等

    D. 城乡联系模式的选择,不会因国家和地区的不同而不同

3. 下列关于城市空间环境演进基本规律的表述,正确的是(　　)。

    A. 从多中心到单中心

    B. 从平面延展到立体利用

    C. 从生产性空间到生态性空间

    D. 从分离的均质空间到整合的单一空间

4. 城镇化进程的基本阶段不包括(　　)。

    A. 城乡一体化阶段　　　　　　　　B. 郊区化阶段

    C. 逆城镇化阶段　　　　　　　　　D. 再城镇化阶段

5. 下列不属于我国城镇化典型模式的是(　　)。

    A. 计划经济体制下以国有企业为主导的城镇化模式

    B. 商品短缺时期以民营经济为主导的城镇化模式

    C. 由计划经济向市场经济转轨过程中以分散家庭工业等为主导的城镇化模式

    D. 以外资及混合型经济为主导的城镇化模式

6. 下列关于欧洲古代城市典型格局特征的表述,正确的是(　　)。

    A. 古罗马城市空间格局具有炫耀和享乐特征

    B. 古典广场是中世纪城市的典型格局特征

    C. 城市环路是文艺复兴时期城市的典型格局特征

    D. 君主专制时期凯旋门和纪功柱是城市空间的核心与焦点

7. 下列关于欧洲古典时期城市的表述,正确的是(　　)。

    A. 古希腊城邦国家城市布局上出现了以放射状的道路网为骨架,以城市广场为

中心的希波丹姆模式

    B. 希波丹姆模式充分体现了民主和平等的城邦精神和市民民主文化的要求

    C. 雅典城最为完整地体现了希波丹姆模式

    D. 广场群是希波丹姆模式城市中市民集聚的空间和城市生活的核心

8. 下列关于现代城市规划形成基础的表述,错误的是( )。

    A. 空想社会主义是现代城市规划形成的思想基础

    B. 现代城市规划是在解决工业城市问题的基础上形成的

    C. 公司城是现代城市规划形成的行政实践

    D. 英国关于城市卫生和工人住房的立法是现代城市规划形成的法律实践

9. 下列关于格迪斯学说的表述,错误的是( )。

    A. 人类居住地与特定地点之间存在着一种由地方经济性质所决定的内在联系

    B. 他在《进化中的城市》中提出把自然地区作为规划研究的基本范围

    C. 他提出的城市规划过程是"调查—分析—规划"

    D. 他发扬光大了芒福德(Lewis Mumford)等人的思想,创立了区域规划

10. 下列关于勒·柯布西埃现代城市设想的表述,错误的是( )。

    A. 他主张通过大城市的内部改造,以适应社会发展的需要

    B. 他提出了广场、街道、建筑、小品之间建立宜人关系的基本原则

    C. 他提出的"明天城市"是一个 300 万人口规模的城市规划方案

    D. 他主持撰写的《雅典宪章》集中体现了理性功能主义的城市规划思想

11. 城市分散发展理论不包括( )。

    A. 卫星城理论   B. 新城理论

    C. 大都市带理论   D. 广亩城理论

12. 下列表述中,错误的是( )。

    A. 汉长安城内各宫殿之间的一般居住地段为闾里

    B. 唐长安城每个里坊四周设置坊墙,坊里实行严格管制,坊门朝开夕闭

    C. 北宋中叶,开封城已建立较为完善的街巷制,里坊制逐渐被废除

    D. 元大都城内划有 50 个坊,恢复了绵延千年的里坊制

13. 近代工业城市中,完全由民族资本发展起来的是( )。

    A. 唐山   B. 青岛   C. 郑州   D. 南通

14. 中华人民共和国成立以来最早的城市规划法规是( )。

    A.《城市规划法》   B.《城市规划条例》

    C.《城市规划编制审核暂行办法》   D.《城市规划编制暂行办法》

15. 影响社区归属感的主要因素是( )。

    A. 社区居民收入差别

    B. 社区内的购物、娱乐设施配置

    C. 社区内的教育、医疗设施配置水平

    D. 居民对社区社会环境的满意度

16. 下列关于科学城的表述,正确的是(   )。

   A. 科学城依附于中心城市而存在

   B. 科学城是指由政府设立的,采用优惠政策吸引高科技企业集聚的地区

   C. 科学城通常是相同行业或生产过程连续的多个企业的集中地区

   D. 科学城是指与制造业无直接联系的、科学研究机构的集中地区

17. 下列哪个选项不利于提高城市的可连续性?(   )

   A. 通过大规模的拆旧重建,缓解城市扩张压力

   B. 集中建设保障性住房,为所有人提供足够的住房

   C. 提高公共交通在出行方式中的比重

   D. 强化功能分区

18. 城镇体系最本质的特点是(   )。

   A. 由一定区域的城镇组成   B. 由一定数量的城镇组成

   C. 城镇体系的核心是中心城市   D. 城镇之间存在相互联系

19. 传统城镇体系规划"三结构"指的是(   )。

   A. 地域空间结构、生态结构、职能结构

   B. 地域空间结构、景观结构、等级规模结构

   C. 等级规模结构、地域空间结构、职能结构

   D. 等级规模结构、生态结构、职能结构

20. 下列关于市县国土空间总体规划的表述,不准确的是(   )。

   A. 市县国土空间总体规划是本级政府对上级国土空间规划要求的细化

   B. 市县国土空间总体规划是对本行政区域国土空间开发保护做出的具体安排

   C. 市县国土空间总体规划由本级人民政府组织编制,经同级人大常委会审议后,由省级人民政府审批

   D. 各地可因地制宜,将市县国土空间总体规划与乡镇国土空间规划合并编制

21. 下列中不属于大城市病的是(   )。

   A. 高房价   B. 失业率上升

   C. 交通拥堵   D. 人口膨胀

22. 下列不属于城市规划中人口调查内容的是(   )。

   A. 年龄构成   B. 宗教构成

   C. 迁移变动   D. 社会变动

23. 下列不属于影响城市发展方向的因素是(   )。

   A. 区域高速公路   B. 基本农田

   C. 教育、医疗设施   D. 地形地貌

24. 第三次全国国土调查数据将作为国土空间规划的基础,作为统一编制空间规划的基础工作,第三次全国国土调查数据需要落实完成(   )。

   A. 底图数据   B. 底数数据

   C. 空间定位数据   D. 高程数据

25. 下列不能缓解城市中心区机动车交通拥挤量的是(　　)。
    A. 在中心步行街和广场地下建设地下停车场
    B. 利用小巷建设自行车停车场
    C. 在中心城区外围设置截留式停车场
    D. 对中心城区进行限行政策

26. 下列关于城市性质的说法,不正确的是(　　)。
    A. 城市性质体现发展目标　　　　B. 城市性质体现城市个性
    C. 城市性质体现主导产业　　　　D. 城市性质体现发展方向

27. 下列说法,错误的是(　　)。
    A. 矿产储备的丰富度决定城市性质　　B. 矿产的规模决定城市规模
    C. 矿产资源分布决定了城市的形态　　D. 矿产资源决定城市主导产业

28. 城市用地经济性评价的因素不包括(　　)。
    A. 用地的交通通达度　　　　　　B. 用地的社会服务设施供给
    C. 用地周边的房地产价格　　　　D. 用地的环境质量

29. 分散式城市布局的优点一般不包括(　　)。
    A. 接近自然,环境优美　　　　　B. 城市布局灵活
    C. 节省建设投资　　　　　　　　D. 城市用地发展和城市容量具有弹性

30. 下列关于公共设施布局规划的表述,不准确的是(　　)。
    A. 公共设施布局要按照与居民生活的密切程度确定合理的服务半径
    B. 公共设施布局要结合城市道路与交通规划考虑
    C. 公共设施布局要选择在城市或片区的几何中心
    D. 公共设施布局要考虑合理的建设时序,并留有发展余地

31. 下列不属于城市综合交通发展战略研究内容的是(　　)。
    A. 研究城市交通发展模式
    B. 预估城市交通总体发展水平
    C. 提出市级公路骨架的发展战略和调整意见
    D. 优化配置城市干路网结构

32. 下列关于铁路在城市中布局的表述,错误的是(　　)。
    A. 铁路客运站布局要考虑旅客中转换乘的便捷
    B. 铁路客运站应布局在城市外围,用轨道交通与城市中心区相连
    C. 在城市的铁路布局中,场站位置起着主导作用
    D. 铁路场站的位置和城市规模、自然地形等因素有关

33. 下列关于城市道路系统规划的表述,错误的是(　　)。
    A. 城市不同区位、不同地段均要采用"小街区、密路网"
    B. 不同等级的道路有不同的交叉口间距要求
    C. 城市道路系统是组织城市各种功能用地的骨架
    D. 城市道路系统应有利于组织城市景观

34. 下列关于城市机场布局的表述,错误的是( )。

    A. 城市密集区域可设置共用的机场

    B. 一个超大城市周围,可布置若干个机场

    C. 机场选址要满足飞机起降的自然地理和气象条件

    D. 机场选址要尽可能使跑道轴线方向与城市主导风向垂直

35. 下列不属于中国历史文化名城类型的是( )。

    A. 古都型   B. 风景名胜型

    C. 特殊史迹型   D. 一般史迹型

36. 下列关于城市轨道交通系统与城市用地布局的说法,错误的是( )。

    A. 无环放射式道路不利于中心区活力提升

    B. 有环放射式比较适合特大城市后期的发展

    C. 轨道交通线网方案编制的基本方法主要有"枢纽锚固"和"走廊锚固"

    D. 城市轨道交通线网可分为分离式和联合式两种基本类型

37. 下列关于城市道路系统的表示,错误的是( )。

    A. 有信号控制的交叉口间距应相等

    B. 环形交叉口一般不适用于城市主干道交叉口

    C. 城市道路交叉口的距离也受城市规模大小的影响

    D. 道路红线内的用地包括车行道、步行道、绿化带、分隔带四部分

38. 下列对城市交通的说法,正确是( )。

    A. 对城市道路交通的控制分为区域控制、路线控制

    B. 通过建立交通设施保障道路运行服务水平,是一种交通水平提升的方法

    C. 社会车辆禁停是属于线路控制的方法

    D. 设置公交专用车道属于区域控制

39. 下列说法错误的是( )。

    A. 对已经完全消失的历史文化地段和文物保护,应采取恢复重建的方式建设

    B. 历史文化名城保护规划是城市总体规划中的专项规划

    C. 历史文化名城保护规划应划定历史地段、历史建筑、文物古迹和地下文物埋藏区的保护界

    D. 历史文化名城保护规划应遵循保护历史真实载体的原则,保护历史环境的原则,合理利用、永续利用的原则。

40. 下列对城市规划的公众参与表述,错误的是( )。

    A. 公众参与的理论基础是倡导性规划

    B. 公众参与有利于城市的可持续发展

    C. 公众参与是现代城市规划编制和审批的步骤之一

    D. 公众参与者仅仅对城市规划的实施进行监督

41. 一个相对封闭、历史长、影响发展因素稳定且人口具有长时间序列统计的城市,在人口预测上,比较适合的方法是( )。

    A. 综合平衡法   B. 时间序列法

C. 相关分析法   D. 区位法

42. 下列关于历史文化名城保护规划的表述,不准确的是( )。

    A. 应划定历史城区和环境协调区的范围

    B. 应划定历史文化街区保护范围的界线

    C. 文物保护单位保护范围界线应以各级人民政府公布的具体界线为基本依据

    D. 历史城区应明确延续历史风貌的要求

43. 历史文化名城保护规划应坚持整体保护的理念,建立( )三个层次的保护体系。

    A. 中心城区、历史城区、历史文化街区

    B. 历史文化名城、历史文化街区、文物保护单位

    C. 历史城区、历史文化街区、历史地段

    D. 历史文化名城、历史地段、文物保护单位

44. 下列关于历史文化名城保护规划的表述,错误的是( )。

    A. 历史城区应采取集中化的停车布局方式

    B. 历史城区内不应新设置区域性大型市政基础设施站点

    C. 历史城区内不得保留或设置二、三类工业用地

    D. 历史城区的市政基础设施要充分发挥历史遗留设施的作用

45. 下列关于历史文化街区的表述,错误的是( )。

    A. 历史文化街区是历史文化名城保护工作的法定保护概念

    B. 历史文化街区保护范围包括核心保护区和建设控制地带

    C. 历史文化街区的概念是由历史保护区演变而来的

    D. 历史文化街区由市、县人民政府核定公布

46. 区域地下水位的大幅下降会引起地质环境不良后果和危害,下列表述不准确的是( )。

    A. 引起地面沉降等地质灾害   B. 造成地下水水质污染

    C. 导致天然自流泉干涸   D. 导致河流断流

47. 新建一座处理能力 15 万 m^3/日的污水处理厂,其卫生防护距离不宜小于( )。

    A. 100m   B. 200m   C. 300m   D. 500m

48. 下列关于综合管廊布局的表述,不准确的是( )。

    A. 宜布置在城市高强度开发地区   B. 宜布置在不宜开挖路面的路段

    C. 宜布置在地下管线较多的道路   D. 宜布置在交通繁忙的过境公路

49. 详细规划阶段供热工程规划的主要内容,不包括( )。

    A. 分析供热设施现状、特点及存在的问题

    B. 计算热负荷和年供热量

    C. 确定城市供热热源种类、热源发展原则、供热方式和供热分区

    D. 确定热网布局、管径

50. 下列关于城市微波通道的表述,不准确的是( )。

    A. 城市微波通道分为三个等级实施分级保护

B. 特大城市微波通道原则上由通道建设部门自我保护

C. 严格控制进入大城市中心城区的微波通道数量

D. 公用网和专用网微波纳入公用通道

51. 纳入城市黄线管理的设施不包括(   )。

    A. 高压电力线走廊   B. 微波通道

    C. 热力线走廊   D. 城市轨道交通线

52. 下列关于城镇消防站选址的表述,不准确的是(   )。

    A. 消防站应设置在主次干路的临街地段

    B. 消防站执勤车辆的主出入口与学校、医院等人员密集场所的主要疏散出口的距离不应小于 50m

    C. 消防站与加油站、加气站的距离不应小于 50m

    D. 消防站用地边界距生产贮存危险化学品的危险部位不宜小于 50m

53. 下列不属于城市抗震防灾规划强制性内容的是(   )。

    A. 规划目标   B. 抗震设防标准

    C. 建设用地评价及要求   D. 抗震防灾措施

54. 依据国务院发布的《关于实行最严格水资源管理制度的意见》,下列关于"三条红线"的表述,不准确的是(   )。

    A. 确立水资源开发利用控制红线   B. 确立用水效率控制红线

    C. 确立水功能区限制纳污红线   D. 确立水源地保护区控制红线

55. 下列关于饮用水水源保护区的表述,不准确的是(   )。

    A. 饮用水源保护区分为一级保护区、二级保护区和准保护区

    B. 地表水饮用水源保护区包括一定的水域和陆域

    C. 地下水饮用水源保护区指地下水饮用水源地的地表区域

    D. 备用水源地一般不需要划定水源保护区

56. 下列关于控制性详细规划编制中用地性质的表述,错误的是(   )。

    A. 居住用地中不包括小学用地

    B. 已作其他用途的文物古迹用地应当按照文物古迹用地归类

    C. 企业管理机构用地应划为其他商务用地

    D. 教育科研用地包括附属于院校的实习工厂

57. 下列关于控制性详细规划的表述,不准确的是(   )。

    A. 控制性详细规划是伴随着城市土地有偿使用制度实施,在全国范围内逐渐展开的

    B. 控制性详细规划的发展趋势是结合城市设计进行编制的

    C. 控制性详细规划是在城乡规划法规体系不断完善的过程中产生的

    D. 控制性详细规划是借鉴了美国区划的经验逐步形成的有中国特色的规划类型

58. 下列关于国土空间规划体系中详细规划的表述,正确的是(   )。

    A. 详细规划的主要内容要纳入相关专项规划

B. 详细规划要统筹和综合平衡各相关专项领域的空间要求

C. 详细规划要依据批准的国土空间总体规划进行编制和修改

D. 详细规划要发挥统领作用

59. 下列关于详细规划在国土空间规划实施与监管中作用的表述,不准确的是( )。

A. 详细规划是所有国土空间分区分类实施用途管制的依据

B. 在城镇开发边界内的建设,实行"详细规划＋规划许可"的管制方式

C. 在城镇开发边界外的建设,实行"详细规划＋规划许可"和"约束指标＋分区准入"的管制方式

D. 详细规划的执行情况应纳入自然资源执法督查的内容

60. 下列关于控制性详细规划的表述,不准确的是( )。

A. 用地性质应以其地面使用的主导设施性质作为归类依据

B. 用地面积指的是规划地块用地边界内的平面投影面积

C. 使用强度控制要素包括容积率、建筑形式等

D. 指导性要素包括城市轮廓线等

61. 下列不属于控制性详细规划规定性指标的是( )。

A. 用地性质   B. 需要配置的公共设施

C. 建筑体量要求   D. 停车泊位

62. 下列关于控制性详细规划编制的表述,不准确的是( )。

A. 应当充分听取政府有关部门的意见,保证有关专项规划的空间落实

B. 应当采取公示的方式征求广大公众的意见

C. 应当充分听取并落实规划所涉及单位的意见

D. 报送审批的材料中应附具公示征求意见的采纳情况及理由

63. 根据《国家乡村振兴战略规划(2018—2022 年)》,下列关于乡村振兴目标的表述,不准确的是( )。

A. 产业兴旺是重点   B. 生态宜居是关键

C. 乡风文明是保障   D. 生活温饱是根本

64. 根据自然资源部办公厅印发的《关于加强村庄规划促进乡村振兴的通知》,对村庄规划的表述,错误的是( )。

A. 村庄规划是国土空间规划体系中的详细规划

B. 村庄规划是"多规合一"的实用性规划

C. 村庄规划可以一个或几个行政村为单元编制

D. 所有行政村均需编制村庄规划

65. 中国历史文化名村现存历史传统建筑的最小规模是( )。

A. 建筑总面积 500m²   B. 建筑总面积 1500m²

C. 建筑总面积 2500m²   D. 建筑总面积 5000m²

66. 下列关于现代居住区理论的表述,正确的是( )。

A. 邻里单位与居民小区在 20 世纪二三十年代被大量应用于实践

B. 屈普最早提出了"居住小区"理论

C. "扩大街坊"也称"居住综合体"

D. 佩里提出了"邻里单位"理论

67. 下列关于条式住宅布局的表述,正确的是(　　)。

A. 南北朝向平行布局的主要优点是室内物理环境较好

B. 周边式布局的采光条件较好

C. 条式住宅不适合山地居住区

D. 平行布局的条式住宅主要利用太阳方位角获得日照

68. 下列关于居住区配套服务设施布局的表述,正确的是(　　)。

A. 宜分散布局,使服务更加均衡

B. 居住区周边已有的设施,该居住区不再配建

C. 人防设施可用作车库等配套服务设施使用

D. 宜避开公交站点以免人流过于集中

69. 下列关于居住区道路的表述,正确的是(　　)。

A. 居住区内的道路不能承担城市交通功能

B. 居住区道路等级越高越适合采用人车混行模式

C. 人车分流的目的是确保机动车交通不受干扰

D. 人行系统可以不考虑消防车通行要求

70. 居住街坊绿地不包括(　　)。

A. 居住街坊所属道路行道树树冠投影面积

B. 底层住户的自用小院

C. 宽度小于8m的绿地

D. 停车场中的绿地

71. 下列关于居住区综合技术指标的表述,正确的是(　　)。

A. 居住总人口是指实际入住人口数

B. 容积率=住宅建筑及其配套设施地上建筑面积之和/居住区用地面积

C. 容积率=建筑密度×建筑高度

D. 绿地率+建筑密度=100%

72. 《中国大百科全书》中城市设计的定义,不包括(　　)。

A. 城市设计是对城市体型环境所进行的设计

B. 城市设计是一系列建筑设计的组合

C. 城市设计的任务是为人们各种活动创造出具有一定空间形式的物质环境

D. 城市设计也称为综合环境设计

73. 扬·盖尔把公共空间的活动分为三种类型,不包括(　　)。

A. 必要性活动　　　　　　　　B. 选择性活动

C. 社会性活动　　　　　　　　D. 经济性活动

74. 室外空间可分为积极空间和消极空间,积极的城市空间主要有(　　)。

A. 封闭空间和开敞空间　　　　B. 序列空间和特色空间

C. 场所空间和围合空间　　　　D. 街道空间和广场空间

75. 城市设计策略通过(　　)的方式实施。

    A. 空间模式和三维意向表达　　　　　B. 研究和指引

    C. 控制和引导　　　　　　　　　　　D. 评价和参与

76. 下列表述中,错误的是(　　)。

    A. 工业革命以前,城市规划与城市设计没有严格区别

    B. 工业革命后,现代城市规划发展的初期包含了城市设计的内容

    C. 西方城市美化运动是现代城市设计概念的渊源之一

    D. 城市设计是包含了建筑学、城市规划、风景园林的学科

77. 下列选项属于凯文·林奇认为城市意象构成要素的是(　　)。

    A. 天际线　　　　B. 节点　　　　C. 第五立面　　　　D. 夜景观

78. 下列关于城市规划实施的表述,错误的是(　　)。

    A. 城市社会经济发展状况,决定规划实施的基本路径与可能性

    B. 规划实施需要社会共同遵守与参与,必然涉及法律保障与社会运作机制等内容

    C. 社会公众对规划的认知和参与程度,影响其是否愿意遵守与执行规划

    D. 下层次规划的编制、实施不会对上层次规划的实施结果产生影响

79. 下列关于城市公共性设施开发的表述,不准确的是(　　)。

    A. 公共性设施开发建设是政府有目的地、积极地实施城市规划的重要内容和手段

    B. 公共性设施开发建设是政府运用公共资金,主要满足市政基础设施的使用需求

    C. 对于不同公共性设施项目之间的抉择及其配合,城市规划是项目决策的重要依据与基础

    D. 各项公共性设施应在城市规划中分步骤纳入相关建设计划,予以实施

80. 下列关于规划实施的表述,错误的是(　　)。

    A. 优先安排产业项目,逐步配套基础设施

    B. 旧城区的改建,应合理确定拆迁和建设规模

    C. 城市地下空间的开发和利用,应充分考虑防灾减灾、人民防空和通信等需要

    D. 城乡建设和发展,应当依法保护和合理利用自然资源

二、多项选择题(共20题,每题1分。每题的备选项中有2～4个符合题意。多选、少选、错选都不得分)

81. 下列关于城市与区域发展的表述,正确的有(　　)。

    A. 城市始终都不能脱离区域孤立发展

    B. 非基本经济部类是促进城市发展的动力

    C. 城市是区域增长的核心

    D. 区域已经成为现代经济发展过程中重要的空间载体

    E. 影响城市发展的各种区域性因素包括区域发展条件、自然条件与生态承载力等

82. 下列关于区位理论的表述,正确的有(   )。

    A. 克里斯塔勒提出了中心地理论

    B. 农业区位理论认为农作物的种植区域划分是根据其运输成本以及与市场的距离决定的

    C. 区位是指某种活动所占据的场所在城市中所处的空间位置

    D. 韦伯工业区位理论认为影响区位的因素有区域因素和聚集因素

    E. 廖什区位理论提出了市场五边形的概念

83. 下列关于《周礼·考工记》的表述,正确的有(   )。

    A. 书中记述了关于周代王城建设空间布局:"匠人营国、方九里、旁三门;国中九经九纬,经涂九轨。左祖右社,前朝后市。市朝一夫。"

    B. 书中记述了按照封建等级,不同级别的城市在用地面积、道路宽度、城门数目、城墙高度等方面的级别差异

    C. 书中记载了城市的郊、田、林、牧地的相关关系的规则

    D. 书中所述城市建设的空间布局制度成为此后中国封建社会城市建设的基本制度

    E. 对安阳殷墟、曹魏邺城、北宋东京等城市规划布局产生了影响

84. 下列哪些策略有助于提升城市竞争力?(   )

    A. 在城市郊区和中心城区外围建设"边缘城市"

    B. 复兴城市的滨水区和历史地段

    C. 建造大型博物馆和文化娱乐设施

    D. 推进衰败地区人口向外转移

    E. 举办奥运会、博览会等城市大事件

85. 下列关于《马丘比丘宪章》的表述,正确的有(   )。

    A. 《马丘比丘宪章》是国际建协在古罗马文化遗址地召开的国际会议上所签署的文件

    B. 《马丘比丘宪章》的出台标志着《雅典宪章》彻底过时

    C. 《马丘比丘宪章》认为,人的相互作用与交往是城市存在的基础

    D. 《马丘比丘宪章》倡导把城市看作是连续发展与变化过程中的结构体系

    E. 《马丘比丘宪章》强调城市规划的专业性,反对政治因素的介入

86. 国土空间规划体系包括(   )。

    A. 规划编制审批体系   B. 规划实施监督体系

    C. 规划法规政策体系   D. 规划科研教育体系

    E. 规划技术标准体系

87. 编制国土空间规划应(   )。

    A. 体现战略性   B. 提高科学性

    C. 加强协调性   D. 强化指引性

    E. 注重操作性

88. 报国务院审批的市级国土空间总体规划审查要点,包括(   )。

    A. 资源环境承载能力和国土空间开发适宜性评价

  B. 用水总量指标

  C. 中心城区商业服务业设施布局

  D. 城市邻避设施布局

  E. 城镇开发边界内通风廊道的格局和控制要求

89. 居住用地选择需考虑（ ）。

  A. 自然环境条件

  B. 与城市对外交通枢纽的距离

  C. 用地周边的环境污染影响

  D. 房产市场的需求趋向

  E. 大面积平坦的土地

90. 下列关于城市轨道交通线网规划的表述，正确的有（ ）。

  A. 线路应沿主客流方向选择，便于乘客直达目的地，减少换乘

  B. 线路起、终点宜设在市区内大客流断面位置

  C. 支线与主线的衔接点宜选在客流断面较大的位置

  D. 线路应考虑全日客流效益、通勤客流规模

  E. 车站布置应与主要客流集散点和各种交通枢纽相结合

91. 下列关于城市道路系统规划的表述，正确的有（ ）。

  A. 道路的功能应与毗邻道路用地的性质相协调

  B. 道路路线转折角较大时，转折点宜放在交叉口上

  C. 道路要有适当的道路网密度和道路用地面积率

  D. 公路兼有过境和出入城交通功能时，宜与城市内部道路功能混合布置

  E. 道路一般不应形成多路交叉口

92. 下列表述中，正确的是（ ）。

  A. 历史文化名城保护规划应当划定历史建筑的保护范围界线

  B. 当历史文化街区的保护范围与文物保护单位的保护范围及其建设控制地带出现重叠时，应以历史文化街区的保护范围要求为准

  C. 对于已经不存在的文物古迹，在确保其原址的情况下，鼓励通过重建等方式加以展示

  D. 历史城区应保持或延续原有的道路布局，保护有价值的街巷系统，保持特色街巷的原有空间尺度和界面

  E. 历史文化街区保护规划应包括改善居民生活环境、保持街区活力、延续传统文化的内容

93. 城市水系岸线按功能可划分为（ ）。

  A. 自然性岸线   B. 生态性岸线

  C. 港口性岸线   D. 生活性岸线

  E. 生产性岸线

94. 根据《生活垃圾分类制度实施方案》，下列属于有害垃圾的有（ ）。

  A. 废电池   B. 废药品包装物

C. 废弃电子产品　　　　　　　　D. 废塑料

E. 废相纸

95. 下列关于控制性详细规划的表述,正确的有(　　)。

A. 控制性详细规划通过图纸控制的方式落实规划意图

B. 控制性详细规划具有法定效力

C. 控制性详细规划采用刚性与弹性相结合的控制方式

D. 控制性详细规划是纵向综合性的规划控制汇总

E. 控制性详细规划是协调各方利益的公共政策平台

96. 下列属于控制性详细规划图纸内容的有(　　)。

A. 供水管网的平面位置、管径

B. 燃气调压站、贮存站位置

C. 防洪堤坝断面尺寸

D. 公共设施附属绿地边界

E. 主、次干路主要控制点坐标、标高

97. 下列关于村庄整治的表述,正确的有(　　)。

A. 村庄整治应因地制宜、量力而行、循序渐进、分期分批进行

B. 村庄整治应坚持以现有设施的整治改造维护为主

C. 各类设施的整治应做到安全、经济、方便使用与管理、注重实效

D. 村庄整治应优先选用当地原材料,保护、节约和合理利用资源

E. 村庄整治项目应根据实际需要和经济条件,由乡镇统筹确定

98. 属于历史文化名镇(村)保护规划成果基本内容的有(　　)。

A. 村镇历史文化价值概述、保护原则和工作重点

B. 村镇文化旅游资源评价及保护利用要求

C. 各级文保单位保护范围、建设控制地带

D. 村镇全域产业发展策略研究

E. 重点保护、整治地区的详细规划意向方案

99. "邻里单位"理论的提出,其目的有(　　)。

A. 满足家庭生活所需的基本公共服务

B. 解决汽车交通与居住环境的矛盾

C. 使住宅建设更加集中,集约使用土地

D. 提高居住区街道的安全性

E. 推动居住组织的形成

100. 下列城市设计相关著作与作者搭配正确的有(　　)。

A. 凯文·林奇——《城市意向》

B. 埃利尔·沙里宁——《形式合成纲要》

C. 威廉·H. 怀特——《小城市空间的社会生活》

D. 埃德蒙·N. 培根——《城市设计新理论》

E. 扬·盖尔——《交往与空间》

真题解析

一、单项选择题(共80题,每题1分。每题的备选项中,只有1个最符合题意)

1. B

【解析】 城市是社会经济发展到一定阶段的产物,具体说是人类第三次社会大分工的产物,"城市"是在"城"与"市"功能叠加的基础上,以行政和商业活动为基本职能的复杂化、多样化的客观实体,因此 AC 选项错误。城市最早是政治统治、军事防御和商品交换的产物,D 选项错误。城市的本质特点是集聚,B 选项正确。故选 B。

2. D

【解析】 尽管城市与乡村有很多不同之处,但它们是一个统一体,并不存在截然的界限,A 选项正确。在城乡要素与资源的配置上,城乡联系方式的选择是多样的,对于不同城乡联系模式的具体选择,完全取决于不同国家、地区的具体情况和城乡发展的基本战略,D 选项错误。城乡联系包含物质联系、经济联系、人口移动联系、技术联系、社会作用联系、服务联系、政治和行政组织联系,因此 B 选项正确。城乡基本差异主要包括集聚规模、生产效率、职能、物质形态、文化观念等,C 选项正确。故选 D。

3. B

【解析】 城市空间环境演进的基本规律:①从封闭单中心到开放的多中心空间环境;②从平面空间环境到立体空间环境;③从生产性城市空间到生活性城市空间;④从分离的均质城市空间到连续的多样城市空间。因此 B 选项符合题意。

4. A

【解析】 城镇化进程的基本阶段:①集聚城镇化阶段;②郊区城镇化阶段;③逆城镇化阶段;④再城镇化阶段。因此 A 选项符合题意。

5. B

【解析】 我国城镇化典型模式:①计划经济体制下以国有企业为主导的城镇化模式;②商品短缺时期以乡镇集体经济为主导的城镇化模式;③市场经济早期以分散家庭工业为主导的城镇化模式;④以外资及混合型经济为主导的城镇化模式。因此 B 选项符合题意。

6. A

【解析】 古罗马时期是西方奴隶制发展的鼎盛时期,广场、铜像、凯旋门和纪功柱成为城市空间的核心和焦点,因此 A 选项正确。古典广场是古希腊时期城市的典型格局特征,因此 B 选项错误。文艺复兴时期一系列具有古典风格和构图严谨的广场和街道以及一些世俗的公共建筑成为城市的典型特征,因此 C 选项错误。君主专制时期轴线放射式街道、宏伟壮观的宫殿花园成为城市的核心与焦点,因此 D 选项错误。故选 A。

7. B

【解析】 古希腊是欧洲文明的发祥地,在该时期,城市布局上出现了以方格网的道路系统为骨架、以城市广场为中心的希波丹姆模式,该模式充分体现了民主和平等的城邦精神和市民民主文化的要求,在米利都城得到了最为完整的体现,而其他一些城市中,局部性地出现了这样的格局,如雅典。在这些城市中,广场是市民集聚的空间,围绕着广场建设有一系列的公共建筑,成为城市生活的核心。因此 B 选项正确,A 选项的"放射状"错误,雅典不是完整体现,C 选项错误,城市生活的核心是公共建筑,D 选项错误。故选 B。

8. C

【解析】 公司城的建设是现代城市规划形成的实践基础,C 选项错误,因此 C 选项符合题意。

9. D

【解析】 格迪斯认为人类居住地与特定地点之间存在着的关系是一种已经存在的、由地方经济性质所决定的精致的内在联系,A 选项正确。他在 1915 年出版的著作《进化中的城市》中,提出把自然地区作为规划研究的基本框架,B 选项正确。他提出的把区域作为规划援救的思想经美国学者芒福德等人的发扬光大,形成了对区域的综合研究和区域规划,D 选项错误。格迪斯的名言是"先诊断后治疗",由此而形成了影响至今的现代城市规划过程的公式"调查—分析—规划",C 选项正确。故选 D。

10. B

【解析】 勒·柯布西埃希望通过对过去城市尤其是大城市本身的内部改造,使这些城市能够适应社会发展的需要。在"明天城市"中提供了一个 300 万人口的城市规划图,通过这些探讨逐步形成了理性功能主义的城市规划思想,这些思想集中体现在由他主持撰写的《雅典宪章》之中。因此 ACD 项正确。西谛通过对城市空间的各类构成要素,如广场、街道、建筑、小品之间相互关系的探讨,揭示了这些设施位置的选择、布置以及与交通、建筑群体布置之间建立艺术的和宜人的相互关系的一些基本原则,强调人的尺度、环境的尺度与人的活动以及他们的感受之间的协调。因此 B 选项错误,符合题意。

11. C

【解析】 城市分散发展理论是霍华德田园城市理论的不断深化和运用,通过建立小城市来分散向大城市的集中,主要理论包括卫星城理论、新城理论、有机疏散理论和广亩城市理论等,因此 C 选项符合题意。

12. D

【解析】 汉长安宫殿与居民区相互穿插,宫殿之间的一般居住地段称闾里,城市整体的布局并不规则,A 选项正确。唐长安居住分布采用里坊制,朱雀大街两侧各有 54 个里坊,每个里坊四周设置坊墙,里坊实行严格管制,坊门朝开夕闭,坊中考虑了城市居民丰富的社会活动和寺庙用地,B 选项正确。随着商品经济的发展,中国城市建设中延绵了千年的里坊制度逐渐被废除,到北宋中叶,开封城中已建立较为完善的街巷制,C 选项正确。元大都因水系择址新建,城市规划不受旧格局约束,所以其居民区与金中都新旧坊制混合形式不同,全部为开放形式的街巷。按照方位,元朝的元廷将大都街道分为 50

坊。虽能分为 50 个坊管理,但是还是开放的街巷制,因此 D 选项错误,符合题意。

13. D

【解析】 在近代的发展过程中,青岛、唐山均在当时受到租界及殖民的影响,郑州是"铁路拉来的城市",近代受买办、西方经济铁路投资影响较大。南通被称为"中国近代第一城",由张謇带领近代的南通人开创实业,开办工厂,是完全由民族资本发展起来的,故 D 选项正确。

14. B

【解析】 《城市规划条例》是中华人民共和国成立以来,城市规划专业领域的第一本法规。因此 B 选项符合题意。

15. D

【解析】 影响居民社区归属感的主要原因包括:①居民对社区生活条件的满意程度;②居民的社区认同程度;③居民在社区内的社会关系;④居民在社区内的居住年限;⑤居民对社区活动的参与。此外,社区成员对个人生活的满意程度、社区成员是否在本社区内工作,以及本社区工业化、现代化和信息化程度的高低等因素对城市居民的社区归属感也有一定程度的影响。因此 D 选项符合题意。

16. A

【解析】 科学城是专门设置科学研究和高等教育机构的一种卫星城。建设科学城既可减轻大城市拥挤程度,也有利于促进科学事业发展,便于利用大城市的社会环境、雄厚的物质技术基础和丰富的情报资料。科学城主要搞研发,再通过制造业转为生产力,科学城内部一般可以设置少量的制造业研发大楼,但科学城一般不与制造业基地有直接联系,因科学城需要具有一定人才和经济支持,因此不是所有的城市都具备建设科学城的能力,本质上科学城还是需要依附于中心城区强大的经济和人才储备而存在,因此 A 选项正确,D 选项错误。高新技术产业园区指由政府设立的,采用优惠政策吸引高科技企业集聚的地区,高科技产业城通常是相同行业或生产过程连续的多个企业的集中地区,BC 两项描述的内容为高新技术产业园区的特点,因此 BC 选项错误。故选 A。

17. D

【解析】 根据可持续发展的《全球 21 世纪议程》,提高公共交通在出行中的比重,减少私家车的依赖,有助于节约能源,C 选项正确。集中建设保障性的住房,为所有人提供足够的住房,B 项正确。通过城市中心区的拆除重建,减少城市外围的扩展,节约土地,A 选项正确。强化功能分区,从某种程度上增加了人流、物流的成本,增加了对资源的消耗,比如居住区与工业区(就业区)之间严格功能分区,增加了上下班之间的距离,不利于能源的节约利用,因此 D 选项错误。故选 D。

18. D

【解析】 城镇体系最本质的特点是相互联系,因此 D 选项符合题意。

19. C

【解析】 传统城镇体系规划"三结构"是指地域空间结构、等级规模结构、职能类型结构,因此 C 选项符合题意。

20. C

【解析】 市县和乡镇国土空间规划是本级政府对上级国土空间规划要求的细化落

实,是对本行政区域开发保护做出的具体安排,侧重实施性。需报国务院审批的城市国土空间总体规划,由市政府组织编制,经同级人大常委会审议后,由省级政府报国务院审批;其他市县及乡镇国土空间规划由省级政府根据当地实际,明确规划编制审批内容和程序要求。各地可因地制宜,将市县与乡镇国土空间规划合并编制,也可以几个乡镇为单元编制乡镇级国土空间规划。因此 C 选项错误,符合题意。

21. B

【解析】 大城市一般都具有高房价、拥挤的交通、过度的人口等城市问题,相比而言,因大城市产业体系比较完整,在同等经济政策下,就业岗位需求相对比较多,失业率相比较低,因此 B 选项符合题意。

22. B

【解析】 社会环境的调查主要包括两方面:首先是人口方面,主要涉及人口的年龄结构、自然变动、迁移变动和社会变动;其次是社会组织和社会结构方面,主要涉及城市社会各类群体及它们之间的相互关系,包括家庭规模、家庭生活方式、家庭行为模式及社区组织等。此外,还有政府部门、其他公共部门及各类企事业单位的基本情况。城市规划中的人口调查一般不涉及对宗教的调查,因此 B 选项符合题意。

23. C

【解析】 影响城市发展方向的因素有:

(1)自然条件:地形地貌、河流水系、地质条件等土地的自然因素通常是制约城市用地发展的重要因素之一;同时,出于维护生态平衡、保护自然环境的目的各种对开发建设活动的限制,也是城市用地发展的制约条件之一。

(2)人工环境:高速公路、铁路、高压输电线等区域基础设施的建设状况以及区域产业布局和区域中各城市间的相对位置关系等因素均有可能成为制约或诱导城市向某一特定方向发展的重要因素。

(3)城市建设现状与城市形态结构:除个别完全新建的城市外,大部分城市均依托已有的城市发展。

(4)规划及政策因素:如农田保护政策、文物保护政策等。

(5)其他因素:如土地产权问题、农民土地征用补偿问题、城市建设中的城中村问题等社会问题也是需要关注和考虑的。

教育、医疗设施是城市规划的结果,是城市发展方向的结果,不是城市发展方向影响的因素,因此 C 选项符合题意。

24. D

【解析】《自然资源部关于全面开展国土空间规划工作的通知》中明确,国土空间规划编制统一采用第三次全国国土调查数据作为规划现状底数和底图基础,统一采用 2000 国家大地坐标系和 1985 国家高程基准作为空间定位基础,各地要按此要求尽快完成底图数据、底数数据、空间定位数据,因此 D 选项符合题意。

25. A

【解析】 利用小巷建设自行车停车场能鼓励采用非机动车方式进入中心区,减少机动车的出行量,B 选项正确。在中心城区外围设置截留式停车场和限行均可以减少进入中心区的机动车量,能减少中心区的交通拥堵,CD 选项正确。在中心区步行街和广场地下建设停车场,可以减少中心区的部分停车难问题,但会吸引更多的机动车进入中心区,不能缓解城市中心区的交通拥堵,因此 A 选项符合题意。

26. A

【解析】 城市性质是城市主要职能的体现,而主要职能是由城市基本经济活动部类决定的,体现城市产业发展重点和发展方向。城市性质应该体现城市的个性,反映其所在区域的经济、政治、社会、自然等因素的特点,因此 BCD 选项正确。城市的发展目标包括经济发展目标、社会发展目标、城市建设目标和环境保护目标,城市发展目标和城市性质是城市的同一层次的两个方面的问题,一般无法直接体现,比如经济发展目标、城市建设目标在城市性质中基本不体现,因此 A 选项符合题意。

27. A

【解析】 靠矿产资源发展起来的城市,一般主导产业也一定和储备的矿产资源有关,而资源的分布往往也决定了城市形态,CD 选项正确。矿产储备中储备量最大的矿产决定城市的性质,尽管矿产储备种类非常多,丰富度很高,但是城市的性质最终还是受最主要的矿产影响,A 选项错误。矿产的规模决定了开采的量和需要的岗位,从而决定城市的规模,B 选项正确。故选 A。

28. C

【解析】 交通通达度属于土地区位的派生因子层;社会服务设施属于城市设施的派生因素层;环境质量属于环境优劣度的派生因素层;因此 ABD 选项属于城市用地经济性评价的因素。C 选项的周边房地产价格属于城市用地经济性评价的结果而不是因素,因此 C 选项符合题意。

29. C

【解析】 分散式布局的优点:①布局灵活,城市用地发展和城市容量具有弹性,容易处理好近期与远期的关系;②接近自然,环境优美;③各城市物质要素的布局关系井然有序,疏密有致。而城市分散布局会增加市政基础设施等的投入,节省建设投资是集中城市布局的优点,因此 C 选项符合题意。

30. C

【解析】 公共设施的布局需要考虑以下要求:①公共设施项目要合理配置;②公共设施要按照与居民生活的密切程度确定合理的服务半径;③公共设施布局要结合城市道路与交通规划考虑;④公共设施布局根据设施本身的特点及其对环境的要求进行布置;⑤公共设施布局要考虑城市景观组织的要求;⑥公共设施布局要考虑合理的建设顺序,并留有余地;⑦公共设施布置要充分利用城市原有基础。因此 C 选项符合题意。

31. D

【解析】 城市交通发展战略研究的基本工作内容:①现状分析:分析城市交通发展的过程、出行规律、特性和现状城市道路交通系统存在的问题;②城市发展分析:根据城市经济社会和空间的发展,分析城市交通发展的趋势和规律,预测城市交通总体发展水平;③战略研究:确定城市综合交通发展目标,确定城市交通发展模式,制定城市交通发展战略和城市交通政策,预测城市交通发展、交通结构和各项指标,提出实施规划的重要技术经济政策和管理政策;④规划研究:结合城市空间和用地布局基本框架,提出城市道路交通系统的基本结构和初步规划方案。显然,AB选项属于城市综合交通发展战略研究的内容。城市综合交通发展战略研究还应提出市域铁路网站、市(县)级公路骨架网络、港口、航道的发展战略和调整意见,C选项正确。D选项优化配置城市干路网结构属于城市总体规划的内容,因此D选项符合题意。

32. B

【解析】 铁路客运站应该靠近城市中心区布置,如果布置在城市外围,即使有城市干路与城市中心相连,也容易造成城市结构过于松散,居民出行不便,因此B选项错误,符合题意。

33. A

【解析】 不同规模的城市有不同的交叉口间距要求,不同性质、不同等级的道路也有不同的交叉口间距要求,B选项正确;城市道路系统既是组织城市各种功能用地的"骨架",又是城市进行生产活动和生活活动的"动脉",城市道路的选线应有利于组织城市的景观,并与城市绿地系统和主体建筑相配合形成城市的"景观骨架",因此CD选项正确。城市道路应根据所处的区域考虑道路的密度,一般城市中心区的道路网密度较大,边缘区较小;商业区的道路网密度较大,工业区较小;而居住区则应采取"小街区、密路网"的交通组织方式。因此A选项错误,符合题意。

34. D

【解析】 要从区域的角度考虑航空港的共用及其服务范围。在城市分布比较密集的区域,应在各城市使用都方便的位置设置若干城市共用的航空港,因此A选项正确。随着航空事业的进一步发展,一个特大城市周围可能布置有若干个机场,B选项正确。航空港的选址要满足保证飞机安全起降的自然地理和气象条件,要有良好的工程地质和水文地质条件,故C选项正确。机场选址要尽可能使跑道轴线方向与城市主导风向平行,利用风的作用,方便飞机的起降,D选项错误,符合题意。

35. C

【解析】 名城分为七大类型:古都型、传统风貌型、风景名胜型、地方及民族特色型、近现代史迹型、特殊职能型、一般史迹型,因此C选项符合题意。

36. A

【解析】 无环放射式轨道交通线网有极大的"向心"交通,有利于城市中心区客流的集散,保持和提升城市中心区的活力,因此A选项错误,符合题意。

37. A

【解析】 城市交叉口的间距主要和道路等级、红线宽度、设计车速有关,与是否有信号控制无关,因此A选项错误,符合题意。

38. B

【解析】 对城市道路交通的控制分为区域控制、路线控制和时间控制三种,A选项错误;社会车辆禁停是属于区域控制的方法,C选项错误;设置公交专用车道属于路线控制,D选项错误。通过建立交通设施保障道路运行服务水平,是一种交通水平提升的方法,B选项正确。故选B。

39. A

【解析】 对已经完全消失的历史文化地段和文物保护,重要的不是去仿造重建,而是尽力去保护好历史地段或文物古迹周边的环境,因此A选项错误,符合题意。

40. D

【解析】 达维多夫等在20世纪60年代初提出的"倡导性规划"理论,成为城市规划公众参与的理论基础,A选项正确;公众参与能把多元的价值体系带入城市规划中,可以更好地促进城市规划的可持续性发展,B选项正确;现阶段,公众参与按法律法规的规定,已成为现代城市规划编制和审批的法定步骤,因此C选项正确;公众参与不仅仅在对城市规划实施的监督中发挥了重要作用,在城市规划的编制和审批中也发挥了各种作用,因此D选项符合题意。

41. B

【解析】 时间序列法:从人口增长与时间变化的关系中找出两者之间的规律,建立数学公式来进行预测。这种方法要求城市人口要有较长的时间序列统计数据,而且人口数据没有大的起伏,适用于相对封闭、历史长、影响发展因素稳定的城市。显然,B选项符合题意。

42. A

【解析】 根据《历史文化名城保护规划标准》(GB/T 50357—2018)第3.1.9条:历史城区应明确延续历史风貌的要求;第3.2.1条:历史文化名城保护规划应划定历史城区范围,可根据保护需要划定环境协调区;第3.2.2条:历史文化名城保护规划应划定历史文化街区的保护范围界线;第3.2.3条历史文化名城保护规划中,文物保护单位保护范围和建设控制地带的界线,应以各级人民政府公布的具体界线为基本依据。因此A选项符合题意。

43. B

【解析】《历史文化名城保护规划标准》(GB/T 50357—2018)第3.1.3条:历史文化名城保护规划应坚持整体保护的理念,建立历史文化名城、历史文化街区与文物保护单位三个层次的保护体系,因此B选项符合题意。

44. A

【解析】 根据《历史文化名城保护规划标准》(GB/T 50357—2018)第3.4.4条:历史城区应控制机动车停车位的供给,完善停车收费和管理制度,采取分散、多样化的停车布局方式,不宜增建大型机动车停车场,因此A选项错误;第3.5.1.1条:历史城区的市政基础设施规划应充分借鉴和延续传统方法和经验,充分发挥历史遗留设施的作用;第3.5.1.3条:历史城区内不应新设置区域性大型市政基础设施站点,直接为历史城区服务的新增市政设施站点宜布置在历史城区周边地带。第3.6.4条:历史城区内应重点发展与历史文化名城相匹配的相关产业,不得保留或设置二、三类工业用地,不宜保留或设置一类工业用地。因此BCD选项正确。故选A。

45．D

【解析】 历史文化街区是指经省、自治区、直辖市人民政府核定公布的保存文物特别丰富、历史建筑集中成片、能够较完整和真实地体现传统格局和历史风貌，并具有一定规模的历史地段，因此 D 选项错误。2002 年 12 月 3 日颁布修改的文物法，提出了"历史文化街区"的法定概念，成为历史文化名城保护公众的法定保护概念，A 选项正确。1967 年英国通过了《城市文明法案》，提出了历史保护区的概念，在《华盛顿宪章》后逐步演变为"历史文化街区"的概念，C 选项正确。历史文化街区保护范围包括核心保护区和建设控制地带，B 选项正确。因此 D 选项符合题意。

46．B

【解析】 地下水若过量开采，会使地下水位大幅下降，形成"漏斗"，这会使漏斗外围的污染物质流向漏斗中心，使水质变坏；严重的还会造成水源枯竭和引起地面沉陷，形成一个碟形洼地，如地势较低，会造成周边河流断流和自流泉干涸等地质环境问题。因此 ACD 选项正确。题目问的是地质环境的影响，B 选项不属于地质环境的不良后果，因此 B 选项符合题意。

47．C

【解析】 《城市排水工程规划规范》(GB 50318—2017)第 4.4.4 条：污水处理厂应设置卫生防护用地，新建污水处理厂卫生防护距离，在没有进行建设项目环境影响评价前，根据污水处理厂的规模，可按表 4.4.4 控制。卫生防护距离内宜种植高大乔木，不得安排住宅、学校、医院等敏感性用途的建设用地。故选 C。

表 4.4.4　城市污水处理厂卫生防护距离

污水处理厂规模/(万 m³/日)	≤5	5～10	≥10
卫生防护距离/m	150	200	300

注：卫生防护距离为污水处理厂厂界至防护区外缘的最小距离。

48．D

【解析】 《城市工程管线综合规划规范》(GB 50289—2016)第 4.2.1 条：当遇下列情况之一时，工程管线宜采用综合管廊敷设。①交通流量大或地下管线密集的城市道路以及配合地铁、地下道路、城市地下综合体等工程建设地段；②高强度集中开发区域、重要的公共空间；③道路宽度难以满足直埋或架空敷设多种管线的路段；④道路与铁路或河流的交叉处或管线复杂的道路交叉口；⑤不宜开挖路面的地段。故 ABC 选项正确。综合管廊主要是满足城市管线的管理、施工和监管使用，主要是在城市建成区布置，过境公路不属于城市道路，一般也不涉及城市建成区，因此综合管廊很少布置在过境公路下，因此 D 选项符合题意。

49．C

【解析】 确定城市供热热源种类、热源发展原则、供热方式和供热分区属于总体规划中供热工程规划的内容，因此 C 选项符合题意。分析供热设施现状、特点及存在的问题，计算热负荷和年供热量，确定热网布局、管径为详细规划阶段供热工程的内容。

50. B

【解析】 《城市通信工程规划规范》(GB/T 50853—2013)第 A.0.1 条：我国城市微波通道宜按以下三个等级分级保护；特大城市的微波通道原则上由城市规划行政主管部门和通道建设部门共同切实做好保护微波通道工作，因此 A 选项正确，B 选项错误；第 5.3.2 条：城市微波通道应符合下列要求：①通道设置应结合城市发展需求；②应严格控制进入大城市、特大城市中心城区的微波通道数量；③公用网和专用网微波宜纳入公用通道，并应共用天线塔。CD 选项正确。故选 B。

51. B

【解析】 根据《城市黄线管理办法》，高压电力线走廊、热力线走廊、城市轨道交通线均属于城市黄线管理的设施。微波站属于城市黄线管理设施，而微波通道不属于，因此 B 选项符合题意。

52. D

【解析】 《城市消防站设计规范》(GB 51054—2014)第 3.0.1 条：消防站的执勤车辆主出入口应设在便于车辆迅速出动的部位，且距医院、学校、幼儿园、托儿所、影剧院、商场、体育场馆、展览馆等人员密集场所的公共建筑的主要疏散出口和公交站台不应小于 50m。第 3.0.2 条：消防站与加油站、加气站等易燃易爆危险场所的距离不应小于 50m。第 3.0.3 条：辖区内有生产、贮存危险化学品单位的，消防站应设置在常年主导风向的上风或侧风处，其边界距生产、贮存危险化学品的危险部位不宜小于 200m。第 3.0.4 条：消防站车库门直接临街的应朝向城市道路，且应后退道路红线不小于 15m。因此 D 选项符合题意。

53. A

【解析】 《城市抗震防灾规划管理规定》第十条：城市抗震防灾规划中的抗震设防标准、建设用地评价与要求、抗震防灾措施应当列为城市总体规划的强制性内容，作为编制城市详细规划的依据，因此 A 选项符合题意。

54. D

【解析】 《关于实行最严格水资源管理制度的意见》明确，确立水资源开发利用控制红线，到 2030 年全国用水总量控制在 7000 亿 m^3 以内；确立用水效率控制红线，到 2030 年用水效率达到或接近世界先进水平，万元工业增加值用水量降低到 40m^3 以下，农田灌溉水有效利用系数提高到 0.6 以上；确立水功能区限制纳污红线，到 2030 年主要污染物入河湖总量控制在水功能区纳污能力范围之内，水功能区水质达标率提高到 95% 以上。因此 D 选项符合题意。

55. D

【解析】 根据《饮用水水源保护区划分技术规范》(HJ 338—2018)第 3.1 条：饮用水水源保护区一般划分为一级保护区和二级保护区，必要时可在保护区外围划分准保护区，故 A 选项正确；第 4.1.1 条：饮用水水源保护区分为地表水饮用水水源保护区和地下水饮用水水源保护区，地表水饮用水水源保护区包括一定范围的水域和陆域，地下水饮用水水源保护区指影响地下水饮用水水源地水质的开采井周边及相邻的地表区域，BC 选项正确；第 4.1.2 条：饮用水水源地(包括备用的和规划的)都应设置饮用水水源保护区,D 选项错误,符合题意。

56. B

【解析】 根据《城市用地分类与规划建设标准》(GB 50137—2011)规定:已作其他用途的文物古迹用地应按其地面实际用途归类,如北京的故宫和颐和园均是国家级重点文物古迹,但故宫用作博物院,颐和园用作公园,因此应分别归到"图书展览用地"(A21)和"公园绿地"(G1),而不是归为"文物古迹用地"(A7),因此 B 选项错误。中小学用地应属于教育科研用地。附属于院校的运动场、食堂、医院、学生宿舍、设计院、实习工厂、仓库、汽车队等属于教育科研用地。企业的管理机构用地本质为商业性的办公用地,应划入其他商务用地。因此 ACD 选项正确。故选 B。

57. B

【解析】 控制性详细规划是伴随着我国改革开放市场经济体制的转型,为适应土地有偿使用制度和城市开发建设方式的转变,改革原有的详细规划模式,借鉴了美国区划的经验,结合我国的规划实践逐步形成的具有中国特色的规划类型。依据控制性详细规划出具的规划设计条件是实施土地出让的法定依据,控制性详细规划是我国城乡规划法律法规体系完善的产物。ACD 选项正确。控制性详细规划的规定性内容是城市设计的前置条件,应在城市设计中予以落实,城市设计随城市规划技术的发展,有发展成独立学科的趋势,因此 B 选项错误,符合题意。

58. C

【解析】 《中共中央 国务院关于建立国土空间规划体系并监督实施的若干意见》中明确,强化国家发展规划的统领作用,强化国土空间规划的基础作用,国土空间总体规划要统筹和综合平衡各相关专项领域的空间需求。详细规划要依据批准的国土空间总体规划进行编制和修改。相关专项规划要遵循国土空间总体规划,不得违背总体规划强制性内容,其主要内容要纳入详细规划,因此 C 选项正确,符合题意。

59. A

【解析】 《中共中央 国务院关于建立国土空间规划体系并监督实施的若干意见》中明确,以国土空间规划为依据,对所有国土空间分区分类实施用途管制。在城镇开发边界内的建设,实行"详细规划＋规划许可"的管制方式;在城镇开发边界外的建设,按照主导用途分区,实行"详细规划＋规划许可"和"约束指标＋分区准入"的管制方式。对以国家公园为主体的自然保护地、重要海域和海岛、重要水源地、文物等实行特殊保护制度。因地制宜制定用途管制制度,为地方管理和创新活动留有空间。上级自然资源主管部门要会同有关部门组织对下级国土空间规划中各类管控边界、约束性指标等管控要求的落实情况进行监督检查,将国土空间规划执行情况纳入自然资源执法督查内容。从以上规定可知,国土空间规划是所有国土空间分区分类实施用途管制的依据,而 A 选项仅仅说的是详细规划,因此 A 选项符合题意。

60. C

【解析】 控制性详细规划的控制内容分为规定性和指导性两大类。规定性是在实施规划控制和管理时必须遵守执行的,体现为一定的"刚性"原则,主要为使用强度控制要素,如用地界线、用地性质、建筑密度、建筑限高、容积率、绿地率、配建设施等。指导性内容是在实施规划控制和管理时需要参照执行的内容,这部分内容多为引导性和建议性,体现为一定的弹性和灵活性,如人口容量、建筑形式、建筑体量要求、城市轮廓线、城市设计引导等内容,因此 C 选项符合题意。

61. C

【解析】 控制性详细规划的控制内容分为规定性和指导性两大类。规定性是在实施规划控制和管理时必须遵守执行的,体现为一定的"刚性"原则,主要为使用强度控制要素,如用地界线、用地性质、建筑密度、建筑限高、容积率、绿地率、停车泊位、配建设施等。指导性内容是在实施规划控制和管理时需要参照执行的内容,这部分内容多为引导性和建议性,体现为一定的弹性和灵活性,如人口容量、建筑形式、建筑体量要求、城市轮廓线、城市设计引导等内容。因此 C 选项符合题意。

62. C

【解析】 依据《城乡规划法》,城乡规划在上报审批前,采取听证会、论证会、公示等方式应充分听取有关部门、专家和公众的意见,并在报送审批的材料中应附具公示征求意见的采纳情况及理由,因此 ABD 选项正确。在控制性详细规划编制中,应征求规划地段内利害关系人的意见,但不是所有涉及单位的意见都一定要听取和落实,因此 C 选项符合题意。

63. D

【解析】《国家乡村振兴战略规划(2018—2022 年)》明确,乡村振兴、产业兴旺是重点,生态宜居是关键,乡风文明是保障,生活富裕是根本,因此 D 选项符合题意。

64. D

【解析】 村庄规划是法定规划,是国土空间规划体系中乡村地区的详细规划,是开展国土空间开发保护活动、实施国土空间用途管制、核发乡村建设项目规划许可、进行各项建设等的法定依据。要整合村土地利用规划、村庄建设规划等乡村规划,实现土地利用规划、城乡规划等有机融合,编制"多规合一"的实用性村庄规划。村庄规划范围为村域全部国土空间,可以一个或几个行政村为单元编制。县级以上人民政府根据当地经济社会发展水平,结合本地实际,确定需要编制村庄规划的区域。因此不是所有行政村都要编制村庄规划,D 选项符合题意。

65. C

【解析】《中国历史文化名镇(村)评选办法》中规定,历史文化名镇(村)评选,镇的总现存历史传统建筑的建筑面积须在 $5000 \mathrm{m}^2$ 以上,村的现存历史传统建筑的建筑面积须在 $2500 \mathrm{m}^2$ 以上。因此历史文化名村现存历史传统建筑的最小规模是 $2500 \mathrm{m}^2$,C 选项正确,符合题意。

66. D

【解析】 1929 年美国社会学家克莱伦斯·佩里以控制居住区内部车辆交通、保障居民的安全和环境安宁为出发点,首先提出了"邻里单位"的理论。邻里单位 1929 年才提出,所以 A 选项错误,D 选项正确;在邻里单位被广泛采用的同时,伦敦警察屈普为解决伦敦交通拥挤问题而提出"划区"的理论,在此基础上,苏联提出了扩大街坊的居住区规划原则,发展成"居住小区"理论,因此,B 选项错误。居住综合体是指将居住建筑与配套服务设施组成一体的综合大楼或建筑组合体。因此扩大街坊的居住区规划发展的是"居住小区"理论而不是"居住综合体",C 选项错误。故选 D。

67. A

【解析】 南北朝向平行布置的条式住宅具有良好的采光、通风、隔声等较好的室内环境,A 选项正确。周边式住宅布局是住宅四面围合的布局形式,其特点是内部空间安静、领域感强,并且容易形成较好的街景,但也存在东西向住宅的日照条件不佳和局部的视线干扰等问题,B 选项错误。条式住宅结合地形坡度,平行等高线并考虑住宅组合长度,可合理利用山地坡度,C 选项错误。平行布局的条式住宅主要利用太阳高度角获得日照,D 选项错误。故选 A。

68. C

【解析】 公共服务设施的规划布局应体现方便生活、减少干扰、有利经营、美化环境的原则,可采用分散、集中、分散集中相结合的方式布局,保证合理的服务半径。一般而言,商业服务与金融、邮电、文体等有关项目宜集中布置,形成居住区各级公共活动中心,利于发挥设施效益,方便经营管理、使用和减少干扰,但部分服务设施的服务半径要求较高,适合分散布置,例如小学、幼儿园、居委会、基层服务设施等,居住区的商业服务等一些设施宜结合公交站点布置,方便居民上下班后的生活用品等购买。因此 AD 选项错误。按照防空地下室平战结合的原则,一般情况下可用作地下停车库,C 选项正确;居住区的配建应按照规划设计条件配建,必要的配套设施应严格执行,符合规划验收条件,故 B 选项错误。故选 C。

69. D

【解析】 居住区级道路一般是城市的次干路或城市支路,既有组织居住区交通的作用,也具有城市交通的作用,居住区道路等级越高越适合采用人车分流的模式,尽量让行人的行走距离短、环境安静,采用人车分流来保证居住区人行安全和不受打扰,因此 ABC 选项错误。居住区内的一些人行系统(如湖面栈桥、绿地小路)可以只满足人行的需求,方便生活休憩,D 选项正确。故选 D。

70. B

【解析】 《城市居住区规划设计标准》(GB 50180—2018)第 A.0.2 条:居住街坊内绿地面积的计算方法应符合下列规定:①满足当地植树绿化覆土要求的屋顶绿地可计入绿地。绿地面积计算方法应符合所在城市绿地管理的有关规定。②当绿地边界与城市道路临接时,应算至道路红线;当与居住街坊附属道路临接时,应算至路面边缘;当与建筑物临接时,应算至距房屋墙脚 1.0m 处;当与围墙、院墙临接时,应算至墙脚。从上面的规定可知,底层住户的自用小院只算墙脚,因此 B 选项符合题意。

71. B

【解析】 居住区综合技术指标是一个规划的指标汇总,居住人口的计算为户数和每户人数(一般取值 3.2~3.5)的乘积,并不是实际入住的人口数,A 选项错误;一般容积率等于建筑密度与平均层数的乘积,C 选项错误;绿地率和建筑密度之和应该小于 1.0,因为每个小区一定会有道路的,所以绿地率+建筑密度<100%,D 选项错误。容积率为住宅建筑及其配套设施地上建筑面积之和与居住区用地总面积的比值,因此 B 选项正

确,符合题意。

72. B

【解析】 1988 年出版的《中国大百科全书》中是这样定义城市设计的:"对城市体型环境所进行的设计。一般是指在城市总体规划指导下为近期开发地段的建设项目而进行的详细规划和具体设计。城市设计的任务是为人们各种活动创造出具有一定空间形式的物质环境,内容包括各种建筑、市政公用设施、园林绿化等方面,必须综合体现社会、经济、城市功能、审美等各方面的要求,因此也称为综合环境设计。"因此 B 选项符合题意。

73. D

【解析】 扬·盖尔把公共空间中的活动分为三类:必要性活动,这类活动很少受到物质环境的影响,如上班、上学、购物;可选择性活动,如果时间和场所允许而且天气和环境适宜,自愿发生的活动,如散步、喝咖啡、观看路人;社会性活动,依赖于公共空间中其他人的存在,如问候和交谈。因此 D 选项符合题意。

74. D

【解析】 积极的城市空间呈现出不同的大小和形状,但主要有两种类型:街道和广场。一般来说,街道是动态的空间,而广场是静态的空间,故选项 D 正确,符合题意。

75. C

【解析】 城市设计策略:包括区域、整体或片区的城市设计,以及城市某个系统的城市设计,如色彩、绿化、夜景等,这类设计项目一般尺度比较大,因此没有明确的整体三维方案,主要用局部的设计图纸或文字描述,通过控制和引导的方式实施,故 C 选项正确,符合题意。

76. D

【解析】 工业革命以前,城市规划和城市设计基本上是一回事,并附属于建筑学,18世纪工业革命后,现代城市规划学科逐渐发展成一门独立的学科,现代城市规划在发展初期包含了城市设计的内容。西方城市美化运动是现代城市规划形成的技术基础,也成为现代城市设计概念的渊源之一。因此 ABC 选项正确。城市设计在开始之初是附属于建筑学,之后在城市规划中包含了城市设计的内容,现代的城市设计也逐渐发展成一门独立的学科,并不包含建筑学、城市规划、风景园林等学科,因此 D 选项符合题意。

77. B

【解析】 凯文·林奇认为城市意象要求城市具有可读性和意象性,其构成要素包括路径、边缘、地标、节点和地区。因此 B 选项符合题意。

78. D

【解析】 城市规划的实施都是需要通过一定的社会经济手段才能进行的,因此,城市发展的经济状况就决定了城市规划实施的基本途径和可能,城市规划的实施需要社会共同遵守和共同参与,这就必然涉及法律保障和社会运作机制等方面的内容,而法律法规的制定以及社会运作机制等本身就是社会选择的结果。社会公众对城市规划的认知程度、对城市规划作用的认识以及公众对城市规划编制时的参与程度及其作用等,往往决定了公众是否有意愿遵守和执行城市规划,同时也决定了城市规划实施阶段的参与情况。因此 ABC 选项正确。城市规划编制的成果是规划实施的基础,而不同层次的规划成果间的关系直接决定了上层次规划是否能够得到有效实施,故 D 选项符合题意。

79. B

【解析】 公共性设施的开发主要是由政府使用公共资金进行投资和建设的,因此,其投资是政府财政安排的结果。公共性设施开发建设是典型的政府行为,就城市规划而言,一方面,公共性设施的开发建设是政府有目的地、积极地实施城市规划的重要内容和手段;另一方面,公共性设施的开发建设对私人的商业性开发具有引导作用,从整体上保证城市规划的实施。在项目决策阶段,城市规划不仅是项目本身决策的一项重要依据,而且对于不同公共性设施项目之间的抉择以及它们之间的配合等也提供了基础。项目设想阶段,政府部门应当将城市规划中所确定的各项公共性设施分步骤地纳入各自的建设计划之中,并予以实施,尤其是对发展性公共性设施开发。因此 ACD 选项正确。公共性设施开发建设是政府运用公共资金,主要为满足公共事业建设,一方面是市政基础设施建设,另一方面为公共建筑的建设。因此 B 选项不准确,符合题意。

80. A

【解析】 《城乡规划法》第二十九条:城市的建设和发展,应当优先安排基础设施以及公共服务设施的建设,妥善处理新区开发与旧区改建的关系,统筹兼顾进城务工人员生活和周边农村经济社会发展、村民生产与生活的需要。优先安排产业项目肯定是错误的,因此 A 选项符合题意。

二、多项选择题(共 20 题,每题 1 分。每题的备选项中有 2～4 个符合题意。多选、少选、错选都不得分)

81. ACE

【解析】 城市并非是一种孤立存在的空间形态,它与其所在的区域存在相互联系、相互促进、相互制约的辩证关系,用一句话可以概括城市与区域的关系——城市是区域增长、发展的核心,区域是城市存在与支撑其发展的基础;城市作为经济发展的中心,都有其相应的经济区域作为腹地,而城市已经成为现代经济发展过程中重要的空间载体。故 AC 选项正确,D 选项错误。在分析影响城市发展的因素中,必须首先分析影响城市发展的各种区域性因素:区域整体的经济社会发展水平、区域自然条件与生态承载等,即要建立"从大到小"的研究分析观念,因此 E 选项正确。城市经济一般可以分为基本的和从属(或非基本)的两种部类。毫无疑问,基本经济部类是促进城市发展的动力,B 选项错误。故选 ACE。

82. ABCD

【解析】 1933 年克里斯塔勒提出了中心地理论,A 选项正确。杜能的农业区位理论是区位理论的基础。他认为,农作物的种植区域划分是根据其运输成本以及与市场的距离决定的,因此 B 选项正确。区位,是指为某种活动所占据的场所在城市中所处的空间位置,C 选项正确。韦伯的工业区位理论认为影响区位的因素有区域因素和聚集因素。D 选项正确。廖什在区位理论中,第一个引入了需求作为主要的空间变量,在这种模式下,任何产品的最大销售范围会形成最有利的六边形,E 选项错误。故选 ABCD。

83. ABCD

【解析】 成书于春秋战国之际的《周礼·考工记》记述了关于周代王城建设的空间布局:"匠人营国、方九里、旁三门;国中九经九纬、经涂九轨。左祖右社,前朝后市。市朝一夫。"同时,《周礼》书中还记述了按照封建等级、不同级别的城市,如"都城""王城""诸侯城"在用地面积、道路宽度、城门数目、城墙高度等方面的级别差异,同时也记载了城市的郊、田、林、牧地的相关关系的规则。《周礼·考工记》记述的周代城市建设的空间布局制度也成为此后封建社会城市建设的基本制度,对中国数千年的古代城市规划实践活动产生了深远的影响。故 ABCD 选项正确。建于商代晚期的位于今天安阳的殷墟,时间早于《周礼·考工记》,因此说受其影响是错误的,所以,E 选项错误。故选 ABCD。

84. BCE

【解析】 针对这些衰败的城市或地区,制定城市或地区的复兴规划,使这些城市和地区获得了重生。在这些复兴规划中,提高了城市的竞争能力。就世界各地的规划和建设来看,主要可以分为三种类型:①城市中央商务区的重塑。如英国伦敦的码头区建设以及美国一些城市中出现的"边缘城市"。②城市更新和滨水地区再开发。③公共空间的完善和文化设施建设。如巴塞罗那的博物馆建设,配置成区域性文化高地;有些城市则通过组织一些文化活动,如欧洲的"文化之都",等等,全面提升了城市的吸引力。A 选项中在城市郊区建设"边缘城市"不符合要求,故错误;B 选项属于城市更新和滨水地区再开发,故 B 选项正确;CE 选项属于公共空间的完善和文化设施建设,符合要求。D 选项应该是推进衰败地区的更新,而不是把人口向外转移,D 选项错误。从以上分析可知,BCE 选项符合题意。

85. CDE

【解析】 20 世纪 70 年代后期,国际建协鉴于当时世界城市趋势和城市规划过程中出现的新内容,于 1977 年在秘鲁的利马召开了国际性的学术会议。与会的建筑师、规划师和有关官员以《雅典宪章》为出发点,展望了城市规划进一步发展的方向,在古文化遗址马丘比丘山上签署了《马丘比丘宪章》。该宪章申明:《雅典宪章》仍然是这个时代的一项基本文件,它提出的一些原理今天仍然有效,但《马丘比丘宪章》首先强调了人的相互作用与交往是城市存在的基本根据,认为城市是一个动态系统,要求"城市规划师和政策制定人(官员)必须把城市看作是在连续发展与变化的过程中的一个结构体系"。因此 CDE 选项符合题意。

86. ABCE

【解析】《中共中央 国务院关于建立国土空间规划体系并监督实施的若干意见》中明确:到 2020 年,基本建立国土空间规划体系,逐步建立"多规合一"的规划编制审批体系、实施监督体系、法规政策体系和技术标准体系。因此 ABCE 选项符合题意。

87. ABCE

【解析】《中共中央 国务院关于建立国土空间规划体系并监督实施的若干意见》中明确:编制国土空间规划,应体现战略性、提高科学性、加强协调性、注重操作性。因此 ABCE 选项符合题意。

88. BDE

【解析】 自然资源部《关于全面开展国土空间规划工作的通知》作了明确规定,以下要点要作为审查的重点:国土空间开发强度、建设用地规模、生态保护红线控制面积、自然岸线保有率、耕地保有量及永久基本农田保护面积、用水总量和强度控制等指标的分解下达;重大交通枢纽、重要线性工程网络、城市安全与综合防灾体系、地下空间、邻避设施等设施布局;城镇开发边界内,城市结构性绿地、水体等开敞空间的控制范围和均衡分布要求,各类历史文化遗存的保护范围和要求,通风廊道的格局和控制要求;故 BDE 选项符合题意。

89. ACDE

【解析】 居住用地的选择关系到城市的功能布局、居民的生活质量与环境质量、建设经济与开发效益等多个方面。一般应考虑以下方面要求:①选择自然环境优良的地区;②居住用地的选择应协调与城市就业区和商业中心等功能地域的相互关系以减少居住-工作、居住-消费的出行距离与时间;③居住用地选择要十分注重用地自身、用地周边的环境污染影响;④居住用地选择应有适宜的规模与用地形状,从而合理地组织居住生活、经济有效地配置公共服务设施等;⑤居住用地选择要结合房产市场的需求趋向,考虑建设的可行性与效益;⑥居住用地选择要注意留有余地。因此 ACDE 选项符合题意。

90. ADE

【解析】 城市轨道交通的线路走向选择主要考虑以下几个方面:①线路应根据在线网中功能定位和客流预测分析,沿主客流方向选择,并通过大客流集散点,便于乘客直达目的地,减少换乘;②线路起、终点不要设在市区内大客流断面位置;③对设置支线的运行线路,支线长度不宜过长,宜选在客流断面较小的地段;④线路应考虑全日客流效益、通勤客流规模,宜有大型客流点的支撑;⑤车站应服务于重要客流集散点,起讫点车站应与其他交通枢纽相配合。因此 ADE 选项符合题意。

91. ACE

【解析】 城市道路系统应满足下列要求:①道路的功能必须同毗邻道路的用地性质相协调;②城市道路系统完整,交通均衡分布;③要有适当的道路网密度和道路用地面积率;④城市道路系统要有利于实现交通分流;⑤城市道路系统要为交通组织和管理创造良好的条件:道路交叉口交会的道路通常不宜超过 4~5 条;道路路线转折角大时,转折点宜放在路段上,不宜设在交叉口上;⑥城市道路系统应与城市对外交通有方便的联系:城市内部的道路系统与城镇间道路(公路)系统既要有方便的联系,又不能形成相互冲击和干扰。公路兼有为过境和出入城交通服务的两种作用,不能和城市内部的道路系统相混淆。所以 ACE 选项符合题意。

92. ADE

【解析】 根据《历史文化名城保护规划标准》(GB/T 50357—2018)第 3.2.4 条:历史文化名城保护规划应当划定历史建筑的保护范围界线,故 A 选项正确。第 3.2.5 条:当历史文化街区的保护范围与文物保护单位的保护范围和建设控制地带出现重叠时,应坚持从严保护的要求,应按更为严格的控制要求执行,B 选项错误。第 3.4.1 条:历史城区应保持或延续原有的道路格局,保护有价值的街巷系统,保持特色街巷的原有空间尺度和界面,D 选项正确。第 4.1.5 条:历史文化街区保护规划应包括改善居民生活环境、保持街区活力、延续传统文化的内容,E 选项正确。对于已经不存在的文物古迹,在确保其原址的情况下,不鼓励通过重建等方式加以展示,而应着重保护历史遗存的环境,C 选项错误。因此 ADE 选项符合题意。

93. BDE

【解析】 根据《城市水系规划规范》(GB 50513—2009)第 3.0.3.3 条:城市水系岸线按功能分为生态性岸线、生活性岸线和生产性岸线,因此 BDE 选项符合题意。

94. ABE

【解析】 根据《生活垃圾分类制度实施方案》,有害垃圾主要品种包括:废电池(镉镍电池、氧化汞电池、铅蓄电池等),废荧光灯管(日光灯管、节能灯等),废温度计,废血压计,废药品及其包装物,废油漆、溶剂及其包装物,废杀虫剂、消毒剂及其包装物,废胶片及废相纸等。故 ABE 选项符合题意。

95. BCE

【解析】 控制性详细规划是协调各利益主体的公共政策平台。具有以下基本特征:①通过数据落实规划意图;②具有法律效应和立法空间;③横向综合性的规划控制汇总;④刚性与弹性相结合的控制方式。因此 BCE 选项符合题意。

96. AE

【解析】 供水管网的平面布局、管径,主、次干路主要控制点的坐标、标高分别属于控制性详细规划中排水工程和道路竖向的内容,因此 A、E 选项符合题意。燃气调压站、贮存站位置属于总体规划的内容;防洪堤坝断面尺寸、公共设施附属绿地边界分别属于防洪坝和公共设施修建性详细规划阶段的内容,因此 BCD 选项不属于控制性详细规划的内容。故选 AE。

97. ABCD

【解析】 村庄整治应因地制宜、量力而行、循序渐进、分期分批进行;应坚持以现有设施的整治改造维护为主;各类设施的整治应做到安全、经济、方便使用与管理、注重实效;应优先选用当地原材料,保护、节约和合理利用资源;村庄整治项目应根据实际需要和经济条件,由县级以上人民政府统筹确定。因此 ABCD 选项符合题意。

98. ACE

【解析】 历史文化名镇(村)保护规划成果一般包括以下内容:村镇历史文化价值概述;保护原则和保护工作重点;整体层次上保护历史文化名村、名镇的措施,包括功能的改善、用地布局的选择或调整、空间形态和视廊的保护、村镇周围自然历史环境的保护等;各级文物保护单位的保护范围、建设控制地带以及各类历史文化街区的范围界线,保护和整治的措施要求;对重要历史文化遗存修整、利用和展示的规划意见;重点保护、整治地区的详细规划意向方案;规划实施管理措施等。因此 ACE 选项符合题意。

99. ABD

【解析】 "邻里单位"理论的提出者佩里认为城市住宅和居住区的建设应当从家庭生活的需要以及其周围的环境即邻里的组织开始。组织邻里单位的目的就是要在汽车交通开始发达的条件下,创造一个适合于居民生活的、舒适安全的和设施完善的居住区环境。他提出,邻里单位就是"一个组织家庭生活的社区计划",因此这个计划不仅要包括住房,而且要包括它们的环境,还要有相应的公共设施,这些设施至少要包括一所小学、零售商店和娱乐设施等。他同时认为在当时汽车交通的时代环境中的最重要问题是街道的安全,因此,最好的解决办法就是建设道路系统来减少行人和汽车的交织与冲突,并且将汽车交通完全地排除在居住区之外。从佩里的理念可以看出,ABD 选项符合题意。

100. ACE

【解析】 B 项,克里斯托弗·亚历山大——《形式合成纲要》;D 项,亚历山大——《城市设计新理论》,故 BD 选项错误,因此 ACE 选项符合题意。

2020 年度全国注册城乡规划师职业资格考试真题与解析

城乡规划原理

真　题

一、**单项选择题**（共 80 题，每题 1 分。每题的备选项中，只有 1 个最符合题意）

1. 下列关于城市本质特征的表述，不准确的是（　　）。
   A. 城市是人类文明的结晶
   B. 城市的集聚效益是其不断发展的根本动力
   C. 城市是政治统治、军事防御和商品交换的集聚地
   D. 城市是非农人口集聚的居民点

2. 下列关于我国城市建制的表述，不准确的是（　　）。
   A. 市镇设置标准主要基于聚集人口规模和城镇的政治经济地位
   B. 市镇的设置标准包括经济、社会等一系列指标要求
   C. 城市建制由多层次的建制构成，包括区域分布、行政等级等
   D. 城市建制兼具城市管理和区域管理的双重性

3. 按照城镇化的基本概念，不属于城镇化范畴的是（　　）。
   A. 原有农业用地上出现大量建筑物、构筑物，土地景观发生变化
   B. 第一产业向第二、三产业转变，产业结构发生变化
   C. 城市生活方式向农村地区扩散和普及，家庭生活模式发生变化
   D. 学历结构提高，老龄化加速，人口结构发生变化

4. 下列关于城市发展与区域发展关系的表述，正确的是（　　）。
   A. 城市是区域发展的基础
   B. 区域是城市发展的核心
   C. 城市和区域共同构成了统一、开放的巨系统
   D. 城市与其所在的区域是相互联系、相互制约、相互对立的关系

5. 下列关于城市发展与资源环境关系的表述，不准确的是（　　）。
   A. 资源环境是城市发展的支撑与约束条件
   B. 城市发展就是对资源环境这一约束条件的突破
   C. 资源环境对城市发展带来约束的同时，也会极大地促进人们优化发展模式的意识和动力
   D. 健康的城市发展方式有利于资源环境集约利用

6. 下列关于欧洲古代城市典型格局特征的表述，正确的是（　　）。
   A. 古罗马城市空间格局具有炫耀和享乐特征
   B. 古典广场是中世纪城市的典型格局特征
   C. 城市环路是文艺复兴时期城市的典型格局特征
   D. 君主专制时期凯旋门和纪功柱是城市空间的核心与焦点

7. 下列关于格迪斯学说的表述,错误的是(   )。

   A. 人类居住地与特定地点之间存在着一种由地方经济性质所决定的内在联系

   B. 他在《进化的城市》中提出把自然地区作为规划研究的基本范围

   C. 他提出了城市规划过程是"调查—分析—规划"

   D. 他发扬光大了芒福德(Lewis Mumford)等人的思想,创立了区域规划

8. 下列关于现代城市规划形成基础的表述,错误的是(   )。

   A. 空想社会主义是现代城市规划形成的思想基础

   B. 现代城市规划是在解决工业城市问题的基础上综合了各类思想和实践后逐步形成的

   C. 公司城是现代城市规划形成的行政实践

   D. 英国关于城市卫生和工人住房的立法是现代城市规划形成的法律实践

9. 下列关于勒·柯布西埃现代城市设想的表述,错误的是(   )。

   A. 他主张通过大城市的内部改造,以适应社会发展的需要

   B. 他提出了"城市的一切问题,均以交通问题为前提"

   C. 他提出的"明天城市"是一个 300 万人口规模的城市规划方案

   D. 他主持撰写的《雅典宪章》集中体现了理性功能主义的城市规划思想

10. 下列关于"田园城市"理论的表述,正确的是(   )。

   A. 田园城市是为健康、生活而设计的城市,工业被安排在远离城市的独立区域

   B. 每个田园城市的人口限制在 3 万人,超过了这一规模,就需要建设另一个新的城市

   C. 田园城市实质上就是城市和乡村的结合体

   D. 田园城市的收入全部来自各种产业的税收

11. 下列关于卡米洛·西谛城市形态研究的表述,错误的是(   )。

   A. 西谛的《城市建设艺术》一书是当时关于城市空间形态组织的重要著作

   B. 西谛认为,中世纪城市"是自然而然、一点一点生长起来的",而不是在图板上设计完了之后再到现实中去实施的,因此城市空间更能符合人的视觉感受

   C. 西谛认为,城市应当在主要广场和街道的设计中把强调艺术布局和土地最经济的使用有机结合起来

   D. 西谛强调人的尺度、环境的尺度与人的活动以及他们的感受之间的协调

12. 下列关于当代城市发展的表述,正确的是(   )。

   A. 交通枢纽城市保持着持续发展

   B. 随着电子商务的快速发展,城市分散化发展趋势加剧

   C. 制造业城市出现衰退,服务业城市快速发展

   D. 科技创新集中在大都市地区

13. 下列关于"生态足迹"的表述,错误的是(   )。

   A. 是衡量一个国家或地区自然生态系统承载力的重要指标

   B. 它的值越高,反映人类对生态的破坏越严重

   C. 反映一个国家或地区的资源消耗强度

D. 能用于计算为保证人类生存需要而利用的土地和水域面积

14. 下列不属于"公共交通导向开发"模式必须满足的要求的是(　　)。

 A. 在地铁站上盖、开发多功能混合使用的综合体

 B. 在公交站点周边安排一定数量的办公、商业等就业岗位

 C. 围绕公交站点建立适宜步行的街道网络

 D. 公交站点周边应有适宜公共活动的高质量公共空间

15. 下列关于综合规划方法论的表述,错误的是(　　)。

 A. 综合规划方法论强调设计结合自然,其理论基础是可持续发展理论

 B. 综合规划方法论通过对城市系统的各个组成要素及其结构的研究,揭示这些要素的性质、功能以及这些要素之间的相互联系,全面分析城市存在的问题和相应对策,从而在整体上对城市问题提出解决方案

 C. 麦克劳林(J. B. McLoughlin)认为规划必然是一种系统的过程,这种过程可以描述为系统思想下合理性方法论的过程模型

 D. 综合规划方法论在思维方式上强调理性,即运用理性的方式来认识和组织该过程中所涉及的各种关系

16. 下列关于《雅典宪章》规划思想的表述,正确的是(　　)。

 A. 反映了城市美化运动对现代城市规划发展的基本认识和思想观点

 B. 其思想方法是基于地理环境决定论基础之上的

 C. 城市活动可以划分为居住、工作、生态和交通四大类

 D. 必须制定必要的法律以保证城市规划的实现

17. 根据现行《中华人民共和国土地管理法》,国家实行(　　)用途管制制度。

 A. 空间   B. 国土   C. 国土空间   D. 土地

18. 下列关于国土空间规划编制目的的表述,不准确的是(　　)。

 A. 促进城乡差异化发展

 B. 坚持绿色、可持续发展

 C. 优化国土空间结构和布局

 D. 提升国土空间开发、保护的质量和效率

19. 根据《城市绿地分类标准》,下列说法正确的是(　　)。

 A. 绿地分类应采用大类、中类、小类三个层次

 B. 绿地的主要统计指标为绿地率、人均绿地面积、人均公园绿地面积

 C. 风景名胜公园属于区域绿地中的风景名胜区(EG11)绿地

 D. 居住街坊的集中绿地属于公园绿地

20. 下列不属于湿地保护规划内容的是(　　)。

 A. 湿地资源分布情况、类型及特点、水资源、野生生物资源状况

 B. 湿地生态保护重点建设项目与建设布局

 C. 投资估算和效益分析

 D. 规划环境影响评价

21. 下列说法错误的是( )。

 A. 在城镇开发边界外的建设,实行"约束指标＋分区准入"和"详细规划＋规划许可"的管制方式

 B. 在城镇开发边界内的建设,实行"详细规划＋规划许可"的管制方式

 C. 对以国家公园为主体的自然保护地、重要海域和海岛、重要水源地、文物等实行备案保护制度

 D. 对所有国土空间分区分类实施用途管制

22. 根据《自然资源部关于全面开展国土空间规划工作的通知》,下列说法错误的是( )。

 A. 将主体功能区、土地利用总体规划、城市规划、海洋功能区划等统称为国土空间规划

 B. 开展双评价是确定生态、农业、城镇不同开发利用方式的基础

 C. 省级国土空间规划和国务院审批的市级国土空间总体规划,自审批机关交办之日起,一般应在 90 天内完成审查工作,上报国务院审批

 D. 简化报批流程,取消规划大纲的研究

23. 主体功能区规划是我国国土空间开发的战略性、基础性和约束性规划。下列不属于主体功能区按开发区内容分类的是( )。

 A. 城市化地区　　　　　　　　　B. 农产品主产区

 C. 重点开发区　　　　　　　　　D. 重点生态功能区

24. 根据《自然资源部关于全面开展国土空间规划工作的通知》,在过渡阶段内出现图斑不一致的情况下,下列不符合一致性规定内容的是( )。

 A. 不得突破生态保护红线和永久基本农田保护红线

 B. 不得突破土地利用总体规划和城市(镇)总体规划确定的禁止建设区和强制性内容

 C. 不得与新的国土空间规划管理要求矛盾冲突

 D. 不得突破土地利用总体规划确定的 2020 年建设用地和农用地保有量等约束性指标

25. 下列不属于市级国土空间规划强制性内容的是( )。

 A. 约束性指标落实及分解情况

 B. 生态屏障、生态廊道和生态系统保护格局

 C. 城乡公共服务设施配置标准

 D. 产业发展布局、土地整治生态修复的空间策略

26. 下列土地利用总体规划的说法,错误的是( )。

 A. 土地利用总体规划实行分级审批

 B. 县级土地利用总体规划应划分土地利用分区、明确土地用途

 C. 土地利用总体规划确定建设用地规模不得超过城市总体规划确定建设用地规模

 D. 省级政府编制的土地利用总体规划应保证本行政区域内的耕地总量不减少

27. 下列关于城市空间形态的说法,错误的是(　　)。

    A. 集中型形态的城市属于一元化的城市格局

    B. 放射型形态的城市多位于地形比较平坦,而对外交通便利的平原地区

    C. 星座型形态的城市通常是一些国家首都或者特大型地区中心城市,一般为多元化结构

    D. 组团型形态城市没有明确的主体团块,各个基本团块在较大区域内呈散点状分布,一般仍只有一个中心,为一元化城市结构

28. 省级单元永久基本农田一般应占本行政区域内耕地的(　　)。

    A. 85%　　　　　　B. 80%　　　　　　C. 75%　　　　　　D. 70%

29. 城市用地经济性评价的因素不包括(　　)。

    A. 用地的交通通达度　　　　　　B. 用地的社会服务设施供给

    C. 用地周边的房地产价格　　　　D. 用地的环境质量

30. 分散式城市布局的优点一般不包括(　　)。

    A. 接近自然,环境优美

    B. 城市布局灵活

    C. 节省建设投资

    D. 城市用地发展和城市容量具有弹性

31. 下列关于城市机场布局的表述,错误的(　　)。

    A. 城市密集区域可设置共用的机场

    B. 一个超大城市周围,可布置若干个机场

    C. 机场选址要满足飞机起降的自然地理和气象条件

    D. 机场选址要尽可能使跑道轴线方向与城市主导风向垂直

32. 下列不属于中国历史文化名城类型的是(　　)。

    A. 古都型　　　　　　　　　　　B. 风景名胜型

    C. 特殊史迹型　　　　　　　　　D. 一般史迹型

33. 下列关于城市轨道交通系统与城市用地布局的说法,错误的是(　　)。

    A. 无环放射式道路不利于中心区活力提升

    B. 有环放射式比较适合特大城市后期的发展

    C. 轨道交通线网方案编制的基本方法主要有"枢纽锚固"和"走廊锚固"

    D. 城市轨道交通线网可分为分离式和联合式两种基本类型

34. 国土空间开发保护现状评估指南必须含有的指标是(　　)。

    A. 森林蓄积量　　　　　　　　　B. 自然岸线保有率

    C. 地下水质优良比例　　　　　　D. 行政村等级公路通达率

35. 下列不利于实现可持续发展目标的是(　　)。

    A. 城市建设优先使用衰败地区和闲置的土地、建筑

    B. 加大旧区复兴建设

    C. 适宜的城市地区和外围郊区发展公交引导开发的紧凑布局

    D. 城市减少保持大量开放空间

36. 下列不属于国土空间规划"多规合一""多证合一"的规划许可管理的是（　　）。

   A. 建设项目用地预审与选址意见书

   B. 建设用地规划许可证

   C. 建设工程规划许可证

   D. 乡村建设规划许可证

37. 用地布局与道路关系不准确的是（　　）。

   A. 分散式用地布局的大城市的路网一般不简单采用方格网路网系统

   B. 带状组团式用地布局的城市，往往需要布置联系各组团的交通性干道

   C. 中心城市一般不会使用放射状的交通性路网形态

   D. 城市公交干线对城市用地形态具有引导性作用

38. 下列关于城市交通系统相关关系的表述，错误的是（　　）。

   A. 人的活动是城市交通的主要活动

   B. 人在城市中的分布决定了城市交通的流动和分布

   C. 城市用地是城市交通的非决定性因素

   D. 城市用地性质要与道路功能相协调

39. 下列关于城市货运交通的表述，错误的是（　　）。

   A. 地区性货运中心应临近对外货运交通枢纽

   B. 生产货运交通中心宜依托工业或仓储物流用地设置

   C. 生产性货物集散区域宜设置生产性货运中心

   D. 生活性货物集散点宜设置在居住用地内

40. 下列关于城市综合交通规划的表述，不准确的是（　　）。

   A. 应与城市空间布局、土地使用相互协调

   B. 应优先保障机动化交通的运行空间

   C. 应符合城市减灾防灾的要求

   D. 应为新型交通方式提供发展条件

41. 下列关于道路系统规划说法不准确的是（　　）。

   A. 交叉口间距主要取决于规划规定的道路设计车速及隔离程度

   B. 城市不同区位道路密度一致

   C. 道路红线宽度的确定主要依据道路的性质、位置、道路与两旁建筑的关系、街景设计的要求等，并考虑街道空间尺度比例

   D. 城市道路的功能必须同毗邻道路的用地性质相协调

42. 下列关于对外交通说法不准确的是（　　）。

   A. 城市对外交通与城市交通有相互转换关系

   B. 中心城规划中需要主要关注对外交通与城市交通的衔接关系，以及对外交通设施在城市中的位置

   C. 城市规划区内，同一对外交通走廊内相同走向的铁路、公路线路宜集中设置

   D. 城市对外交通线路和设施的布局对城市布局没有直接影响

43. 下列关于道路系统说法不准确的是（　　）。

    A. 支线道路不宜直接与干线道路衔接

    B. 城市道路分为干线道路、支线道路和集散道路

    C. 集散道路应相互连通

    D. 公共交通专用路应按Ⅱ级主干道计入城市道路的分类与统计

44. 下列关于公交线路规划说法错误的是（　　）。

    A. 市级公交线路侧重速度和效率

    B. 组团级公交线路侧重覆盖度和便捷性

    C. 普通公交线路与城市服务性道路布局思路和方式相同

    D. 快速公交车线路和城市快速路布局思路和方式相同

45. 下列不属于轨道交通线网规划内容的是（　　）。

    A. 主要换乘站点出入口

    B. 提出线网密度指标

    C. 确定换乘车站的规划布局，明确各换乘车站的功能定位

    D. 确定各线路的大致走向和起讫点位置

46. 关于国家级历史文化名城保护，下列说法不准确的是（　　）。

    A. 国家级历史文化名城应当有2个以上的历史文化街区

    B. 具有历史建筑集中成片区

    C. 申报历史文化名城，由地方政府提出申请，经相关部门审批

    D. 对于符合规定条件而没有申报的城市，由相关部门向该城市所在省级政府提出申报的建议

47. 下列不属于历史文化名城保护规划中应划定的保护范围的是（　　）。

    A. 应划定历史城区保护范围线

    B. 应划定历史文化街区和历史地段保护范围线

    C. 应划定历史建筑和传统建筑风貌建筑保护范围线

    D. 应划定地下文物埋藏区保护范围线

48. 下列关于历史城区说法不准确的是（　　）。

    A. 城镇中能体现其历史发展过程或某一发展时期风貌的地区，涵盖一般通称的古城区和老城区，称为历史城区

    B. 历史城区保持特色街巷的原有空间尺度和界面

    C. 大型机动车停车场等安排在历史城区外围

    D. 历史城区应集中增设停车楼

49. 下列关于历史建筑说法不准确的是（　　）。

    A. 历史建筑应保持和延续原有的使用功能；确需改变功能的，应保护和提示原有的历史文化特征，并不得危害历史建筑的安全

    B. 历史建筑保护范围内新建、扩建、改建的建筑，应在高度、体量、立面、材料、色彩、功能等方面与历史建筑相协调，并不得影响历史建筑风貌的展示

    C. 保护规划应对历史建筑保护范围内的各项建设活动提出管控要求

  D. 历史建筑是指能够反映历史风貌和地方特色的建筑物、构筑物,与文物建筑不同,暂不需要政府确定公布

50. 下列关于历史文化街区说法准确的是( )。

  A. 历史文化街区核心保护范围内的文物保护单位、历史建筑、传统风貌建筑的总用地面积不应小于核心保护范围内建筑总用地面积的 60%

  B. 历史文化街区保护范围面积不应小于 $1hm^2$

  C. 构成历史风貌的历史建筑和历史环境要素可不是历史存留的原物

  D. 保护规划应对历史文化街区内的历史环境要素进行调查统计,提出整体保护措施

51. 对轨道交通线网的表述,不正确的是( )。

  A. 方格网式线路走向比较单一,对角线方向的出行绕行距离较大

  B. 无环放射式线网适合于明显的单中心城市、城市规模中等、郊区周边方向客流量不大的城市

  C. 有环放射式线网适用于具有强大城市中心区的特大城市

  D. 无环放射式线网有利于能减少过境客流对城市中心的干扰和压力

52. 燃气集中供热锅炉选址不准确的是( )。

  A. 宜靠近负荷中心

  B. 方便接入高压燃气管网

  C. 应有利于自然通风和采光

  D. 宜使人流和燃料、灰渣运输的物流分开

53. 变电站选址不准确的是( )。

  A. 要避开军事、机场等敏感区域 B. 要有便利交通条件

  C. 选址对大气条件基本无要求 D. 避开地质条件不良区域

54. 有关环境卫生设施选址,下列说法不准确的是( )。

  A. 生活垃圾焚烧厂距离学校、医院等公共服务设施距离不应小于 300m

  B. 生活垃圾卫生填埋场应设置在城市规划建成区外,距农村居民点及人畜供水点不应小于 300m

  C. 堆肥处理设施宜位于城市规划建成区的边缘地带,用地边界距城乡居住用地不应小于 500m

  D. 餐厨垃圾集中处理设施用地边界距离城乡居住用地等区域不应小于 500m

55. 下列说法错误的是( )。

  A. 天然气门站位于城市用地边缘

  B. 燃气储气配站靠近主干管附近

  C. 燃气储气配站位于全年最小风频上风侧

  D. 燃气瓶装供应站位于城市用地边缘

56. 防灾避难场所分为( )。

  A. 紧急避难场所、固定避难场所、中心避难场所

  B. 紧急避难场所、平时避难场所、临时避难场所

    C. 临时避难场所、长期避难场所、固定避难场所

    D. 临时避难场所、紧急避难场所、长期避难场所

57. 建筑场地存在发震断裂时,考虑有关可忽略发震断裂错动对地面建筑的影响,下列阐述不正确的是(　　)。

    A. 抗震设防烈度小于 8 度

    B. 抗震设防烈度为 8 度,隐伏断裂土覆盖厚度大于 60m

    C. 抗震设防烈度为 9 度,隐伏断裂土覆盖厚度大于 80m

    D. 非全新世活动断裂

58. 下列属于防洪规划体系中工程措施的是(　　)。

    A. 水库调蓄   B. 泥石流防治

    C. 行洪通道保护   D. 蓄洪区管理

59. 消防站辖区不宜跨越(　　)。

    A. 城市快速路   B. 城市主干道

    C. 铁路专用线   D. 高压走廊

60. 在城市水系规划中,关于滨水绿化控制线说法不准确的是(　　)。

    A. 饮用水源一级保护区陆域应纳入滨水绿化控制区范围

    B. 有堤防的滨水绿化控制线应为堤顶背水一侧堤脚或防护林带边线

    C. 无堤防的,其滨水绿化控制线应为水域控制线

    D. 历史文化街区范围内的滨水绿化控制线应按现有滨水空间格局因地制宜进行控制

61. 下列关于地下市政公用设施说法错误的是(　　)。

    A. 居住区设置地下垃圾转运站

    B. 结合公共服务设施设置地下污水处理站

    C. 商业街区设置地下变电站

    D. 结合公用绿地设置地下再生水处理站

62. 控规控制指标中,下列不属于建筑建造控制指标的是(　　)。

    A. 建筑限高   B. 建筑体量

    C. 建筑退距   D. 建筑间距

63. 下列关于容积率的说法不准确的是(　　)。

    A. 容积率也可以称为建筑面积密度

    B. 在旧区改建中,容积率的确定应考虑与拆建比的关系

    C. 在容积率一定时,建筑层数与建筑密度成反比

    D. 地块容积率一般采取上限控制的方式,必要时也可采用下限控制的方式

64. 控制性详细规划中,地块边界划分不需要考虑的因素是(　　)。

    A. 容积率   B. 行政边界

    C. 河流等自然边界   D. 土地混合使用要求

65. 下列属于控制性详细规划用地中明确需要独立占地的是(　　)。

    A. 邮政支局   B. 消防站

C. 垃圾收集站   D. 居住配套商业

66. 下列关于修建性详细规划说法不准确的是( )。

  A. 修建性详细规划是对城市开发建设进行管理与控制,是城市规划管理的直接手段

  B. 修建性详细规划以具体、详细的建设项目为对象

  C. 通过形象的方式表达城市空间与环境

  D. 多元化的编制主体

67. 下列不属于修建性详细规划基本图纸的是( )。

  A. 区位关系图   B. 用地规划图

  C. 管线综合图   D. 竖向规划图

68. 下列关于乡镇级国土空间规划说法错误的是( )。

  A. 可以单个乡镇独立编制乡镇国土空间规划,也可以以几个乡镇为单元编制乡镇级国土空间规划

  B. 乡镇国土空间规划具有指导编制实用性村庄规划的功能

  C. 乡镇级国土空间规划不与市县级国土空间规划合并编制

  D. 乡镇人民政府组织编制乡镇级国土空间规划

69. 中共中央 国务院印发《乡村振兴战略规划(2018—2022 年)》分类推进多村发展,其类型为( )。

  A. 保留提升类村庄、城郊融合类村庄、特色保护类村庄、搬迁撤并类村庄

  B. 保留提升类村庄、城郊开发类村庄、资源保护类村庄、迁村并点类村庄

  C. 集聚提升类村庄、城郊融合类村庄、特色保护类村庄、搬迁撤并类村庄

  D. 集聚提升类村庄、城郊开发类村庄、资源保护类村庄、迁村并点类村庄

70. 宅基地三权分立是指( )。

  A. 所有权、资格权、使用权   B. 所有权、资格权、经营权

  C. 资格权、使用权、开发权   D. 资格权、开发权、使用权

71. 下列关于历史文化名镇名村保护规划的说法不准确的是( )。

  A. 交通性干道不应穿越保护范围   B. 主要街巷尺度不得改变

  C. 原住民比例不得降低   D. 放射性、毒害性工厂不得新建

72. 下列不属于居住邻里单位强调的是( )。

  A. 合理的人口规模   B. 内部车辆可达性

  C. 良好的公共中心   D. 适当的开放空间

73. 15min 生活圈人口规模为( )。

  A. 30000～70000 人   B. 40000～80000 人

  C. 45000～90000 人   D. 50000～100000 人

74. 下列不属于居住区修建性详细规划的成果要求的是( )。

  A. 区位关系   B. 建筑方案选型

  C. 说明书及图则   D. 绿化设计及植物配置

75. 下列不属于居住区规划要求的是(　　)。
    A. 安全、卫生的要求
    B. 精神享受的要求
    C. 与城市相协调的要求
    D. 与产业门类相协调

76. 下列属于社区配套设施的是(　　)。
    A. 垃圾转运站
    B. 幼儿园
    C. 开闭所
    D. 生活垃圾收集点

77. 下列最能体现城市设计公共政策属性的是(　　)。
    A. 居住小区立面设计
    B. 公共领域塑造
    C. 城市灯光设计
    D. 商业大厦造型设计

78. 下列关于城市设计中城市色彩的说法,错误的是(　　)。
    A. 色彩在城市建筑中的首要功能是装饰
    B. 色彩在城市建筑中还具有标示作用
    C. 居住区一般采用高明度、低彩度、偏暖的颜色
    D. 城市设计中应让色彩丰富多彩、对比强烈

79. 下列关于可持续设计说法不准确的是(　　)。
    A. 城市通风廊道体现城市可持续设计
    B. 城市生态空间的挤压不利于城市的可持续发展
    C. 人工基础设施必须在可持续设计约束下运行
    D. 建筑材料应协调建筑本身安全与经济性,充分考虑可持续性发展

80. "十次小组"(TEAM10)的城市设计理论核心为(　　)。
    A. 自然主义
    B. 结构主义
    C. 解构主义
    D. 折中主义

二、**多项选择题**(共20题,每题1分。每题的备选项中有2～4个符合题意。多选、少选、错选都不得分)

81. 下列属于城市空间组织理论的是(　　)。
    A. 邻里单位
    B. 级差地租
    C. 线形城市
    D. 中心地理论
    E. 倡导性规划

82. 下列关于《周礼·考工记》说法准确的是(　　)。
    A. 记载了城市的郊、田、林、牧地的相关关系的规则
    B. 汉代长安体现了《周礼·考工记》的功能分区
    C. 唐长安体现了《周礼·考工记》记载的城市形制规则
    D. 宋汴梁城采用里坊制,坊里严格管制,坊门朝开夕闭
    E. 元大都很多方面体现了《周礼·考工记》记载的王城的空间布局制度

83. 下列措施可提高街道活力的是(　　)。
    A. 增加沿街餐饮和零售店
    B. 增加街道绿地

C. 整治沿街商店招牌　　　　　　　　D. 沿街建筑高度降低

E. 增加商业外摆

84. 下列属于城市发展原因的解释理论的是（　　）。

A. 城市发展的区域理论　　　　　　　B. 城市发展的经济学理论

C. 城市发展的社会学理论　　　　　　D. 城市发展的交通通信理论

E. 城市发展的增长极理论

85. 关于同心圆理论，下列对各环圈说法准确的是（　　）。

A. 一环是行政区

B. 二环是衰败了的居住区

C. 三环是工人居住区，居住着工人和低收入白领

D. 四环是高档居住区

E. 五环是外围工业区

86. 下列关于国家级公益林的说法不正确的是（　　）。

A. 权属为国有的国家级公益林，管护责任单位为国有林业局（场）、自然保护
区、森林公园及其他国有森林经营单位

B. 权属为集体所有的国家级公益林，管护责任单位主体为县级人民政府

C. 一级国家级公益林，不得开展任何形式的生产经营活动

D. 国家级公益林实行"总量控制、区域稳定、动态管理、增减平衡"的管理机制

E. 国家级公益林不得调出

87. 根据《资源环境与国土空间开发适宜性评价》，生物多样性维护功能重要性应在
哪三个层次进行评价？（　　）

A. 生态系统　　　　B. 物种　　　　C. 遗传资源　　　　D. 群落分布

E. 基因

88. 下列属于《生态文明体制改革总体方案》的内容的是（　　）。

A. 环境治理体系

B. 生态保护红线、永久基本农田和城镇开发边界控制线

C. 统一用途管制的国土开发保护制度

D. 建立国家公园体制

E. "放管服"改善营商环境

89. 工业用地选址应避开以下哪些设施？（　　）

A. 水利设施　　　　　　　　　　　　B. 居住用地

C. 文物古迹埋藏区　　　　　　　　　D. 港口

E. 矿产采空区

90. 下列关于城市用地竖向规划的说法，正确的是（　　）。

A. 城镇中心区用地宜选择其自然坡度小于 20%，规划坡度小于 15%

B. 居住用地宜选择其自然坡度小于 25%，规划坡度小于 10%

C. 工业、物流用地宜选择其自然坡度小于 15%，规划坡度小于 10%

D. 超过 8m 的高填方区仅限于用作绿地、广场、运动场等开敞空间

E. 结合自然地形,规划地面形式可分为平坡式、台地式

91. 根据《生活垃圾分类制度实施方案》,下列属于有害垃圾的是(　　　　)。

A. 废电池
B. 废药品包装物
C. 废弃电子产品
D. 废塑料
E. 废相纸

92. 下列表述中,正确的是(　　　　)。

A. 历史文化名城保护规划应当划定历史建筑的保护范围界限

B. 当历史文化街区的保护范围与文物保护单位的保护范围及其建设控制地带出现重叠时,应以历史文化街区的保护范围要求为准

C. 对于已经不存在的文物古迹,在确保其原址的情况下,鼓励通过重建等方式加以展示

D. 历史城区应保持或延续原有的道路布局,保护有价值的街巷系统,保持特色街巷的原有空间尺度和界面

E. 历史文化街区保护规划应包括改善居民生活环境、保持街区活力、延续传统文化的内容

93. 城市水系岸线按功能可划分为(　　　　)。

A. 自然性岸线
B. 生态性岸线
C. 港口性岸线
D. 生活性岸线
E. 生产性岸线

94. 下列属于容积率的赋值方法的是(　　　　)。

A. 回归分析
B. 强度分区
C. 类比法
D. 环境容量
E. 方案论证

95. 报国务院审批的市级国土空间总体规划审查要点,包括(　　　　)。

A. 资源环境承载能力和国土空间开发适宜性评价

B. 用水总量指标

C. 中心城区商业服务业设施布局

D. 城市邻避设施布局

E. 城镇开发边界内通风廊道的格局和控制要求

96. 下列关于控制性详细规划发展历程的说法正确的是(　　　　)。

A. 1980 年美国女建筑师协会带来土地分区规划管理

B. 《上海虹桥新区详细规划》采用 8 项指标控制

C. 《广州市街区规划(1987)》引入区划思想,初步确定了控制性详细规划的基本方法

D. 《南京控制性详细规划理论方法研究》为控制性详细规划确定提供了理论基础

E. 《温州市旧城改造控制性详细规划》编制完成后,控制性详细规划的编制方法基本定型

97. 下列关于《自然资源部办公厅关于加强村庄规划促进乡村振兴的通知》中村庄规划编制内容的说法,准确的是(　　)。

    A. 确定产业布局用地用途、强度等要求

    B. 深入挖掘乡村历史文化资源,划定乡村历史文化保护线

    C. 划定生态保护红线

    D. 划定永久基本农田保护区和永久基本农田储备区

    E. 近期推进项目,明确资金规模及筹措方式、建设主体和方式等

98. 下列关于居住区规划的说法,准确的是(　　)。

    A. 居住区用地分为住宅用地、城市道路用地、配套设施用地、公共绿地

    B. 分为居住区、小区、组团、街坊四级结构

    C. 居住区空间结构是各类用地关系的组合,确定基本布局和空间形态

    D. 配套设施分级配置,并有与居住人口规模或住宅面积规模相匹配的生活服务设施

    E. 居住区道路分级分为居住区道路、小区级道路、组团级道路、街坊级道路四级

99. 下列受到"城市美化运动"影响的规划设计方案是(　　)。

    A. 朗方的华盛顿中心城区设计　　　　B. 伯纳姆的芝加哥规划

    C. 格里芬的堪培拉城市设计　　　　　D. 勒琴斯的新德里规划

    E. 培根的旧金山城市设计

100. 以下城市设计空间分析方法中属于计算机辅助分析的是(　　)。

    A. 虚拟现实分析　　　　　　　　　B. 视觉序列分析

    C. 元胞自动机模型　　　　　　　　D. 空间句法分析

    E. 意象地图分析

真 题 解 析

一、单项选择题（共 80 题，每题 1 分。每题的备选项中，只有 1 个最符合题意）

1. D

【解析】 "城市"是在"城"与"市"功能叠加的基础上以行政和商业活动为基本职能的复杂化、多样化的客观实体。城市是非农人口集中，以从事工商业等非农业生产活动为主的居民点。仅仅是非农业的人口集聚而没有形成非农产业的集聚的居民点，不具有"市"的本质特征，D 选项表述是不准确的。因此 D 选项符合题意。

2. C

【解析】 城市建制由多层次的建制构成，一般包括地域类型和行政等级等划分。C 选项表述不准确，因此 C 选项符合题意。

3. D

【解析】 城镇化分为"有形的城镇化"和"无形的城镇化"，AB 选项描述的属于"有形的城镇化"；C 选项描述的是"无形的城镇化"。学历结构提高，老龄化加速，人口结构发生变化是全社会性问题，城市和乡村均存在，不属于城镇化的范畴。因此 D 选项符合题意。

4. C

【解析】 随着现代经济、社会与科学技术的发展，城市和区域共同构成了统一、开放的巨系统，城市与区域发展的整体水平越高，它们之间的相互作用就越强，C 选项正确。区域是城市发展的基础，城市是区域发展的核心，因此 AB 选项错误。区域支撑城市发展，城市又在发展中促进区域的发展，相互联系、互动促进提高，因此 D 选项错误。故选 C。

5. B

【解析】 我们不应该片面地思考如何突破资源环境这一约束条件，而应该将环境、资源、经济和社会发展作为一个统一的大系统，在城市经济发展过程中，认识和把握经济规律与生态规律的矛盾性、相关性，努力探索二者和谐发展的实现途径。因此 B 选项表述不准确。故选 B。

6. A

【解析】 古典广场是古希腊时期城市的主要特点，B 选项不正确；古典风格和构图严谨的广场和街道，以及一些世俗的公共建筑是文艺复兴时期城市的主要特征，C 选项不正确；凯旋门和纪功柱是古罗马时期城市空间的核心与焦点，D 选项不正确。因此 A 选项符合题意。

7. D

【解析】 芒福德在格迪斯学说的基础上发扬光大，形成了对区域的综合研究和区域规划。D 选项表述错误。因此 D 选项符合题意。

8. C

【解析】 法国巴黎改建是现代城市规划形成的行政实践,公司城建设是现代城市规划形成的实践基础。因此 C 选项符合题意。

9. B

【解析】 "城市的一切问题,均以交通问题为前提"是索里亚·玛塔提出的"线形城市的基本原则"。因此 B 选项符合题意。

10. C

【解析】 田园城市实质上就是城市和乡村的结合体,是一个兼有城市和乡村优点的理想城市,C 选项正确。工业企业被安排在田园城市的边缘地区,方便生活与工作,A 选项不正确。每个田园城市的人口限制在 3.2 万人,超过了这一规模,就需要建设另一个新的城市,B 选项不正确。田园城市的收入全部来自租金,D 选项不正确,故 C 选项符合题意。

11. C

【解析】 西谛认为"应当在主要广场和街道的设计中强调艺术布局,而在次要地区则可以强调土地的最经济的使用,因而使城市空间在总体上产生良好的效果"。因此 C 选项符合题意。

12. C

【解析】 当代城市中,铁路、航空等交通枢纽型城市保持了持续的发展,部分水路交通枢纽城市失去活力;信息技术的发展,使城市结构出现大分散小集中的趋势,而电子商务的发展会促使形成电子商务中心(园区),不会导致城市整体的分散加剧;霍尔通过对城市发展史的解读,描述了城市创新的不同方面及其形态,并揭示了其中的动力机制,在城市的特定时期会具有特别杰出的创造性,但这与它们的规模、地位(如作为首都)或在国家中的区位(如中心或边缘)等都无明显的关系,而是依赖城市的创新氛围,所以科技创新不一定集中发生在大都市区。因此 ABD 选项错误。在当代城市发展中,制造业城市出现衰败,服务业城市出现快速发展,因此 C 选项符合题意。

13. B

【解析】 "生态足迹"又叫"生态占用",生态足迹就是用土地和水域的面积来估算人类为了维持自身生存而利用自然的量,从而评估人类对地球生态系统和环境的影响,即在现有的技术条件下,某一人口单位(一个人、一个城市、一个国家或全人类)需要多少具备生产力能力的土地和水域,来生产所需资源和吸纳所衍生的废物。"生态足迹"的意义不是强调人类对自然的破坏有多严重,而是探讨人类持续依赖自然以及要怎么做才能保障地球的承受力,不仅可以用来评估目前人类活动的永续性,在建立共识及协助决策上也有积极的意义。因此 ACD 选项表述正确,B 选项表述错误,故选 B。

14. A

【解析】 公共交通导向开发(TOD)模式:以公共交通为导向的开发,是规划一个居民区或者商业区时,使公共交通的使用最大化的一种非汽车化的规划设计方式。因此就要求在公交站点周边安排一定数量的办公、商业等就业岗位,围绕公交站点建立适宜步行的街道网络,公交站点周边应有适宜公共活动的高质量公共空间,故 BCD 选项是必须满足的要求。综合体也尽量围绕公交站点进行建设,而不是说必须在地铁站上盖综合体,且TOD模式不一定就是地铁,因此A选项不属于必须的要求。故选A。

15. A

【解析】 综合规划方法论的理论基础是系统思想及其方法论。因此A选项符合题意。

16. D

【解析】 《雅典宪章》反映了现代建筑运动对城市规划发展的基本认识和思想观点,其思想方法是基于物质空间决定论基础之上的,提出城市活动可以分为居住、工作、游憩和交通四大类,所以ABC选项错误。《雅典宪章》鼓励的是对城市发展终极状态下各类用地关系的描述,并且"必须制定必要的法律以保证其实现",因此D选项正确。故选D。

17. D

【解析】 《土地管理法》第四条:国家实行土地用途管制制度。故选D。

18. A

【解析】 国土空间规划是国家空间发展的指南、可持续发展的空间蓝图,是各类开发保护建设活动的基本依据,国土空间规划的编制应坚持绿色发展、可持续发展,城乡区域协调融合发展,优化国土空间结构和布局,提升国土空间开发、保护的质量和效率。因此A选项符合题意。

19. A

【解析】 根据《城市绿地分类标准》第2.0.3条:绿地分类应采用大类、中类、小类三个层次,故A选项正确。第3.0.4条:绿地的主要统计指标为绿地率、人均绿地面积、人均公园绿地面积、城乡绿地率;风景名胜公园按位于城市建设用地内外分别属于其他专类公园(G139)和风景名胜区(EG11);居住街坊绿地属于附属绿地(XG),故BCD选项均错误。故选A。

20. D

【解析】 根据《湿地保护管理规定》第八条,湿地保护规划应当包括下列内容:

(一)湿地资源分布情况、类型及特点、水资源、野生生物资源状况;

(二)保护和合理利用的指导思想、原则、目标和任务;

(三)湿地生态保护重点建设项目与建设布局;

(四)投资估算和效益分析;

(五)保障措施。

因此D选项符合题意。

21. C

【解析】 根据《中共中央 国务院关于建立国土空间规划体系并监督实施的若干意见》,以国土空间规划为依据,对所有国土空间分区分类实施用途管制。在城镇开发边界内的建设,实行"详细规划＋规划许可"的管制方式;在城镇开发边界外的建设,按照主导用途分区,实行"详细规划＋规划许可"和"约束指标＋分区准入"的管制方式。对以国家公园为主体的自然保护地、重要海域和海岛、重要水源地、文物等实行特殊保护制度。因地制宜制定用途管制制度,为地方管理和创新活动留有空间。因此C选项符合题意。

22. D

【解析】 根据《自然资源部关于全面开展国土空间规划工作的通知》,简化报批流程,取消规划大纲报批环节。取消规划大纲报批,并不是不研究规划大纲,规划大纲的研究和论证依旧需要进行。因此 D 选项符合题意。

23. C

【解析】 本规划将我国国土空间分为以下主体功能区:按开发方式,分为优化开发区域、重点开发区域、限制开发区域和禁止开发区域;按开发内容,分为城市化地区、农产品主产区和重点生态功能区;按层级,分为国家和省级两个层面。故选 C。

24. D

【解析】 根据《自然资源部关于全面开展国土空间规划工作的通知》规定,一致性处理不得突破土地利用总体规划确定的 2020 年建设用地和耕地保有量等约束性指标,不得突破生态保护红线和永久基本农田保护红线,不得突破土地利用总体规划和城市(镇)总体规划确定的禁止建设区和强制性内容,不得与新的国土空间规划管理要求矛盾冲突。因此 D 选项符合题意。

25. D

【解析】 市级总规中强制性内容应包括:①约束性指标落实及分解情况,如生态保护红线面积、用水总量、永久基本农田保护面积等;②生态屏障、生态廊道和生态系统保护格局,自然保护地体系;③生态保护红线、永久基本农田、中心城区城镇开发边界,以及历史文化保护线等重要控制线;④重大交通枢纽、重要线性工程网络、城市安全与综合防灾体系、地下空间、邻避设施等设施布局;⑤城乡公共服务设施配置标准,城镇政策性住房和教育、卫生、养老、文化体育等城乡公共服务设施布局原则和标准;⑥历史文化保护体系,各类历史文化遗存的保护范围和要求;⑦中心城区范围内结构性绿地、水体等开敞空间的控制范围和均衡分布要求。从以上分析可以知道,产业发展布局、土地整治生态修复的空间策略等不属于强制性内容,因此 D 选项符合题意。

26. C

【解析】 根据《土地管理法》第二十一条:城市总体规划、村庄和集镇规划,应当与土地利用总体规划相衔接,城市总体规划、村庄和集镇规划中建设用地规模不得超过土地利用总体规划确定的城市和村庄、集镇建设用地规模。因此 C 选项表述错误,符合题意。

27. D

【解析】 集中型形态城市人口和建成区用地规模在一定时期内比较稳定,主要城市活动中心多处于平面几何中心附近,属于一元化的城市格局,A 选项正确;放射型形态的城市多位于地形比较平坦,而对外交通便利的平原地区,B 选项正确;星座型形态的城市是一个相当大规模的主体团块和三个以上较次一级的基本团块组成的复合式形态,通常为一些国家首都或特大型地区中心城市,因此 C 选项正确;组团型城市形态是由两个以上相对独立的主体团块和若干个基本团块组成,城市用地被分隔成几个有一定规模的分区团块,有各自的中心和道路系统,这种形态属于多元复合结构。D 选项错误,符合题意。

28. B

【解析】 根据《土地管理法》第三十三条:各省、自治区、直辖市划定的永久基本农田一般应当占本行政区域内耕地的百分之八十以上,具体比例由国务院根据各省、自治区、直辖市耕地实际情况规定。因此 B 选项符合题意。

29. C

【解析】 城市周边房地产价格是城市用地经济性评价的结果而非影响因素,因此 C 选项符合题意。

30. C

【解析】 分散式城市布局的优点:①布局灵活,城市用地发展和城市容量具有弹性,容易处理好近期与远期的关系;②接近自然、环境优美;③各城市物质要素的布局关系井然有序,疏密有致。因分散布局,土地利用不集约,市政基础设施建设成本高,故 C 选项符合题意。

31. D

【解析】 机场选址要满足飞机起降的自然地理和气象条件,选址要尽可能使跑道轴线方向与城市主导风向平行。一个超大城市,可以布置若干机场,方便城市交通分流及旅客出行,当区域城市密集,也可以共用一个机场,因此 D 选项符合题意。

32. C

【解析】 中国历史文化名城类型分为:古都型、传统风貌型、风景名胜型、地方及民族特色型、近现代史迹型、特殊职能型、一般史迹。因此 C 选项符合题意。

33. A

【解析】 无环放射式线网是由若干条穿过市中心的直径线或从市中心发出的放射线构成。这种类型的线网极大地方便"向心"交通,使城市各个区域至中心点的距离最短,线网中心区域的可达性最好,有利于城市中心区客流的集散,保持城市中心区的活力。因此 A 选项符合题意。

34. B

【解析】 根据《市县国土空间开发保护现状评估技术指南》,森林蓄积量、地下水质优良比例、行政村等级公路通达率均为推荐指标,自然岸线保有率为规定性指标。因此 B 选项符合题意。

35. D

【解析】 根据"精明增长"发展方式,实现城市可持续发展原则,城市应保持大量开放空间和保护环境质量,以实现城市的可持续发展。因此 D 选项符合题意。

36. A

【解析】 建设项目用地预审、选址意见书相当于行政审查,不属于规划许可,因此 A 选项符合题意。

37. C

【解析】 中心城市对周围城镇有辐射作用,其交通联系也呈中心放射的形态,因而城市道路网络也会形成在方格网基础上呈放射状的交通性路网形态。因此 C 选项符合题意。

38. C

【解析】 人的活动是城市交通的主要活动,也是城市交通的决定性因素。人在城市中的分布决定了城市交通的流动和分布;城市用地是城市交通的决定性因素,城市的交通产生于城市用地;城市用地性质应该与道路功能相协调,保证交通和用地的合理性。因此 C 选项符合题意。

39. D

【解析】 生产性货运中心、生活性货运集散点不应设置在居住用地内,故 D 选项符合题意。

40. B

【解析】 《城市综合交通体系规划标准》第 3.0.4 条:城市综合交通体系规划与建设应集约、节约用地,并应优先保障步行、城市公共交通和自行车交通运行空间,合理配置城市道路与交通设施用地资源,故 B 选项符合题意。

41. B

【解析】 城市道路网密度受现状、地形、交通分布、建筑及桥梁位置等条件的影响,不同城市、城市中不同区位、不同性质地段的道路网密度应有所不同,因此 B 选项符合题意。

42. D

【解析】 从地域关系上,城市综合交通大致可分为城市对外交通和城市交通两大部分,城市对外交通与城市交通具有相互联系、相互转换的关系;中心城规划中主要关注对外交通与城市交通的衔接关系,以及对外交通设施在城市中的位置;城市规划区内,同一对外交通走廊内相同走向的铁路、公路线路宜集中设置,形成对外交通廊道;城市对外交通线路和设施的布局直接影响到城市的发展方向、城市布局、城市干路走向、城市环境以及城市的景观。故 D 选项符合题意。

43. D

【解析】 根据《城市综合交通体系规划标准》,公共交通专用路应按Ⅲ级主干路计入统计。因此 D 选项符合题意。

44. D

【解析】 城市快速道路与快速公共交通布置的思路和方式不同。城市快速道路为了保证其快速、畅通的功能要求,应该尽可能与城市用地分离,与城市组团布局形成"藤与瓜"的关系;而快速公交线路则要与客流集中的用地或节点衔接,以满足客流的需要。所以,快速公交线路应尽可能将各城市中心和对外客运枢纽串接起来,与城市组团布局形成"串糖葫芦"的关系。因此 D 选项符合题意。

45. A

【解析】 主要换乘站点的出入口属于站点的建筑设计,不属于轨道交通线网规划的内容深度。因此 A 选项符合题意。

46. C

【解析】 《历史文化名城名镇名村保护条例》第九条规定:申报历史文化名城,由省、自治区、直辖市人民政府提出申请,经国务院建设主管部门会同国务院文物主管部门组织有关部门、专家进行论证,提出审查意见,报国务院批准公布。故 C 选项符合题意。

47. C

【解析】 《历史文化名城保护规划标准》(GB/T 50357—2018)第 3.1.6 条:历史文

化名城保护规划应划定历史城区、历史文化街区和其他历史地段、文物保护单位、历史建筑和地下文物埋藏区的保护界线,并应提出相应的规划控制和建设要求。故 C 选项符合题意。

48. D

【解析】 根据《历史文化名城保护规划标准》(GB/T 50357—2018)第 3.4.4 条:历史城区应控制机动车停车位的供给,完善停车收费和管理制度,采取分散、多样化的停车布局方式。不宜增建大型机动车停车场。因此 D 选项符合题意。

49. D

【解析】 根据《历史文化名城保护规划标准》(GB/T 50357—2018)第 2.0.10 条:历史建筑是经城市、县人民政府确定公布的具有一定保护价值,能够反映历史风貌和地方特色的建筑物、构筑物。故 D 选项符合题意。

50. A

【解析】 历史文化街区核心保护范围面积不应小于 $1hm^2$,B 选项不准确;构成历史风貌的历史建筑和历史环境要素应是历史存留的原物,C 选项不准确;保护规划应对历史文化街区内的历史环境要素进行调查统计,提出分类保护措施,D 选项不准确。故 A 选项正确,符合题意。

51. D

【解析】 无环放射式线网适合于明显的单中心城市、城市规模中等、郊区周边方向客流量不大的城市,但其放射式路网极大地方便"向心"交通,会增加过境交通对城市中心的干扰和压力。因此 D 选项符合题意。

52. B

【解析】 集中供热锅炉房一般为小片区区域供热,不应接入高压燃气管网,形成受压不均衡从而造成安全事故。因此 B 选项符合题意。

53. C

【解析】 变电站应尽量避开空气污秽地区,否则应采取防护措施,设备被污染后会降低绝缘,威胁安全运行,如特别严重会发生闪络事故。因此 C 选项符合题意。

54. B

【解析】 生活垃圾卫生填埋场应设置在城市规划建成区外、地质情况较为稳定、符合防洪要求、取土条件方便、具备运输条件、人口密度低、土地及地下水利用价值低的地区,并不得设置在水源保护区、地下蕴矿区及影响城市安全的区域内,距农村居民点及人畜供水点不应小于 0.5km。因此 B 选项符合题意。

55. D

【解析】 燃气瓶装供应站应位于供应区域的中心,以方便居民换气,供应半径一般不宜超过 0.5～1.0km,因此燃气瓶供应站不适合布置于城市用地边缘地带。因此 D 选项符合题意。

56. A

【解析】 根据《防灾避难场所设计规范》(GB 51143—2015),防灾避难场所分为:紧急避难场所、固定避难场所、中心避难场所。因此 A 选项符合题意。

57. C

【解析】 场地内存在发震断裂时,应对断裂的工程影响进行评价,对符合下列规定之一的情况,可忽略发震断裂错动对地面建筑的影响:①抗震设防烈度小于8度;②非全新世活动断裂;③抗震设防烈度为8度和9度时,隐伏断裂的土层覆盖厚度分别大于60m和90m。因此C选项符合题意。

58. B

【解析】 城市防洪体系应包括工程措施和非工程措施。工程措施包括挡洪工程、泄洪工程、蓄滞洪工程及泥石流防治工程等,非工程措施包括水库调洪、蓄滞洪区管理、暴雨与洪水预警预报、超设计标准暴雨和超设计标准洪水应急措施、防洪工程设施安全保障及行洪通道保护等。因此B选项符合题意。

59. A

【解析】 根据《城市消防规划规范》(GB 51080—2015)第4.1.3条:消防站辖区划定应结合城市地域特点、地形条件和火灾风险等,并应兼顾现状消防站辖区,不宜跨越高速公路、城市快速路、铁路干线和较大的河流。当受地形条件限制,被高速公路、城市快速路、铁路干线和较大的河流分隔,年平均风力在3级以上或相对湿度在50%以下的地区,应适当缩小消防站辖区面积。故A选项符合题意。

60. C

【解析】 根据《城市水系规划规范》(GB 50513—2009)第4.5.2条,无堤防的江河、湖泊,其滨水绿化控制线与水域控制线之间应留有足够空间。故C选项符合题意。

61. B

【解析】 污水处理站、污水处理厂应与公共服务设施、居住区等保持距离,以免污水处理造成的气味、沼气等在夏天造成污染和危险。故公共服务设施地下不适合建污水处理站,故B选项符合题意。

62. B

【解析】 在控制性详细规划指标体系中,建筑建造控制包括建筑限高、建筑退距和建筑间距。建筑体量属于城市设计引导体系。因此B选项符合题意。

63. C

【解析】 容积率也可以称为建筑面积密度,是指地块内建筑总面积与地块用地面积的比值。在旧区改建中,容积率的确定应考虑与拆建比的关系,以保证其可操作性。地块容积率一般采取上限控制的方式,保证地块的合理使用和良好的环境品质,必要时也可采用下限控制的方式,以保障土地集约使用。在容积率一定的情况下,建筑密度与平均层数之间成反比关系,因此C选项符合题意。

64. A

【解析】 地块细分应考虑用地现状、产权划分和土地使用调整意向、开发模式、土地价值区位级差、自然或人为边界、行政管辖接线等因素。容积率属于规划数据,是地块划分确定后的规划值,不会影响前置条件中地块大小的划分。故A选项符合题意。

65. B

【解析】 消防站属于片区消防设施,应保障辖区半径和消防站建设规模要求,独立明确占地规模及位置。所以 B 选项正确,符合题意。

66. A

【解析】 控制性详细规划是对城市开发建设进行管理与控制,是城市规划管理的直接手段。B、C、D 选项均为修建性详细规划的特点。因此 A 选项符合题意。

67. B

【解析】 区位关系图、规划总平面图、管线综合图、竖向规划图等均为修建性详细规划的基本图纸;修建性详细规划是对地块的建筑方案设计,不涉及地块的用地规划,因此一般没有用地规划图。故 B 选项符合题意。

68. C

【解析】 《中共中央 国务院关于建立国土空间规划体系并监督实施的若干意见》明确,需报国务院审批的城市国土空间总体规划,由市政府组织编制,经同级人大常委会审议后,由省级政府报国务院审批;其他市县及乡镇国土空间规划由省级政府根据当地实际,明确规划编制审批内容和程序要求。各地可因地制宜,将市县与乡镇国土空间规划合并编制,也可以几个乡镇为单元编制乡镇级国土空间规划。因此 C 选项符合题意。

69. C

【解析】 中共中央 国务院印发《乡村振兴战略规划(2018—2022 年)》,分类推进多村发展,其类型为集聚提升类村庄、城郊融合类村庄、特色保护类村庄、搬迁撤并类村庄。因此 C 选项符合题意。

70. A

【解析】 根据《关于统筹推进自然资源资产产权制度改革的指导意见》,探索宅基地所有权、资格权、使用权"三权分置"。故 A 选项符合题意。

71. C

【解析】 对历史文化名镇名村的保护,禁止改变主要街巷尺度,禁止交通性干道穿越保护区,禁止在保护范围建设放射性、毒害性工厂。保护规划应该协调新村和老村关系,原住民比例可适当根据实际情况降低或增加,故 C 选项叙述不准确,符合题意。

72. B

【解析】 邻里单位强调的是:一个小区的合理规模,避免内部交通穿越的边界,适当的开放空间,中心的公共服务用地,周边的地方商业,与交通适应的内部道路系统;邻里单位要避免外部车辆的穿越,不强调内部车辆的可达性。因此 B 选项符合题意。

73. D

【解析】 根据《城市居住区规划设计标准》(GB 50180—2018),15min 生活圈居住人口为 50000～100000 人。因此 D 选项符合题意。

74. C

【解析】 图则为控制性详细规划的内容,修建性详细规划无图则,故图则不是修建性详细规划的成果要求。因此 C 选项符合题意。

75. D

【解析】 居住区规划的基本要求包括:①安全、卫生的要求;②物质舒适要求;③精神享受的要求;④与城市相协调的要求;⑤可持续性的要求;⑥产业化的要求。因此 D

选项符合题意。

76. B

【解析】 垃圾转运站、开闭所属于市政配套设施;生活垃圾收集点属于便民服务设施;幼儿园属于社区服务设施。因此 B 选项符合题意。

77. B

【解析】 城市设计中对城市公共领域的设计塑造,最能体现城市设计的公众政策属性,城市灯光设计属于城市设计策略,一般只通过控制和引导方式实施;居住小区立面设计和商业大厦造型设计属于私人或公司行为,有时候也会体现一定的公共政策属性,但更多的是对利益的追求。因此 B 选项符合题意。

78. D

【解析】 色彩在城市设计和建筑中具有物理功能、装饰作用、标示作用、情感作用和文化作用。色彩在城市建筑中的首要功能是装饰,城市中的居住区,一般采用高明度、低彩度、偏暖的颜色,遮掩规定颜色有给人带来温暖、明亮、轻松、愉悦的视觉心理感受。

在城市设计中,应考虑不同建筑属性、街道色彩、环境色彩和植物色彩等统一均衡,应避免色彩过于丰富和对比强烈,给人造成对比和不适。因此 D 选项符合题意。

79. C

【解析】 人工基础设施首先考虑的是安全性,在结构安全规定下考虑基础设施的可持续利用和可持续性设计要求。因此 C 选项符合题意。

80. B

【解析】 "十次小组"提倡以人为核心的城市设计思想,建筑与城市设计必须以人的行为方式为基础,其形态来自于生活本身的结构发展,强调结构空间体系与人的行为的关联和限定,因此 B 选项符合题意。

二、多项选择题(共20题,每题1分。每题的备选项中有2～4个符合题意。多选、少选、错选都不得分)

81. ABC

【解析】 邻里单位属于从空间形态出发的空间组织理论;级差地租属于从经济合理性出发的空间组织理论;线形城市属于从道路交通出发的空间组织理论;中心地理论属于城镇体系空间结构理论;倡导性规划属于城市规划方法。因此 ABC 选项符合题意。

82. ACE

【解析】 《周礼·考工记》记载了城市的郊、田、林、牧地的相关关系的规则,A 选项正确。汉代长安没有贯穿全程的对称轴线,宫殿与居民区相互穿插,城市整体布局不规则,因此没有体现功能分区,B 选项错误。唐长安由宇文恺负责指定规划,体现了《周礼·考工记》记载的城市形制规则,C 选项正确。唐长安采用里坊制,坊里严格管制,坊门朝开夕闭,宋(汴梁)逐渐开始了街巷制,D 选项错误。元大都很多方面体现了《周礼·考工记》记载的王城的空间布局制度,E 选项正确。故选 ACE。

83. ABDE

【解析】 增加沿街餐饮、零售店和商业外摆可以增加街道的观察者和行人安全感;

街道绿地能增加人员交流休息空间,提高街道使用;沿街商店招牌整治统一化一定程度降低了街道的多样性,容易产生视觉乏味,不能提高街道的活力。因此 ABDE 选项符合题意。

84. ABCD

【解析】 城市发展原因的解释理论包括城市发展的区域理论、城市发展的经济学理论、城市发展的社会学理论、城市发展的交通通信理论。增长极理论属于城市发展原理解释理论中的城市发展区域理论的一种支撑理论,因此不符合题意。因此 ABCD 选项符合题意。

85. BC

【解析】 同心圆理论圈层中,第一环为中央商务区,第二环为过渡区(衰败了的居住区),第三环是工人居住区(工人和低收入白领居住区),第四环是中产阶级居住区(以公寓为主),第五环为通勤区(富裕、高质量居住区)。因此 BC 选项符合题意。

86. BCE

【解析】 根据《国家级公益林管理办法》规定,权属为国有的国家级公益林,管护责任单位为国有林业局(场)、自然保护区、森林公园及其他国有森林经营单位。权属为集体所有的国家级公益林,管护责任单位主体为集体经济组织。国有一级国家级公益林,不得开展任何形式的生产经营活动,集体和个人所有的一级国家级公益林,以严格保护为原则,根据其生态状况需要开展抚育和更新采伐等经营活动。国家级公益林实行"总量控制、区域稳定、动态管理、增减平衡"的管理机制,集体和个人所有的一级国家级公益林,原则上不得调出。但对已确权到户的苗圃地、竹林地,以及平原农区的国家级公益林,其林权权利人要求调出的可以按照本办法第十九条的规定调出。因此 BCE 选项符合题意。

87. ABC

【解析】 根据《资源环境承载能力和国土空间开发适宜性评级指南(试行)》,生物多样性维护功能的重要性在生态系统、物种和遗传资源三个层次进行评价。因此 ABC 选项符合题意。

88. ACD

【解析】 根据《生态文明体制改革总体方案》,坚持城乡环境治理体系统一,建立健全环境治理体制机制,健全国土空间用途管制制度,建立国家公园体制。因此 ACD 选项符合题意。

89. ACE

【解析】 工业用地应避开以下地区:军事用地、水力枢纽、大桥等战略目标,以及矿物蕴藏地区、采空区、文物古迹埋藏地区以及生态保护与风景旅游区、埋有地下设备的地区。故 ACE 选项符合题意。

90. AC

【解析】 根据《城乡建设用地竖向规划规范》(CJJ 83—2016)第4.0.1条:城镇中心区用地应选择地质、排水防涝及防洪条件较好且相对平坦和完整的用地,其自然坡度宜小于20%,规划坡度宜小于15%,A 选项正确;居住用地宜选择向阳、通风条件好的用地,其自然坡度宜小于 25%,规划坡度宜小于 25%,B 选项错误;工业、物流用地宜选择便于交通组织和生产工艺流程组织的用地,其自然坡度宜小于 15%,规划坡度宜小于 10%,C 选项正确;超过 8m 的高填方区宜优先用作绿地、广场、运动场等开敞空间,D 选项错误。第 4.0.2 条:根据城乡建设用地的性质、功能,结合自然地形,规划地面形式可分为平坡式、台阶式和混合式,E 选项错误。因此 AC 选项符合题意。

91. ABE

【解析】 有害垃圾主要品种包括:废电池(镉镍电池、氧化汞电池、铅蓄电池等),废荧光灯管(日光灯管、节能灯等),废温度计,废血压计,废药品及其包装物,废油漆、溶剂及其包装物,废杀虫剂、消毒剂及其包装物,废胶片及废相纸等。因此 ABE 选项符合题意。

92. ADE

【解析】 根据《历史文化名城保护规划标准》(GB/T 50357—2018)第 3.1.6 条:历史文化名城保护规划应划定历史城区、历史文化街区和其他历史地段、文物保护单位、历史建筑和地下文物埋藏区的保护界线,并应提出相应的规划控制和建设要求,A 选项正确。第 3.2.5 条:当历史文化街区的保护范围与文物保护单位的保护范围和建设控制地带出现重叠时,应坚持从严保护的要求,应按更为严格的控制要求执行,B 选项错误。《文物保护法》第二十二条:不可移动文物已经全部毁坏的,应当实施遗址保护,不得在原址重建。但是,因特殊情况需要在原址重建的,由省、自治区、直辖市人民政府文物行政部门报省、自治区、直辖市人民政府批准;C 选项错误。《历史文化名城保护规划标准》第 4.1.5 条:历史文化街区保护规划应包括改善居民生活环境、保持街区活力、延续传统文化的内容。《历史文化名城保护规划标准》第 3.4.1 条:历史城区应保持或延续原有的道路布局,保护有价值的街巷系统,保持特色街巷的原有空间尺度和界面;DE 选项正确。故选 ADE。

93. BDE

【解析】 根据《城市水系规划规范》(GB 50513—2009),城市水系按功能分为生态性岸线、生产性岸线、生活性岸线。因此 BDE 选项符合题意。

94. CDE

【解析】 容积率指标确定一般采用测算法、标准法、类比法和反算法。环境容量是研究法中通过确定地块最大容量来考虑容积率的方法;方案论证属于通过方案设计来反算指标的反算法。故 CDE 选项符合题意。

95. BDE

【解析】 根据《自然资源部关于全面开展国土空间规划工作的通知》,用水总量指标、城市邻避设施布局、城镇开发边界内通风廊道的格局和控制要求等均为重点审查要点。因此 BDE 选项符合题意。"资源环境承载能力和国土空间开发适宜性评价"属于规划研究技术支撑,中心城区商业设施属于城市用地,不属于上报审查的重点,故 AC 选项不符合题意。故选 BDE。

96. ABDE

【解析】 1980 年美国女建筑师协会来华进行学术交流,带来土地分区规划管理新概念;《上海虹桥新区详细规划》,编制土地出让规划,采用 8 项指标控制;清华大学编制

《桂林中心区控制性详细规划》引入区划思想,初步确定了控制性详细规划的基本方法；经过《桂林中心区控制性详细规划》《广州市街区规划(1987)》等规划实践在不同层面对控制性详细规划进行了积极有益的探索,到《温州市旧城改造控制性详细规划》,控制性详细规划的编制方法基本定型；在《南京控制性详细规划理论方法研究》等的基础上,《城市规划编制办法》相继出台,具有中国特色的控制性详细规划步入了规范化的轨道。因此 ABDE 选项符合题意。

97. ABE

【解析】 根据《自然资源部办公厅关于加强村庄规划促进乡村振兴的通知》,合理保障农村新产业新业态发展用地,明确产业用地用途、强度等要求,统筹城乡产业发展；深入挖掘乡村历史文化资源,划定乡村历史文化保护线,提出历史文化景观整体保护措施,保护好历史遗存的真实性；明确规划近期实施项目,明确资金规模及筹措方式、建设主体和方式等,因此 ABE 选项正确。统筹生态保护修复,落实生态保护红线划定成果；统筹耕地和永久基本农田保护,落实永久基本农田和永久基本农田储备区划定成果,因此 CD 选项错误。故选 ABE。

98. ACD

【解析】 根据《城市居住区规划设计标准》(GB 50180—2018),居住区用地分为住宅用地、城市道路用地、配套设施用地、公共绿地；配套设施对应居住区分级配置,并有与居住人口规模或住宅面积规模相匹配的生活服务设施,因此 AD 选项正确。居住区空间结构是各类用地关系的组合,确定基本布局和空间形态,C 选项正确。居住区分为 15min 生活圈、10min 生活圈、5min 生活圈和居住街坊,道路分为城市道路和居住街坊附属道路,因此 B、E 选项错误。故选 ACD。

99. BCDE

【解析】 1893 年在芝加哥举行的以博览会为起点的对市政建筑物进行全面改进为标志的"城市美化运动",综合了对城市空间和建筑设施进行美化的各方面思想和实践,在美国城市得到了全面的推广,而该运动的主将伯纳姆于 1909 年完成的芝加哥规划则被称为第一份城市范围的总体规划。格里芬受到来自美国"城市美化运动"和英国"花园城"的影响,其以文艺复兴的手法为基础,采用静态视点的方法构想城市空间和景观；英国殖民统治者下的新德里"城市美化运动",在勒琴斯新德里规划中,规划的主轴线从东贯穿印地拉普的古都,象征着统治印度帝国的拱顶石。另外两条主要放射轴线按照经典的城市美化的方式展开。1971 年开始的旧金山城市设计接受多种思想,采用了自城市美化运动以后的城市设计手法,取得了较好的成效,广受城市专家好评。因此 BCDE 选项符合题意。朗方的华盛顿中心城区设计是 1791 年开始设计,早于"城市美化运动"思潮,故 A 选项不符合题意。

100. ABDE

【解析】 在城市设计空间分析方法的计算机辅助中,常常用虚拟现实分析设计效果,用视觉序列分析城市设计的节点效果,用意象地图分析整体立体效果,用空间句法分析空间的视域范围。元胞自动机模型常用于城市空间拓展变化和城市增长模型研究,属于平面范围研究,而非空间分析研究。因此 ABDE 选项属于在城市设计空间分析中的计算机辅助分析方法,符合题意。

2021 年度全国注册城乡规划师职业资格考试真题与解析

城乡规划原理

真　题

一、单项选择题(共 80 题,每题 1 分。每题的备选项中,只有 1 个最符合题意)

1. 下列有关城市概念的表述,不准确的是(　　)。
   A. 城市是人类社会分工和产业分工的产物
   B. 城市是工商业活动集聚和从事工商业活动的人群聚居的场所
   C. 城市是以人造景观为特征,包括了自然环境的聚落景观
   D. 城市是经济、社会和空间上有机联系的居民点集合

2. 下列经济社会发展实践中,不属于当代城市发展主要动力的是(　　)。
   A. 自然资源开发和保护
   B. 灾害抵御和风险抗阻
   C. 全球化和新经济
   D. 科技革命和创新

3. 下列关于城市发展阶段的表述,不准确的是(　　)。
   A. 农业社会的城市一般以经济中心的职能为主
   B. 工业社会的城市逐渐成为人类社会的经济发展主要载体
   C. 工业革命之后开始出现城镇逆城镇化阶段,出现了大都市区人口负增长的局面
   D. 工业社会的城市开始出现污染、交通拥堵等诸多问题

4. 下面关于城镇化发展阶段特征的表述,错误的是(　　)。
   A. 集聚城镇化阶段,人口与产业等要素从乡村向城市集聚
   B. 郊区化阶段,居住、商业及大量就业岗位相继向城市郊区迁移
   C. 逆城镇化阶段,大城市规模难以控制,小城镇和乡村快速发展
   D. 再城镇化阶段,人口从郊区回流到中心城市

5. 下列关于城市和区域发展的表述,不准确的是(　　)。
   A. 城市的形成和发展受到相关区域的资源条件制约
   B. 城市是区域增长和发展的基础和背景
   C. 社会经济不断发展,城市与区域的关系更加紧密
   D. 城市和区域发展水平越高,二者之间的相互作用越强

6. 下列关于城市发展和资源环境关系的表述,不准确的是(　　)。
   A. 城市的发展离不开资源环境的支撑作用
   B. 技术进步、生产生活方式转变等难以提升资源环境承载的潜力
   C. 资源环境对城市发展带来约束的同时,也将极大地促进人们优化发展
   D. 健康的城市发展方式有利于实现经济增长和资源环境保护相互协调

7. 下列区域中,不属于生态修复所针对的问题区域是(　　)。

    A. 生态功能退化的区域　　　　　　　　B. 生物多样性降低的区域

    C. 开发强度过高的区域　　　　　　　　D. 水土流失的区域

8. 根据《国土空间调查、规划、用途管制用地用海分类指南(试行)》,下列国土空间类型中不属于湿地的是(　　)。

    A. 水田　　　　　　　　　　　　　　　B. 内陆滩涂

    C. 沿海滩涂　　　　　　　　　　　　　D. 红树林地

9. 根据《国土空间调查、规划、用途管制用地用海分类指南(试行)》,下列用海中不属于交通运输用海的是(　　)。

    A. 港口用海　　　　　　　　　　　　　B. 航运用海

    C. 输油管道用海　　　　　　　　　　　D. 路桥隧道用海

10. 根据《国土空间调查、规划、用途管制用地用海分类指南(试行)》,下列用地中不属于草地的是(　　)。

    A. 疏林草地　　　　　　　　　　　　　B. 灌丛草地

    C. 沼泽草地　　　　　　　　　　　　　D. 人工牧草地

11. 下列关于中世纪城市特征的表述,不准确的是(　　)。

    A. 中世纪初期,欧洲商业十分萧条,原有大城市开始衰落

    B. 中世纪时期,教堂成为城市空间和天际轮廓的主导

    C. 中世纪时期,城市按照规划进行建设

    D. 中世纪晚期,许多城市摆脱封建领主和教会控制,逐渐发展成自治城市

12. 下面说法不符合勒·柯布西埃的"光辉城市"中的观点的是(　　)。

    A. 中央为中心区,中心区外围是环形居住带,最外围是花园住宅

    B. 提高市中心的建筑高度,向高层发展

    C. 建设"垂直的花园城市"

    D. 全部地面均可由行人支配

13. 下列关于卫星城理论不准确的是(　　)。

    A. 卫星城理论是对霍华德田园城市思想的发展

    B. 建设卫星城是防止大城市规模过大和不断蔓延的一个重要方法

    C. 卫星城是具有现代城市性质的城市单位,不从属于某一大城市

    D. 卫星城通常作为中心城市某一功能疏解的接收地

14. 下列关于邻里单位的表述,错误的是(　　)。

    A. 以城市干道为边界

    B. 人口规模需达到 1 万人以上

    C. 应有开放空间以及公园绿地

    D. 与服务人口相适应的商业区应布置在邻里单位周边

15. 罗西(A. Rossi)城市空间类型学中的类型要素不包括(　　)。

    A. 城市街道　　　　　　　　　　　　　B. 城市平面

    C. 重要纪念物　　　　　　　　　　　　D. 郊野公园

16. 下列关于中国古代城市规划思想与实践的表述,错误的是(　　)。
    A. 我国古代城市规划思想基本成形于周代
    B. 秦咸阳城规划建设采用了"象天法地"的规划手法
    C. 曹魏邺城以南郊大规模礼制建筑群突出皇权的统领性
    D. 东吴建业城具有因地制宜的布局特征

17. 下列关于1929年发布的南京"首都计划"内容的表述,错误的是(　　)。
    A. 划分为六大功能区
    B. 重点建设中央政治区
    C. 将古城墙改造为环城公园
    D. 在行政中心和车站广场地段规划建"中西合璧"的建筑群

18. 下列关于全球城市特征的表述,错误的是(　　)。
    A. 全球城市都是跨国公司总部的集中地
    B. 全球城市都是金融中心
    C. 全球城市中社会阶层分化程度有所下降
    D. 全球城市都具有发达的生产性服务业

19. 下列关于可持续发展的表述,不正确的是(　　)。
    A. 以快速交通为主导,形成紧凑形态
    B. 提高生物多样化程度
    C. 显著减少化石燃料使用
    D. 更多采用"闭合式"生态循环生产,提高再生和利用的程度

20. 下列体系中不属于国土空间规划体系的是(　　)。
    A. 规划编制体系
    B. 实施监督体系
    C. 法规政策体系
    D. 技术标准体系

21. 下列关于国土空间规划编制、审批和实施的表述,不正确的是(　　)。
    A. 谁审批、谁监管
    B. 管什么就批什么
    C. 批什么就编什么
    D. 谁组织编制、谁负责实施

22. 下列关于全国国土空间规划作用和编制要求的表述,错误的是(　　)。
    A. 由自然资源部会同相关部门组织编制
    B. 落实全国主体功能区规划
    C. 是对全国国土空间作出的全局安排
    D. 是全国国土空间保护、开发、利用、修复的政策和总纲

23. 下列关于省级国土空间规划的重点管控内容的表述,错误的是(　　)。
    A. 可结合实际完善和细化省级主体功能区
    B. 落实国家确定的生态修复和国土综合整治的重点区域、重大工程

C. 优化生产、生活、生态用水结构

D. 系统建立历史文化保护体系、编撰名录

24. 下列关于市级国土空间总体规划相关概念的表述,错误的是(　　)。

A. 市辖区(不设区的市)的范围大于城区范围

B. 城市建成区范围不大于中心城区范围

C. 城市实际服务管理人口大于城市常住人口

D. 都市圈范围大于城镇圈范围

25. 组织编制市级国土空间总体规划的主体是(　　)。

A. 市人大常委会

B. 市人民政府

C. 市自然资源主管部门

D. 符合相关资质要求的规划编制单位

26. 下列评价工作中,不属于"双评价"本底评价的是(　　)。

A. 生态保护重要性评价

B. 规划环境影响评价

C. 农业生产适宜性评价

D. 城镇建设适宜性评价

27. 当前我国东部沿海经济增速较高的城市,城市人口变化最有可能出现的情况是(　　)。

A. 自然增长率较高,机械增长率较高

B. 自然增长率较高,机械增长率较低

C. 自然增长率较低,机械增长率较高

D. 自然增长率较低,机械增长率较低

28. 下列规划事项不属于市级国土空间规划区域协调重点的是(　　)。

A. 资源和能源供给

B. 社区公共服务设施布局

C. 重大基础设施布局

D. 邻避设施布局

29. 下列关于城市集中式布局优点的表述,不准确的是(　　)。

A. 布局紧凑,节约用地

B. 居民工作、生活、出行距离较短

C. 城市氛围浓厚,交往需求容易满足

D. 容易处理近远期关系

30. 下列关于山地丘陵城市布局的表述,错误的是(　　)。

A. 市中心一般选择在山体周边进行建设

B. 有污染的工业一般布置在谷地中

C. 居住区宜选择向阳、通风的坡面

D. 交通组织宜采用联系各组团的链式路网结构

31. 下列关于城市仓库布局要求的表述,错误的是( )。

   A. 储备仓库应设在城市中心区边缘的专用独立地段

   B. 转运仓库应设在城市郊区,与铁路、港口等对外交通设施紧密结合

   C. 供应仓库可布置在其供应的地区内或附近地段

   D. 收购仓库应安设在货源来向的郊区入城干路口或水运必经的入口处

32. 影响城市公共服务设施设置内容的相关因素不包括( )。

   A. 城市职能

   B. 城市规模

   C. 城市形态

   D. 生活水平

33. 下列关于市级公共中心内涵及特点的表述,错误的是( )。

   A. 是反映城市历史和发展状态的重要地域

   B. 是第三产业密集区域

   C. 其服务范围是市区

   D. 其形态包括单中心、多中心、主副中心

34. 市级国土空间总体规划中,用于中心城区社区公共服务设施步行覆盖率指标的是( )。

   A. 步行 5min 覆盖率

   B. 步行 10min 覆盖率

   C. 步行 15min 覆盖率

   D. 步行 30min 覆盖率

35. 下列关于综合交通与城市空间布局关系的描述,不准确的是( )。

   A. 城市土地使用高强度地区,加密步行与非机动车交通网络

   B. 应通过布置大运能交通线路,提高穿越交通瓶颈的交通系统可靠性

   C. 通过用地布局优化引导城市职住空间的匹配,将居民出行距离控制在合理范围内

   D. 城区内生活出行,采用步行与自行车交通的出行比例不宜低于 80%。

36. 下列关于城市建成区的更新地区,交通系统规划与建设不正确的是( )。

   A. 应根据城市更新的规模与用途确定交通系统的承载力

   B. 应优先落实规划预留的交通设施及空间

   C. 应增加步行、公共交通与非机动车交通空间

   D. 应结合街区改造,提高城市次干路和支路的密度

37. 下列关于城市综合交通规划主要内容的表述,不正确的是( )。

   A. 论证货运交通走廊的布局与特征

   B. 确定主要道路交叉口的基本形式、交通组织与用地控制要求

   C. 规划有轨道交通的城市,提出轨道交通系统选型和运营规模

   D. 确定不同地区停车设施布局和规模

38. 下列关于城市道路交叉口规划要求的表述,不准确的是( )。

A. 主干路与主干路交叉口应满足主干路主线机动车流畅通、连续通行

B. 主干路人行过街横道中间应设安全岛,并采用专用信号控制

C. 新建道路网规划中,规划干路交叉口不应规划错位交叉口、畸形交叉口

D. 交通信号控制的平面交叉口间距宜相等

39. 下列关于对外交通规划要求的表述,不准确的是（　　）。

A. 城市对外集疏运通道应根据集疏运方向,客货运资源共享的要求合并设置

B. 客运港用地规模应按高峰小时旅客集聚量确定

C. 同一对外交通走廊内相同走向的铁路、公路线路宜集中设置

D. 干线机场与城市之间应规划机场专用路

40. 下列关于城市综合交通体系规划中停车场配置要求的表述,不正确的是（　　）。

A. 城市中心区的人均机动车停车位供给水平不应高于城市外围地区

B. 机动车停车应以配套停车场为主,公共停车场为辅

C. 在公共交通服务水平高的区域,机动车停车位的配置指标应低于公共交通服务低的区域

D. 行政办公、商业、商办建筑配建停车位应设置下限

41. 下列关于城市轨道交通线网布局原则的表示,不准确的是（　　）。

A. 城市轨道交通线网功能层次结构应按不同空间层次交通需求构成特征和服务水平要求确定

B. 当一条客流走廊有多种速度标准需求时,宜采用由不同速度标准、不同系统制式组合而成的独立线路或混合线路组织模式

C. 城市轨道交通线网应根据城市各功能片区开发强度的高低提供差异化服务

D. 中心城区内轨道线宜沿城市主要发展轴线或主导客流走廊布设,在外围可设支线增加覆盖范围

42. 下列要素不属于历史文化名城保护对象的是（　　）。

A. 城址环境与之相互依存的山川形胜

B. 中心城区整体格局与传统风貌

C. 历史文化街区和其他历史地段

D. 体现优秀传统文化的节庆活动

43. 下列关于历史城区市政设施建设要求的表述,不准确的是（　　）。

A. 不应新设置区域性大型基础设施站点

B. 不应保留供水厂加压泵站等供水设施

C. 市政设施建设应与历史城区整体风格相协调

D. 应因地制宜确定排水体制

44. 下列关于历史文化街区内涵与规划要求的表述,不正确的是（　　）。

A. 是历史文化名城价值的重要载体和城市整体历史风貌特色的集中体现

B. 是活态的遗产和城市中具有历史文化特色的功能片区

C. 保护规划要划定建设控制地带,在核心保护范围和新的建设地区之间形成缓冲

D. 保护规划要划定环境协调区,在街区和新的建设地区之间形成过渡

45. 下列关于历史文化街区保护要求的表述,不准确的是(   )。

A. 街区内不应设置高架道路、立交桥等交通设施

B. 街区内可结合保护需要划定机动车禁行区

C. 街区内市政工程管线应以地下敷设为主,不应新建高压、次高压燃气管线

D. 街区内市政工程管线宜在垂直方向重叠直埋敷设以适应狭小空间

46. 下列关于历史建筑保护管理要求的表述,错误的是(   )。

A. 历史建筑所有权人应按照保护规划的要求,负责历史建筑的维护和修缮

B. 城市、县人民政府应当对历史建筑设置保护标志

C. 对历史建筑进行外部修缮装饰,应经过城市、县人民政府批准

D. 任何单位和个人不得损坏或者擅自迁移历史建筑

47. 下列关于国土间规划中相关专项规划编制要求的叙述,不准确的是(   )。

A. 相关专项规划可在国家、省和市县层面编制

B. 国土空间总体规划是相关专项规划的基础

C. 相关专项规划要遵守国土空间总体规划,不得违背总体规划的内容

D. 相关专项规划之间要相互协调

48. 下列关于沿海城市总体规划主要内容的表示,错误的是(   )。

A. 将大陆自然海岸线保有率设为预期性指标

B. 合理安排集约化海水养殖和现代化海洋牧场空间布局

C. 按照陆海统筹原则确定生态保护红线

D. 应对因气候变暖造成的海平面上升等灾害

49. 下列城市设计措施中,不属于市级国土空间总体规划中塑造特色城乡风貌内容要求的是(   )。

A. 提出全域山水人文格局的空间形态引导和管控原则

B. 提出重点管控地区的高度、风貌、天际线等空间形态控制要求

C. 提出景观价值地区的建筑后退红线距离和建筑临街面宽度

D. 提出乡村地区分类分区的空间形态管控要求

50. 下列关于城市污水处理设施规划布局要求的表述,不正确的是(   )。

A. 污水处理厂分大型、中型、小型相结合的方式布置

B. 污水处理厂的服务范围,除规划范围外,还应包括其上游的汇入区域

C. 污水处理厂应位于城市全年最小频率风向的上风侧

D. 污泥处理处置中心可与城市垃圾焚烧厂统筹建设

51. 下列关于城市供热方式选择的表述,正确的是(   )。

A. 以煤炭为主要供热能源的城市,应采取集中与分散结合的供热方式

B. 以天然气为主要供热能源的城市,新规划建设区宜采用集中供热方式

C. 在太阳能条件较好的地区,应采取以太阳能为主的供热方式

D. 在风电资源丰富的地区,可发展以电为能源的供热方式

52. 下列关于城市发电厂规划布局要求的表述,正确的是(   )。

A. 燃煤电厂宜选址在城市夏季主导风向的下风侧

B. 热电厂宜靠近热负荷中心布置

C. 燃气电厂应安排足够容量的燃气储存用地

D. 燃煤电厂应规划配套煤炭生产设施

53. 生活垃圾转运站的用地指标,应根据(   )确定。

A. 服务范围   B. 日转运量

C. 服务人口   D. 垃圾种类

54. 下列关于消防车道设置规定的表述,正确的是(   )。

A. 消防车通道之间的中心线间距不宜大于 120m

B. 消防车通道与建筑外墙的距离宜大于 5m

C. 消防车通道的净宽不应小于 4m,净空高度不应小于 5m

D. 消防车通道的坡度不应小于 5°

55. 根据《城市地下空间规划标准》(GB/T 51358—2019)的规定,浅层地下空间深度范围为(   )。

A. 0～10m   B. 0～-15m

C. 0～-20m   D. 0～-30m

56. 下列规划工作不属于市级国土空间规划强制性内容的是(   )。

A. 生态屏障、生态廊道和生态系统保护格局,自然保护地体系

B. 生态保护红线、永久基本农田和城镇开发边界三条控制线

C. 城市有机更新的重点实地区域、城市更新空间单元

D. 中心城区范围内结构性绿地、水体等开敞空间的控制范围和均衡分布要求

57. 根据《市级国土空间总体规划编制指南(试行)》,下列选项中,不属于规划成果必须包含的是(   )。

A. 市域"双评价"成果图

B. 市域主体功能分区图

C. 中心城区国土空间规划分区图

D. 中心城区控制线规划图

58. 建筑密度属于控制性详细规划的(   )。

A. 约束性指标   B. 预期性指标

C. 规定性指标   D. 传导性指标

59. 下列关于绿地率指标内涵的表述,错误的是(   )。

A. 绿地率是地块内各类绿化面积总和与地块用地面积之比

B. 绿地率是调节地块建设强度的关键性指标之一

C. 绿地率的确定应考虑地块区位条件和人口容量等因素

D. 工业地块的绿地率可采用上限指标的控制方式

60. 控制性详细规划编制中,城市设计引导的内容不包括(   )。

A. 建筑小品   B. 建筑色彩

C. 建筑日照间距   D. 建筑空间组合

61. 修建性详细规划编制中,有日照标准要求的设施是( )。

    A. 宾馆   B. 办公楼

    C. 医院门诊楼   D. 老年公寓

62. 根据《国家乡村振兴战略规划(2018—2022年)》,下列关于不同类型村庄规划要求的表述,不准确的是( )。

    A. 聚集提升类村庄应强化主导产业的支撑作用,形成专业化发展特色

    B. 城郊融合类村庄应在形态上塑造城市风貌,在治理上体现城市水平

    C. 特色保护类村庄应全面保护文物古迹、历史建筑、传统民居等传统建筑

    D. 拟搬迁撤并的村庄应严格限制新建、扩建活动

63. 根据《自然资源部国家发展改革委农业农村部关于保障和规范农村一二三产业融合发展用地的通知》,下列关于农村产业融合发展用地的表述,错误的是( )。

    A. 市县要优先安排农村产业融合发展新增建设用地计划,不足的由省(区、市)统筹解决

    B. 用于商品住宅、别墅、酒店、公寓等房地产开发不超过建设用地指标的5%

    C. 可以通过集体经营性建设用地入市的渠道,以出让、出租等方式使用集体建设用地

    D. 要纳入国土空间基础信息平台和国土空间规划"一张图"进行动态监督

64. 下列关于村庄卫生厕所类型选择的表述,错误的是( )。

    A. 具备上下水设施且水资源充沛的村庄,宜建造水冲式厕所

    B. 干旱地区的村庄宜建造双坑交替式、阁楼堆肥式或双瓮漏斗式厕所

    C. 寒冷地区的村庄不宜建造深坑式厕所

    D. 非农牧业地区的村庄,不宜建造粪尿分集式生态卫生厕所

65. 下列关于中国历史文化名村申报条件的表述,错误的是( )。

    A. 建筑遗产、文物古迹比较集中,辖区内存有清末以前或有重大影响的历史传统建筑群

    B. 原貌基本保存完好或已按原貌整修恢复

    C. 具有一定的历史传统建筑的规模

    D. 要先申报成为中国传统村落

66. 避免居住区被外部交通穿越的理念,最早出现在( )。

    A. 美国的邻里单位   B. 苏联的扩大小区

    C. 中国的单位大院   D. 新加坡的物业管理单元

67. 街道综合服务中心应设置在( )内。

    A. 30min 生活圈   B. 15min 生活圈

    C. 10min 生活圈   D. 5min 生活圈

68. 下列地段中,属于居住区选址时必须避开的是( )。

    A. 有土壤污染的地段   B. 有噪声污染的地段

    C. 有滑坡威胁的地段   D. 交通繁忙的地段

69. 城市居住区中配套公共服务设施的配置依据主要取决于(　　)。
   A. 居住人口的规模
   B. 居住人口的收入
   C. 居住人口的年龄
   D. 居住人口的性别结构

70. 下列关于城市设计规划的内容,属于核心目的的是(　　)。
   A. 提高城市建筑设计水平
   B. 改进城市人居环境,满足人类在生活、社会、经济以及美观上的需求
   C. 在规划设计与建筑设计、环境设计之间建立桥梁
   D. 为开发建设提供引导和指引

71. 下列关于城市设计思潮的表述,不准确的是(　　)。
   A. 卡米洛·西谛主张城镇通过建筑物与广场、环境之间的相互协调形成和谐统一的有机体
   B. 戈登·库伦推崇城市多样性带来的活力,强调其作为居民日常活动的容器和社会交往的场所
   C. 埃利尔沙里宁强调社会环境的重要性,关心城市所表达出的文化气质与精神内涵,提倡物质与精神完整统一的城市设计方法
   D. 克里斯托弗·亚历山大认为,每一个建筑和每个城市都是由空间模式所组成的,而模式必有所有居民的主动参与才有意义

72. 芦原义信研究了建筑高度(H)与邻幢间距(D)之间的比例关系,发现 D/H 小于一定阈值时有压迫之感,这一阈值为(　　)。
   A. 1　　　　　　B. 2　　　　　　C. 3　　　　　　D. 4

73. 下列规划设计要求中,不属于滨水地区城市设计原则的是(　　)。
   A. 统筹协调岸域和滨水开发
   B. 构造整体连续的城市景观
   C. 优先保障机动车交通畅通
   D. 岸线资源共享与社会公正

74. 下列城市中,最早把城市设计列入地方城市规划条例的是(　　)。
   A. 北京　　　　　B. 上海　　　　　C. 广州　　　　　D. 深圳

75. 根据《自然资源部关于推进规划用地"多申合一,多证合一"改革的通知》,下列文件中不属于改革后建设项目用地管理有效文件的是(　　)。
   A. 建设项目用地预审与选择意见书
   B. 建设用地规划许可证
   C. 建设用地批准书
   D. 国有土地划拨决定书

76. 下列关于国土空间规划编制实施机制的表述,不正确的是(　　)。
   A. 建立健全全国空间规划动态检测评估预警和实施监管机制
   B. 将国土空间规划执行情况编制纳入自然资源执法督查内容
   C. 健全资源环境承载能力监测预警长效机制
   D. 结合国民经济社会发展实际对国土空间规划进行动态调整完善

77. 下列关于国土空间开发保护制度的表述,不准确的是(   )。
   A. 以国土空间规划为依据,对所有国土空间分区分类实施用途管制
   B. 对建设活动实行"详细规划＋规划许可"的管制方式
   C. 对自然保护地、重要海域和海岛、重要水源地、文物等实施特殊保护制度
   D. 因地制宜制定用途管制制度,为地方管理和创新活动留有空间

78. 下列用地类型中,一般应通过出让方式取得的建设用地是(   )。
   A. 国家机关用地和军事用地
   B. 城市基础设施用地和公益事业用地
   C. 由政府组织实施的保障性安居工程建设用地
   D. 国家重点扶持的能源、交通、水利等基础设施用地

79. 下列关于国土空间规划城市体检评估的表述,错误的是(   )。
   A. 国土空间规划城市体检评估包括年度体检和五年评估两种方式
   B. 是对城市发展体征及规划实施效果定期进行的分析评价
   C. 是国土空间规划编制和动态维护的前置环节和重要依据
   D. 是对法定规划的目标、指标和任务的分析评价

80. 下列关于商业性开发建设影响和要求的表述,错误的是(   )。
   A. 商业性开发对私人利益的追求会损害到他人利益和公共利益
   B. 规划中的大量内容需要依靠商业性开发才能最终实现
   C. 商业性开发的建设用地应通过土地出让等有偿方式获得使用权
   D. 商业性开发必须获得"建设用地规划许可证"

二、多项选择题(共 20 题,每题 1 分。每题的备选项中有 2～4 个符合题意。多选、少选、错选都不得分)

81. 下列关于城市与乡村关系的表述,正确的有(   )。
   A. 城市与乡村是人类聚落的基本形式
   B. 城市与乡村联系密切、相辅相成
   C. 城市与乡村的基本职能、结构特点不同
   D. 世界各国的城乡聚落划分标准基本一致
   E. 城乡统筹就是要形成有机联系的城乡二元结构

82. 下列用地中,属于难以或不宜长期稳定利用的耕地的是(   )。
   A. 25°以上的坡耕地(不含梯田)
   B. 新开发、复垦、整理形成的耕地
   C. 林区范围内开发的耕地
   D. 河流、湖泊、堤坝或最高水位线范围内的耕地
   E. 休闲地(含轮歇地、休耕地)

83. 下列关于农村土地综合整治目标和任务的表述,正确的有(   )。
   A. 划定的整治区域应相对集中连片

B. 划定地质灾害、洪涝等灾害影响范围的安全防护范围

C. 支持农村产业融合发展是农村土地综合整治的主要目的之一

D. 提高建设用地使用效率是建设用地整治的主要目的

E. 乡村历史文化保护是农村土地综合整治的任务之一

84. 下列关于新中国城市规划发展情况的描述,正确是(　　　)。

A. 1952 年 9 月中央财经委员会召开城市建设座谈会,各城市要制定城市远景发展的总体规划

B. 1956 年国务院设立国家城建部,内设城市规划局

C. 到 1957 年,国家先后批准西安、兰州、太原等 15 个城市的总体规划和部分详细规划

D. 1974 年国家建委下发的《关于加强城市建设工作的意见》,是新中国第一部重要的城市规划立法

E. 1978 年 3 月国务院召开城市工作会议,该会议强调了城市在国民经济发展中的重要地位和作用

85. 下列关于我国改革开放初期城市规划的表述,正确的是(　　　)。

A. 1980 年 10 月国家建委召开全国城市规划工作会议,第一次提出"城市市长的主要职责,是把城市规划、建设和管理好"

B. 1984 年国务院颁发的《城市规划条例》,这是新中国成立以来,城市规划专业领域的第一步基本法规

C. 1989 年 12 月 26 日,全国人大第一次将"社区服务"的概念以法律条文的性质固定下来

D. 从 20 世纪 80 年代初开始,城市居住小区成为全国各个城市建设居住区的主要模式

E. 1984 年至 1988 年间,国家城市规划行政主管部门实行国家计委、建设部双重领导

86. 根据《中共中央　国务院关于建立国土空间规划体系并监督实施的若干意见》,下列要求中属于提高国土空间规划科学性的有(　　　)。

A. 尊重自然规律、经济规律、社会规律和城乡发展规律

B. 强化国家发展规划的统筹作用,强化国土空间规划的基础作用

C. 坚持山、水、林、田、湖、草生命共同体理念,加强生态环境分区管治

D. 坚持上下结合、社会协同、完善工作参与制度,发挥不同领域专家的作用

E. 健全规划实施传导机制,确保规划能用、管用、好用

87. 下列关于国土空间总体规划审批事项的表述,正确的有(　　　)。

A. 全国国土空间规划由国务院审批

B. 省级国土空间规划经同级人大常委会审议后报国务院审批

C. 市级国土空间总体规划由省级政府审批

D. 县级国土空间规划由省级政府确定规划审批程序

E. 乡镇国土空间规划由市级政府确定规划审批程序

88. 市级国土空间总体规划的规划层次一般包括(　　　)。

    A. 市域　　　　　　B. 市区　　　　　　C. 城市集中建设区

    D. 中心城区　　　　E. 历史街区

89. 根据《国土空间调查、规划、用途管制用地用海分类指南(试行)》,下列设施的用地属于公共管理与公共服务用地的有(　　　)。

    A. 电影院　　　　　B. 博物馆　　　　　C. 技工学校

    D. 残疾人康复中心　E. 加油(气)站

90. 下列关于铁路客运站规划布局的表述,正确的有(　　　)。

    A. 超大城市和特大城市的铁路客运站可引入城市中心地下布置

    B. 特大城市和大城市高速铁路客运站应与普速铁路客运站分开设置

    C. 特大城市和大城市根据城市布局可设置多个铁路客运站

    D. 中小城市铁路客运站一般采用尽端式的布局形式,以减少铁路对城市的分割

    E. 中小城市铁路客运站根据城市布局和铁路线网规划可布置在城区边缘

91. 下列关于城市公共交通规划目标的表述,正确的是(　　　)。

    A. 高峰期 95% 的乘客在轨道交通系统内部单程出行时间不宜大于 45min

    B. 城市轨道交通应优先与辅助型公共交通及步行、自行车交通衔接

    C. 快速公共汽车交通系统和有轨电车宜布置在高峰小时单向断面客流在 0.6 万人次/h 以下的客流走廊上

    D. 快速公共汽车交通系统的停车场宜布置在线路起、终点附近

    E. 同一客流走廊内,可根据客流特征和运量等要求布设多条轨道交通线路

92. 下列关于历史文化名城保护整治方式的表述,正确的有(　　　)。

    A. 保护是指对保护项目及其环境所进行的科学的调查、勘测、评估、登录、修缮、维修、改善、利用的过程

    B. 修缮是指对建筑物、构筑物的保护方式,包括日常保养、防护加固、现状修整、重点修复等

    C. 维修是指对建筑物、构筑物进行的不改变外观特征的加固和保护性复原活动

    D. 改善是指对建筑物、构筑物采取的不改变内观特征,调整、完善内部布局及设施的保护方式

    E. 整治是指为历史文化名城和历史文化街区风貌完整性的保持,建成环境品质的提升所采取的各项活动

93. 下列保护范围需要同步划定城市紫线的有(　　　)。

    A. 文物保护单位保护范围

    B. 传统风貌建筑保护范围

    C. 历史文化街区外的历史建筑保护范围界线

    D. 大遗址保护范围

E. 历史文化街区保护范围

94. 下列关于市级国土空间总体规划强制性内容的说法,不正确的是( )。

A. 确定地质灾害防护规定

B. 确定区域防洪排涝通道和蓄滞洪空间

C. 确定人防设施布局

D. 确定防灾通道的长度

E. 确定城市应急用地和大型危险品存储用地

95. 紧急避难场所应配置的场地与设施有( )。

A. 应急休息区

B. 应急发电区

C. 应急消防器材

D. 应急保障给水区

E. 应急医疗救护区

96. 下列关于城市水系规划要求的表示,正确的有( )。

A. 应对规划范围内需要保护的河流、湖库、湿地及其他水体划定城市蓝线

B. 水生态保护范围划分为核心保护范围和非核心保护范围

C. 水系改造不得减少现状水域面积总量,不得跨排水系统调剂水域面积指标

D. 受保护水域的范围应包括所有现状水体,不包括规划新建的水体

E. 水质保护目标应根据水体规划功能制定,对水质的要求不高于现状水体的水质类别

97. 下列关于国土空间规划中详细规划作用和编制组织的表述,正确的有( )。

A. 详细规划是对地块开发建设强度作出的实施性安排

B. 详细规划是核发城乡建设项目规划许可的法定依据

C. 详细规划要依据国土空间总体规划和相关专项规划进行编制

D. 城镇开发边界内的详细规划由市县自然资源主管部门组织编制

E. 城镇开发边界外乡村地区的实用性村庄规划由乡镇政府组织编制

98. 下列关于城市居住区路网系统的规定,正确的有( )。

A. 应采取"小街区、密路网"的交通组织方式

B. 路网密度不应小于 $4km/km^2$

C. 城市道路间距宜为 $150\sim250m$

D. 在适宜自行车骑行的地区,应构建连续的非机动车道

E. 旧区改建应保留和利用有历史文化价值的街道

99. 场所-文脉分析方法有( )。

A. 视觉秩序分析

B. 场所结构分析

C. 城市活力分析

D. 文化生态分析

E. 景观形象分析

100. 下列属于实施国土空间总体规划内容的是(　　)。

　　A. 制定近期建设计划

　　B. 划定"三条控制线"

　　C. 细化用途管制规则

　　D. 生态修复和国土整治

　　E. 房地产开发

真题解析

一、单项选择题(共 80 题,每题 1 分。每题的备选项中,只有 1 个最符合题意)

1. D

【解析】 城市归根结底是由社会剩余物资的交换和争夺而产生的,也是社会分工和产业分工的产物。A 选项正确。城市是工商业活动集聚的场所,是从事工商业活动的人群聚居的场所。B 选项正确。城市是以人造景观为特征的聚落景观,包括了自然环境却又是以人造物和人文景观为主的一种地理环境。C 选项正确。城市是非农人口集中,以从事工商业等非农业生产活动为主的居民点,是一定地域范围内社会、经济、文化活动的中心。乡村地区具有经济、社会和空间有机联系的居民点集合不具有城市功能,D 选项缺少"非农人口集中,以从事工商业等非农业生产活动"的限定,因此 D 选项表述不准确。故 D 选项符合题意。

2. B

【解析】 当代城市发展的主要动力有自然资源开发和保护、科技革命与创新、全球化和新经济、城市文化特质。因此 B 选项符合题意。

3. A

【解析】 农业社会的生产力十分低下,对于农业的依赖性决定了农业社会的城市数量、规模及职能都是极其有限的,城市没有起到经济中心的作用,城市内手工业和商业不占主导地位,而主要是政治、军事或宗教中心。因此 A 选项错误,符合题意。

4. C

【解析】 逆城镇化阶段,不仅中心市区人口继续外迁,郊区人口也向更大的外围区域迁移,出现了大都市区人口负增长的局面。逆城镇化并未出现大城市规模难以控制的情况,故 C 选项符合题意。

5. B

【解析】 城市与区域的关系——城市是区域增长、发展的核心,区域是城市存在与支撑其发展的基础;区域发展产生了城市,城市又在发展中反作用于区域。因此,区域是城市增长和发展的基础和背景,B 选项错误。故 B 选项符合题意。

6. B

【解析】 资源环境是城市发展的支撑与约束条件,A 选项正确;技术进步、生产生活方式转变等可以提升资源环境承载的潜力,B 选项错误;资源环境对城市发展带来约束的同时,也将极大地促进人们优化发展,健康的城市发展方式有利于实现经济增长和资源环境保护相互协调。CD 选项正确。故 B 选项符合题意。

7. C

【解析】 根据《全国重要生态系统保护和修复重大工程总体规划》,在全面加强生态保护的基础上,不断加大生态修复力度,持续推进大规模国土绿化、湿地与河湖保护修复、防沙治沙、水土保持、生物多样性保护、土地综合整治、海洋生态修复等重点生态工程。因此生态功能退化区域、生物多样性降低区域和水土流失区域是生态修复所针对的问题区域。开发强度过高的区域属于建设用地,不属于生态区域生态修复针对的区域。故 C 选项符合题意。

8. A

【解析】 根据《国土空间调查、规划、用途管制用地用海分类指南(试行)》,水田属于耕地。因此 A 选项符合题意。

9. A

【解析】 根据《国土空间调查、规划、用途管制用地用海分类指南(试行)》,港口用海属于工矿通信用海,因此 A 选项符合题意。

10. C

【解析】 根据《国土空间调查、规划、用途管制用地用海分类指南(试行)》,草地是指生长草本植物为主的土地,包括乔木郁闭度<0.1 的疏林草地,灌木覆盖度<40%的灌丛草地,不包括生长草本植物的湿地、盐碱地。沼泽草地属于湿地,因此 C 选项符合题意。

11. C

【解析】 中世纪初期,封建割据和战争不断,使经济和社会生活中心转向农村,手工业和商业十分萧条,城市处于衰落状态,A 选项正确;教堂占据了城市的中心位置,教堂的庞大体量和高耸尖塔成为城市空间和天际轮廓的主导因素,B 选项正确;就整体而言,城市基本上多为自发生长,很少有按规划建造的,C 选项不准确;随着手工业和商业逐渐兴起和繁荣,行会等市民自治组织的力量得到了较大的发展,许多城市开始摆脱封建领主和教会的统治,逐步发展成为自治城市,D 选项正确。故 C 选项符合题意。

12. A

【解析】 "中央为中心区,中心区外围是环形居住带,最外围是花园住宅"是勒·柯布西埃的"明日城市"方案的设想,而非"光辉城市"。A 选项错误。"光辉城市"提出高层建筑之间保持有较大的比例空旷地,所有城市应当是"垂直的花园城市",城市的全部地面均可由行人支配。BCD 选项正确,故 A 选项符合题意。

13. C

【解析】 城市的分散发展理论实际上是霍华德田园城市理论的不断深化和运用,即通过建立小城市来分散向大城市的集中,其中主要的理论包括了卫星城理论、新城理论、有机疏散理论和广亩城理论等。1924 年,在阿姆斯特丹召开的国际城市会议上,提出建设卫星城是防止大城市规模过大和不断蔓延的一个重要方法,认为卫星城市是一个经济、社会、文化上具有现代城市性质的独立城市单位,但同时又是从属于某个大城市的派生产物。卫星城的概念强化了与中心城市的依赖关系,在其功能上强调中心城的疏解,因此往往作为中心城市某一功能疏解的接收地。因此 C 选项符合题意。

14. B

【解析】 邻里单位规模:提供满足一所小学的服务人口所需住房,它的实际面积则由它的人口密度所决定。因此 B 选项错误,符合题意。

15. D

【解析】 罗西从新理性主义的思想体系出发,提出了城市空间的深层结构,组成城市空间类型的要素是城市街道、城市的平面以及重要纪念物。因此 D 选项符合题意。

16. B

【解析】 曹魏邺城有严格的分区,城市被东西道路分割,北部为统治阶级专用地区,包括宫殿和封建典礼的建筑和广场;南部为百姓居住的坊里。因此 B 选项符合题意。

17. C

【解析】 发布于 1929 年的南京"首都计划",对南京进行功能分区,共计分为中央政治区、市行政区、工业区、商业区、文教区、住宅区等六大功能区。中央政治区是建设重点。道路系统规划拓宽原有部分道路,部分地区采用美国当时最为流行的方格网加对角线方式,并将古城墙改造为环城大道。在行政中心和车站广场地段,规划建设"中西合璧"的建筑群等。故 C 选项符合题意。

18. C

【解析】 全球城市都具有的一些基本特征:①作为跨国公司(全球性或区域性)总部的集中地;②都是金融中心;③具有高度发达的生产性服务业;④生产性服务业是知识密集型产业;⑤是信息、通信和交通设施的枢纽。因此 ABD 选项正确。全球城市社会阶层分化程度不一定下降,可能随经济聚焦和社会分工的不同,社会阶层反而加剧。因此 C 选项符合题意。

19. A

【解析】 可持续发展应采用以公共交通为主导的紧凑发展形态,提高生物多样性和减少化石燃料的使用,更多采用"闭合式"生态循环生产,提高再生和利用的程度。因此 A 选项符合题意。

20. A

【解析】 根据《关于建立国土空间规划体系并监督实施的若干意见》,国土空间规划体系包括:编制审批体系、实施监督体系、法规政策体系、技术标准体系。因此 A 选项符合题意。

21. C

【解析】 根据《关于建立国土空间规划体系并监督实施的若干意见》,按照"谁审批、谁监管""管什么就批什么""谁组织编制、谁负责实施"的管理办法,规划编制审批国土空间规划。因此 C 选项符合题意。

22. B

【解析】 全国国土空间规划是对全国国土空间作出的全局安排,是全国国土空间保护、开发、利用、修复的政策和总纲,侧重战略性,由自然资源部会同相关部门组织编制,由党中央、国务院审定后印发。故 ACD 选项正确。全国土地功能区规划应纳入全国国土空间规划,因此不存在落实全国主体功能区规划要求。故 B 选项符合题意。

23. C

【解析】 根据《省级国土空间规划编制指南》,A 选项属于主体功能分区重点管控内容；B选项属于生态修复和国土综合整治重点内容；D选项属于历史文化和自然景观资源重点管控内容；C选项属于市级国土空间总体规划中制定水资源供需平衡的内容。因此C选项符合题意。

24. D

【解析】 根据《市级国土空间总体规划编制指南（试行）》定义，城镇圈范围大于都市圈范围，城镇圈是包括都市圈中心城市在内的有联系的其他城镇组成的范围，因此城镇圈大于都市圈。故D选项符合题意。

25. B

【解析】 市级人民政府负责市级总体规划的组织编制工作，故B选项符合题意。

26. B

【解析】 将资源环境承载能力和国土空间开发适宜性作为有机整体，主要围绕水资源、土地资源、气候、生态、环境、灾害等要素，针对生态保护、农业生产（种植、畜牧、渔业）、城镇建设三大核心功能开展本底评价。因此B选项符合题意。

27. C

【解析】 根据统计，在经济发达地区，人口出生率下降，整体人口自然增长率较低，但因为经济发达，产业提供岗位多，人口迁入较大，机械增长率较高。故C选项符合题意。

28. B

【解析】 根据《自然资源部关于全面开展国土空间规划工作的通知》，市级国土空间总体规划应包括重点规划安排、重大交通枢纽、重要线性工程网络、城市安全与综合防灾体系、地下空间、邻避设施等设施布局，城镇政策性住房和教育、卫生、养老、文化体育等城乡公共服务设施布局原则和标准。因此ACD正确。社区公共服务设施布局属于社区级配套，不属于市级国土空间规划内容，其属于片区控制性详细规划或居住区规划内容，故B选项符合题意。

29. D

【解析】 城市集中布局的优点包括：①布局紧凑、节约用地；②城市氛围浓厚，人际交往需求容易满足；③居民工作出行距离较短；④容易低成本配套建设城市生活设施和基础设施。城市用地发展和城市容量具有弹性，容易处理近期和远期的关系是城市分散式布局的优点，因此D选项符合题意。

30. B

【解析】 山地丘陵城市的市中心一般都选择在山体的四周进行建设，居住用地选择在向阳、通风、用地面积和水资源丰富的地段，工业特别是有污染的工业布置在地形较高的城市下风向，以利于污染空气的扩散。故AC选项正确，B选项错误。因山地丘陵城市地形的限制，在城市交通组织上一般宜采用链式路网结构进行道路建设。D选项正确。故B选项符合题意。

31. A

【解析】 储备仓库一般应设在城市的郊区，水陆交通条件方便的地方，有专用的独立地段。故A选项错误，符合题意。

32. C

【解析】 城市作为人类的聚居地,其社会生活、经济生活和文化生活,需要丰富多样的公共设施予以支持。城市公共设施的内容与规模在一定程度上反映出城市的性质、城市的物质生活与文化生活水平、城市的文明程度。城市公共设施的内容设置及其规模大小也与城市的职能和规模相关联。而城市性质又是城市职能的概括,因此 ABD 选项正确。城市布局(城市形态)影响城市公共设施的规模,但对公共设施设置的内容影响很小,比如分散的组团城市,虽然其公共服务设施的规划多,但各个组团设置内容基本是重复的。故 C 选项符合题意。

33. C

【解析】 全市性公共中心是显示城市历史与发展状态、城市文明水准以及城市建设成就的标志性地域。这里汇集有全市性的行政、商业、文化等设施,是信息、交通、物资汇流的枢纽,也是第三产业密集的区域。在一些大城市或都会地区,通过建立城市副中心,可以分解市级中心的部分职能,主、副中心相辅相成,共同完善市中心的整体功能。市级公共中心不只是为市区服务,还要为全市服务,甚至一些特大城市市级中心还为城市以外地区服务。因此 C 选项错误。故 C 选项符合题意。

34. C

根据《市级国土空间总体规划编制指南(试行)》规定,中心城区卫生、养老、教育、文化、体育等社区公共服务设施步行覆盖率按 15min 覆盖率(%)指标提出预期性要求。故 C 选项符合题意。

35. B

【解析】 根据《城市综合交通体系规划标准》(GB/T 51328—2018)第 4.0.3 条:城市土地使用高强度地区应提高城市道路与公共交通设施的密度,加密步行与非机动车交通网络。A 选项正确。第 4.1.2 条:城区内生活出行,采用步行与自行车交通的出行比例不宜低于 80%。D 选项正确。第 4.0.1 条:通过用地布局优化引导城市职住空间的匹配、合理布局城市各级公共与生活服务设施,将居民出行距离控制在合理范围内。C 选项正确。第 4.0.5 条:应通过通道设施布局、交通方式的多样性,提高穿越交通瓶颈的交通系统可靠性。B 选项错误,引入大运量的交通,反而会增加瓶颈地区的交通拥堵。故 B 选项符合题意。

36. A

【解析】 根据《城市综合交通体系规划标准》(GB/T 51328—2018)第 4.0.4 条:城市建成区的更新地区,交通系统规划与建设应符合以下规定:①应根据交通系统承载力确定城市更新的规模与用途;②应优先落实规划预留的各类交通设施及空间;③应结合街区改造,提高城市次干路和支路的密度;④应增加步行、城市公共交通与非机动车交通空间;⑤应完善城市货物配送的交通设施及空间。因此 A 选项符合题意。

37. C

【解析】 根据《城市综合交通体系规划标准》(GB/T 51328—2018)第 B.0.1 条:论证客货运交通走廊布局与特征;确定不同地区停车设施布局和规模等规划要求;主要交叉口的基本形式、交通组织与用地控制要求。因此 ABD 选项正确。轨道交通运营规模属于规划交通设计专项规划深度的内容,因此 C 选项符合题意。

38. A

【解析】 根据《城市道路交叉口规划规范》(GB 50647—2011)第 4.1.1 条:交通信号控制的各平面交叉口间距宜相等;第 4.1:1 条:新建道路交通网规划中,规划干路交叉口不应规划超过 4 条进口道的多路交叉口、错位交叉口、畸形交叉口;第 3.3.2 条:主干路的人行过街横道中间应设安全岛,并应采用专用信号控制。因此 BCD 选项正确;主-主交叉口应满足主干路主要流向车流畅通、能以中等速度间断通行、以交通功能为主,并应符合主干路的基本要求。因此 A 选项符合题意。

39. A

【解析】 《城市对外交通规划规范》(GB 50925—2013)第 7.2.10 条:客运港用地规模应按高峰小时旅客聚集量确定;第 8.2.2 条:枢纽机场、干线机场与城市之间应规划机场专用道路;《城市综合交通体系规划标准》(GB/T 51328—2018)第 7.1.2.4 条:同一对外交通走廊内相同走向的铁路、公路线路宜集中设置。故 BCD 选项正确;城市对外集疏运通道应根据集疏运方向,客货运应按功能不同分开设置。故 A 选项错误,A 选项符合题意。

40. D

【解析】 《城市综合交通体系规划标准》(GB/T 51328—2018)第 13.3.4 条:医院等特殊公共服务设施的配建停车位指标应设置下限值,行政办公、商业、商务建筑配建停车位指标应设置上限值。因此 D 选项错误。第 3.3.3 条:机动车停车位供给应以建筑物配建停车场为主、公共停车场为辅。B 选项正确。第 13.3.2 条:应分区域差异化配置机动车停车位,公共交通服务水平高的区域,机动车停车位供给指标应低于公共交通服务水平低的区域。AC 选项正确。故 D 选项符合题意。

41. D

【解析】 《城市轨道交通线网规划标准》(GB/T 50546—2018)第 5.2.1 条:城市轨道交通线网功能层次结构应按不同空间层次交通需求构成特征和服务水平要求确定,宜由不同技术标准、不同系统制式轨道交通线路组合而成;第 5.2.5 条:当一条客流走廊有多种速度标准需求时,不同层次的线路,宜采用由不同速度标准、不同系统制式组合而成的独立线路或混合线路组织模式;第 6.1.4 条:线网应根据城市各功能片区开发强度的高低提供差异化服务。由以上条款可知,ABC 选项正确;中心城区内轨道线宜沿城市主要发展轴线或主要客流走廊布设,中心城区轨道线一般不设支线,市域内轨道线可在中心城区外围设支线增加工覆盖度。D 选项错误,故 D 选项符合题意。

42. B

【解析】 根据《历史文化名城保护规划标准》(GB/T 50357—2018)第 3.1.1 条:历史文化名城保护应包括下列内容:①城址环境及与之相互依存的山川形胜;②历史城区的传统格局与历史风貌;③历史文化街区和其他历史地段;④需要保护的建筑,包括文物保护单位、历史建筑、已登记尚未核定公布为文物保护单位的不可移动文物、传统风貌建筑等;⑤历史环境要素;⑥非物质文化遗产以及优秀传统文化。因此 B 选项符合题意。

43. B

【解析】 《历史文化名城保护规划标准》(GB/T 50357—2018)第 3.5.1.3 条:历史城区内不应新设置区域性大型市政基础设施站点;第 3.5.2 条:历史城区市政设施建设应与历史城区整体风貌相协调;第 3.5.3 条:应因地制宜确定排水体制,在有条件的地区推广雨水低影响开发建设模式。因此 ACD 选项正确。第 3.5.1.2 条:历史城区内不应保留污水处理厂、固体废弃物处理厂(场)、区域锅炉房、高压输气与输油管线和贮气与贮油设施等环境敏感型设施。故 B 选项符合题意。

44. D

【解析】 根据《历史文化名城保护规划标准》(GB/T 50357—2018)条文解说:历史文化街区是名城价值的重要载体,是城市整体历史风貌特色的集中体现,保护历史文化街区的目的是为了在整体上保持和延续名城特色与风貌;历史文化街区是活态遗产,是城市中具有历史文化特色的功能片区;为保证历史文化街区风貌的完整保护以及与现代建设地区之间的缓冲,街区核心保护范围外还应划出一定范围的建设控制地带。因此 D 选项符合题意。

45. D

【解析】 《历史文化名城保护规划标准》(GB/T 50357—2018)第 4.4.1 条:历史文化街区内不应设置高架道路、立交桥、高架轨道、客货运枢纽、大型停车场、大型广场、加油站等交通设施。地下轨道选线不应穿越历史文化街区;第 4.4.2 条:可结合保护的需要,划定机动车禁行区;第 4.5.3 条:市政工程管线应以地下敷设方式为主,各种工程管线不宜在垂直方向上重叠直埋敷设;不应新建高压、次高压燃气管线。因此 D 选项符合题意。

46. C

【解析】 根据《历史文化名城名镇名村保护条例》第三十五条:对历史建筑进行外部修缮装饰、添加设施以及改变历史建筑的结构或者使用性质的,应当经城市、县人民政府城乡规划主管部门会同同级文物主管部门批准,并依照有关法律、法规的规定办理相关手续。因此 C 选项错误,符合题意。

47. C

【解析】 相关专项规划要遵循国土空间总体规划,不得违背总体规划强制性内容,其主要内容要纳入详细规划。因此 C 选项不准确,符合题意。

48. A

【解析】 大陆自然海岸线保有率:大陆自然海岸线(砂质岸线、淤泥质岸线、基岩岸线、生物岸线等原生海岸线),及整治修复后具有自然海岸形态特征和生态功能的海岸线)长度占大陆海岸线总长度的比例。根据《市级国土空间总体规划编制指南(试行)》,大陆自然海岸线保有率为约束性指标,故 A 选项符合题意。

49. C

【解析】 根据《市级国土空间总体规划编制指南(试行)》第 3.6 款:提出全域山水人文格局的空间形态引导和管控原则;明确空间形态重点管控地区,提出开发强度分区和容积率、密度等控制指标,以及高度、风貌、天际线等空间形态控制要求;对乡村地区分类分区提出特色保护、风貌塑造和高度控制等空间形态管控要求。故 ABD 选项正确。提出景观价值地区的建筑后退红线距离和建筑临街面宽度应该属于详细规划阶段的内容。故 C 选项符合题意。

50. C

【解析】 根据《城市排水工程规划规范》(GB 50318—2017),污水处理厂应位于城市夏季最小频率风向的上风侧。因此 C 选项不正确。故 C 选项符合题意。

51. D

【解析】 根据《城市供热规划规范》(GB/T 51074—2015)第 5.2.1 条:以煤炭为主要供热能源的城市,应采取集中供热方式。A 选项错误。第 5.2.4 条:对于新规划建设区,不宜选择独立的天然气集中锅炉房供热。B 选项错误。第 5.2.8 条:太阳能条件较好地区,应选择太阳能热水器解决生活热水需求,并应增加太阳能供暖系统的规划。C 选项错误,并不要求以太阳能为主供热,只是要求以太阳能解决生活热水需求。第 5.2.5 条:在水电和风电资源丰富的地区和城市,可发展以电为能源的供热方式。D 选项正确。故 D 选项符合题意。

52. B

【解析】 根据《城市电力规划规范》(GB/T 50293—2014)第 5.3.1 条:大、中型燃煤电厂应安排足够容量的燃煤储存用地;燃气电厂应有稳定的燃气资源,并应规划设计相应的输气管道。C 选项错误。燃煤电厂选址宜在城市全年最小风频上风向,并应符合国家环境保护的有关规定。A 选项错误。供冷(热)电厂宜靠近冷(热)负荷中心,并与城市热力网设计相匹配。B 选项正确。燃煤电厂存储煤燃烧,并不需要煤炭生产设施。D 选项错误。因此 B 选项符合题意。

53. B

【解析】 根据《城市环境卫生设施规划标准》(GB/T 50337—2018)第 5.2.1 条:生活垃圾转运站的用地指标应根据日转运量确定。故 B 选项符合题意。

54. B

【解析】 根据《建筑设计防火规范(2018 年版)》(GB 50016—2014)第 7.1.1 条:街区内的道路应考虑消防车的通行,道路中心线间的距离不宜大于 160m,A 选项错误;第 7.1.5 条:车道的净宽度和净空高度均不应小于 4.0m,C 选项错误;消防车道靠建筑外墙一侧的边缘距离建筑外墙不宜小于 5m,B 选项正确;消防车道的坡度不宜大于 8%,D 选项错误。故 B 选项符合题意。

55. B

【解析】 根据《城市地下空间规划标准》(GB/T 51358—2019)第 3.0.6 条:城市地下空间可分为浅层(0~−15m)、次浅层(−15~−30m)、次深层(−30~−50m)和深层(−50m 以下)4 层。故 B 选项符合题意。

56. C

【解析】 根据《市级国土空间总体规划编制指南(试行)》,市级总规中强制性内容应包括:①约束性指标落实及分解情况,如生态保护红线面积、用水总量、永久基本农田保护面积等;②生态屏障、生态廊道和生态系统保护格局,自然保护地体系;③生态保护红线、永久基本农田和城镇开发边界三条控制线;④涵盖各类历史文化遗存的历史文化保护体系,历史文化保护线及空间管控要求;⑤中心城区范围内结构性绿地、水体等开敞空间的控制范围和均衡分布要求;⑥城乡公共服务设施配置标准,城镇政策性住房和教育、卫生、养老、文化体育等城乡公共服务设施布局原则和标准;⑦重大交通枢纽、重要线性工程网络、城市安全与综合防灾体系、地下空间、邻避设施等设施布局。故 C 选项符合题意。

57. A

【解析】 根据《市级国土空间总体规划编制指南(试行)》附录规划图件目录,市域"双评价"成果图不属于规划成果必须包括的图件。故 A 选项符合题意。

58. C

【解析】 建筑密度属于强制性内容,属于控制性详细规划的规定性指标。故 C 选项符合题意。

59. A

【解析】 绿地率是指地块内各类绿地面积总和与地块用地面积的百分比,是调节地块建设强度的关键指标之一,绿地率的确定应综合考虑地块区位、用地性质、建筑密度、建筑容量与人口容量以及景观风貌要求等因素。绿地率一般采用下限指标的控制方式,工业用地为控制一定的投资建设强度需要,避免"花园工厂"的建设,可采用上限指标的控制方式。故 A 选项错误。

60. C

【解析】 建筑日照间距属于规定性内容,不属于城市设计引导的指导性内容。因此 C 选项符合题意。

61. D

【解析】 根据《民用建筑设计统一标准》(GB 50352—2019),老年人住宅、残疾人住宅的卧室、起居室,医院、疗养院半数以上的病房和疗养室,中小学半数以上的教室应能获得冬至日不小于 2h 的日照标准。因此 D 选项符合题意。

62. B

【解析】 《国家乡村振兴战略规划(2018—2022 年)》明确指出,城郊融合类村庄应在形态上保留乡村风貌,在治理上体现城市水平。故 B 选项符合题意。

63. B

【解析】《自然资源部国家发展改革委农业农村部关于保障和规范农村一二三产业融合发展用地的通知》规定:市县要优先安排农村产业融合发展新增建设用地计划,不足的由省(区、市)统筹解决;通过集体经营性建设用地入市的渠道,以出让、出租等方式使用集体建设用地;农村产业融合发展用地情况纳入国土空间基础信息平台和国土空间规划"一张图"进行动态监管;故 ACD 选项正确。农村产业融合发展用地不得用于商品住宅、别墅、酒店、公寓等房地产开发,不得擅自改变用途或分割转让转租。因此 B 选项符合题意。

64. C

【解析】 根据《村庄整治技术规范》(GB 50445—2008)第8.2.2条:村庄卫生厕所的类型选择宜符合下列规定:①具备上、下水设施且水资源充沛的村庄,宜建造水冲式厕所;②饲养牲畜的村民宜建造三联通沼气池式厕所;③干旱、无水、少水、寒冷地区宜建造粪尿分集式生态卫生厕所;④干旱地区的村庄宜建造双坑交替式、阁楼堆肥式或双瓮漏斗式厕所;⑤寒冷地区的村庄宜建造深坑式厕所;⑥非农牧业地区的村庄,不宜建造粪尿分集式生态卫生厕所。故C选项符合题意。

65. D

【解析】 根据《中国历史文化名镇(村)评选办法》,中国历史文化名村申报条件为①建筑遗产、文物古迹比较集中,能较完整地反映某历史时期的传统风貌和地方特色、民族风情,具有较高的历史、文化、艺术和科学价值,辖区内存有清末以前或有重大影响的历史传统建筑群;②原貌基本保存完好或已按原貌整修恢复,或骨架尚存、可以整体修复原貌;③镇现存历史传统建筑总面积5000m² 以上,或村现存历史传统建筑总面积2500m² 以上。上述③表明对传统建筑面积有要求,故C选项正确。因此D选项符合题意。

66. A

【解析】 1929年美国社会学家克莱伦斯·佩里以控制居住区内部车辆交通、保障居民的安全和环境安宁为出发点,首先提出了"邻里单位"的理论。故A选项符合题意。

67. B

【解析】《城市居住区规划设计标准》(GB 50180—2018)明确,15min生活圈居住区配套设施中,文化活动中心、社区服务中心(街道级)、街道办事处等服务设施宜联合建设并形成街道综合服务中心,其用地面积不宜小于1hm²。故B选项符合题意。

68. C

【解析】 有土壤污染、噪声污染、滑坡威胁和交通繁忙的地段都属于居住区选址应该避开的地段。但土壤污染、噪声污染、交通繁忙可以通过相应措施处理干扰,而滑坡威胁地段则属于必须要避开的地段,因此C选项符合题意。

69. A

【解析】 根据《城市居住区规划设计标准》(GB 50180—2018),配套设施用地及建筑面积控制指标,应按照居住区分级对应的居住人口规模进行控制。因此A选项符合题意。

70. B

【解析】 城市设计的核心目的是为了改进城市人居环境,满足人类在生活、社会、经济以及美观上的需求。故B选项符合题意。

71. B

【解析】 简·雅各布斯关注街道、步行道和公园的社会功能,强调其作为居民日常活动的容器和社会交往的场所。因此B选项符合题意。

72. A

【解析】 根据芦原义信研究,人们所喜爱的空间要有封闭感但无建筑压迫感,此时

范围为 $1\leqslant D/H\leqslant 2$。当 $D/H\leqslant 1$ 时有压迫感,$D/H\geqslant 2$ 时有开敞感。因此 A 选项符合题意。

73. C

【解析】 滨水地区城市设计原则:①岸域和滨水统筹开发;②连续、整体原则;③岸线资源共享与社会公正;④优先满足滨水步行等非机动交通。故 C 选项符合题意。

74. D

【解析】 深圳市规划国土局在 1996 年的法规性文件中对城市设计的编制和审批做了规定,要求城市设计随同各阶段城市规划一起编制,重点地段的单独城市设计由深圳市规划国土局城市设计处委托设计。1998 年后,《深圳市城市规划条例》中再次对城市设计做出了一系列规定,要求城市设计在规划主管部门审查后还要上报市规划委员会,将其与法定图则、详细蓝图的制定紧密结合起来。深圳市是最早把城市设计列入地方城市规划条例的城市。故 D 选项符合题意。

75. C

【解析】 《自然资源部关于推进规划用地"多申合一、多证合一"改革的通知》规定,将建设用地规划许可证、建设用地批准书合并,自然资源主管部门统一核发新的建设用地规划许可证,不再单独核发建设用地批准书。故 C 选项符合题意。

76. D

【解析】 《中共中央 国务院关于建立国土空间规划体系并监督实施的若干意见》明确规定:依托国土空间基础信息平台,建立健全国土空间规划动态监测评估预警和实施监管机制。将国土空间规划执行情况编制纳入自然资源执法督查内容。健全资源环境承载能力监测预警长效机制,建立国土空间规划定期评估制度,结合国民经济社会发展实际和规划定期评估结果,对国土空间规划进行动态调整完善。因此 D 选项不正确,符合题意。

77. B

【解析】 以国土空间规划为依据,对所有国土空间分区分类实施用途管制。在城镇开发边界内的建设,实行"详细规划+规划许可"的管制方式;在城镇开发边界外的建设,按照主导用途分区,实行"详细规划+规划许可"和"约束指标+分区准入"的管制方式。对以国家公园为主体的自然保护地、重要海域和海岛、重要水源地、文物等实行特殊保护制度。因地制宜制定用途管制制度,为地方管理和创新活动留有空间。因此 B 选项符合题意。

78. C

【解析】 根据《划拨用地目录》规定,国家机关用地和军事用地、城市基础设施用地和公益事业用地、国家重点扶持的能源、交通、水利等基础设施用地应采用划拨方式提供建设用地土地使用权。故 C 选项符合题意。

79. D

【解析】《国土空间规划城市体检评估规程(试行)》规定,国土空间规划城市体检评估指依据国土空间规划,按照"一年一体检、五年一评估"的方式,对城市发展体征及规划实施效果定期进行的分析和评价,是促进城市高质量发展、保障国土空间规划得到有效实施的重要工具(以下简称"体检评估")。体检评估是国土空间规划编制和动态维护的前置环节和重要依据。故 ABC 选项正确。国土空间规划体检评估是以城市规划目标、指标和任务为依据对城市规划实施情况进行分析评价,并不是对法定规划目标、指标和任务本身进行分析评价。D 选项错误,故 D 选项符合题意。

80. A

【解析】 商业性开发是以对私人利益的追求为出发点和核心,而对私人利益的过度追求就有可能侵害到他人利益和公共利益,经济学等学科已经对此有很深刻的揭示,这就需要政府的干预。就整体而言,城市规划的重要作用就是要通过开发控制等手段,将对个体的、私人的利益追求引导到对城市发展和公共利益的贡献上来,既保证私人利益的实现,同时又不造成对公共利益的侵害。因此 A 选项符合题意。

二、多项选择题(共 20 题,每题 1 分。每题的备选项中有 2~4 个符合题意。多选、少选、错选都不得分)

81. ABC

【解析】 城市与乡村是人类聚落的两种基本形式,两者的关系是相辅相成,密不可分的。城市与乡村在基本职能、生产效率、生产力结构、文化观念、物质形态等方面均存在差异。ABC 选项正确。在日常生活中,区别城乡聚落似乎是轻而易举的事。而实际上,目前世界上还没有为定义城镇找到一个统一的标准。D 选项错误。城乡统筹实际上包括经济和社会发展两大方面,统筹城乡经济社会发展的根本目标是扭转城乡二元结构,推动城乡经济社会协调发展。E 选项不正确。故 ABC 选项符合题意。

82. ACD

【解析】 根据《全国耕地后备资源调查评价技术方案》规定,第二次全国土地调查中处于林区、草原地区以及河流湖泊最高洪水位控制范围内和受沙化、荒漠化等因素影响的耕地为不稳定耕地,CD 符合题意。根据《新一轮退耕还林还草总体方案》,25°以上的坡耕地要退耕还林还牧,因为过陡的坡耕地种植作物,不仅产量低,还会造成不断的水土流失,所以,不宜垦种庄稼,A 选项符合题意。因此 ACD 选项符合题意。

83. ACDE

【解析】 《自然资源部国土空间生态修复司关于印发〈全域土地综合整治试点实施要点(试行)〉的函》明确指出,整治区域的划定应相对集中连片。A 选项正确。建设用地整理:统筹农民住宅建设、产业发展、公共服务、基础设施等各类建设用地,有序开展农村宅基地、工矿废弃地以及其他低效闲置建设用地整理,优化农村建设用地结构布局,提升农村建设用地使用效益和集约化水平,支持农村新产业新业态融合发展用地。CD 选项正确。乡村历史文化保护:充分挖掘乡村自然和文化资源,保持乡村特有的乡土文化,注重传统农耕文化传承,保护历史文脉。E 选项正确。故 ACDE 选项符合题意。

84. ABC

【解析】 1952 年 9 月中央财政经济委员会召开了新中国成立以来第一次城市建设座谈会,会议决定各城市要制定城市远景发展的总体规划。A 选项正确。1956 年,国务院撤销城市建设总局,成立国家城建部,内设城市规划局等城市建设方面的职能局,分别负责城建方面的政策研究及城市规划设计等业务工作的领导。B 选项正确。国家建委颁布的《城市规划编制暂行办法》,是新中国第一部重要的城市规划立法。D 选项错误。1957 年,国家先后批准了西安、兰州、太原、洛阳、包头、成都、郑州、哈尔滨、吉林、沈阳、抚顺等 15 个城市的总体规划和部分详细规划。C 选项正确。1978 年 3 月国务院召开了第三次城市工作会议,中共中央批准下发执行会议制定的《关于加强城市建设工作的意见》,该文件强调了城市在国民经济发展中的重要地位和作用。E 选项不正确。故 ABC 选项符合题意。

85. BCDE

【解析】 1980 年 10 月国家建委召开全国城市规划工作会议,会议要求城市规划工作要有新的发展。同年 12 月国务院批转《全国城市规划会议纪要》下发全国实施,第一次提出要尽快建立我国的城市规划法制,也第一次提出“城市市长的主要职责,是把城市规划、建设和管理好”。A 选项错误。1984 年国务院颁发的《城市规划条例》,这是新中国成立以来,城市规划专业领域的第一步基本法规。B 选项正确。1989 年 12 月 26 日,第七届全国人民代表大会常务委员会第十一次会议通过的《中华人民共和国城市居民委员会组织法》,第一次将“社区服务”的概念以法律条文的性质固定下来。C 选项正确。从 20 世纪 80 年代初开始,城市居住小区成为全国各个城市建设居住区的主要模式。D 选项正确。1984 年至 1988 年间,国家城市规划行政主管部门实行国家计委、建设部双重领导、以建设部为主的行政体制,适应改革开放初期政府主导下的城市快速建设时期的需要。E 选项正确。故 BCDE 选项符合题意。

86. ACD

【解析】 根据《中共中央 国务院关于建立国土空间规划体系并监督实施的若干意见》,ACD 选项属于国土空间规划科学性内容。B 选项属于国土空间的协调性内容;E 选项属于国土空间规划的操作性内容。故 ACD 选项符合题意。

87. BD

【解析】 全国国土空间规划由中共中央、国务院审定后印发;省级国土空间规划由省级政府组织编制,经同级人大常委会审议后报国务院审批;需报国务院审批的城市国土空间总体规划,由市政府组织编制,经同级人大常委会审议后,由省级政府报国务院审批;其他市县及乡镇国土空间规划由省级政府根据当地实际,明确规划编制审批内容和程序要求。因此 ACE 选项错误,BD 选项正确。

88. AD

【解析】 根据《市级国土空间总体规划编制指南(试行)》,市级总规一般包括市域和中心城区两个层次。故 AD 选项符合题意。

89. BCD

【解析】 根据《国土空间调查、规划、用途管制用地用海分类指南(试行)》,电影院属于商业服务业用地中的娱乐康体用地;博物馆属于公共管理与公共服务用地中的图书与展览馆用地;技工学校属于公共管理与公共服务用地中的中等职业教育用地;残疾人康复中心属于公共管理与公共服务用地中的社会福利用地;加油(气)站属于商业服务业用地中的商业用地。因此 BCD 选项符合题意。

90. ACE

【解析】 根据《城市综合交通体系规划标准》(GB/T 51328—2018)第 7.3.2.2 条：高、快速铁路主要客站应布置在中心城区内,并宜与普通铁路客运站结合设置。超大城市与特大城市为方便乘客疏散和转移,更应将铁路客运站布设在城市中心区。因此 A 选项正确,B 选项错误。《城市对外交通规划规范》(GB 50925—2013)第 5.3.1 条：特大城市和大城市根据城市布局宜设置多个铁路客运站,并应明确分工、等级与衔接要求。C 选项正确。第 5.3.2 条：中小城市铁路客运站应根据城市布局和铁路线网合理设置。E 选项正确。中、小城市铁路客运站常采用通过式的布局形式,可以提高客运站的通过能力,大城市、特大城市的客运站常采用尽端式或混合式的布置,可减少干线铁路对城市的分割。D 选项错误。故 ACE 选项符合题意。

91. ADE

【解析】 《城市综合交通体系规划标准》(GB/T 51328—2018)第 9.3.1 条：高峰期 95% 的乘客在轨道交通系统内部(轨道交通站间)单程出行时间不宜大于 45min。A 选项正确。第 9.3.6 条：城市轨道交通应优先与集约型公共交通及步行、自行车交通衔接。B 选项错误。第 9.1.3 条：快速公共汽车交通系统和有轨电车宜布置在高峰小时单向断面客流在 0.3 万～3 万人次/h 的客流走廊上。C 选项错误。第 9.4.2 条：快速公共汽车交通系统的停车场宜设置在线路起、终点附近。D 选项正确。第 9.3.4 条：根据客流走廊的客流特征和运量等要求,可在同一客流走廊内布设多条轨道交通线路。E 选项正确。故 ADE 选项符合题意。

92. ABE

【解析】 根据《历史文化名城保护规划标准》(GB/T 50357—2018),第 2.0.13 条：保护是指对保护项目及其环境所进行的科学的调查、勘测、评估、登录、修缮、维修、改善、利用的过程。A 选项正确。第 2.0.14 条：修缮是指对文物古迹的保护方式,包括日常保养、防护加固、现状修整、重点修复等。B 选项正确。第 2.0.15 条：维修是指对建筑物、构筑物进行的不改变外观特征的维护和加固。C 选项的复原活动不对,对现状的维护和加固,并不做复原处理。第 2.0.16 条：改善是指对建筑物、构筑物采取的不改变外观特征,调整、完善内部布局及设施的保护方式。D 选项错误。第 2.0.17 条：整治是指为历史文化名城和历史文化街区风貌完整性的保持、建成环境品质的提升所采取的各项活动。E 选项正确。故 ABE 选项正确,符合题意。

93. CE

【解析】 根据《城市紫线管理办法》第二条：本办法所称城市紫线,是指国家历史文化名城内的历史文化街区和省、自治区、直辖市人民政府公布的历史文化街区的保护范围界线,以及历史文化街区外经县级以上人民政府公布保护的历史建筑的保护范围界线。本办法所称紫线管理是划定城市紫线和对城市紫线范围内的建设活动实施监督、管理。故 CE 选项符合题意。

94. BDE

【解析】 根据《市级国土空间规划编制指南(试行)》和《城市规划强制性内容暂定规定》,确定地质灾害防护规定、确定人防设施布局属于市级国土空间总体规划的强制性内容。AC 选项正确。B 选项,区域防洪排涝和蓄滞洪空间属于省级国土空间强制性内容。DE 选项内容为控制性详细规划深度的强制性内容。故 BDE 选项符合题意。

95. AC

【解析】 根据《防灾避难场所设计规范》(GB 51143—2015),紧急避难场所应配置的场地与设施有:应急标示、应急休息区、应急通道和出入口、应急交通标示、安全疏散通道、消防水源、消防器材和消防车、物资分发点、地下场所和避难建筑。故 AC 选项符合题意。

96. ABC

【解析】 根据《城市水系规划规范(2016 年版)》(GB 50513—2009)第 4.1.5 条:应对城市规划区内的河流、湖库、湿地等需要保护的水系划定城市蓝线,并提出管控要求。A 选项正确。第 4.4.2 条:水生态保护范围应根据需要划分核心保护范围和非核心保护范围。B 选项正确。第 5.5.1 条:水系改造应尊重自然、尊重历史,保持现有水系结构的完整性。水系改造不得减少现状水域面积总量和跨排水系统调剂水域面积指标。C 选项正确。第 4.2.2 条:受保护水域的范围应包括构成城市水系的所有现状水体和规划新建的水体。D 选项错误。第 4.3.2 条:水质保护目标应根据水体规划功能制定,满足对水质要求最高的规划功能需求,并不应低于水体的现状水质类别。E 选项错误。故 ABC 选项符合题意。

97. ABDE

【解析】 详细规划是对具体地块用途和开发建设强度等作出的实施性安排,是开展国土空间开发保护活动、实施国土空间用途管制、核发城乡建设项目规划许可、进行各项建设等的法定依据。在城镇开发边界内的详细规划,由市县自然资源主管部门组织编制,报同级政府审批;在城镇开发边界外的乡村地区,以一个或几个行政村为单元,由乡镇政府组织编制"多规合一"的实用性村庄规划,作为详细规划,报上一级政府审批。故 ABDE 选项符合题意。

98. ACDE

【解析】 根据《城市居住区规划设计标准》(GB 50180—2018)第 6.0.2 条:居住区应采取"小街区、密路网"的交通组织方式,路网密度不应小于 8km/km²;城市道路间距不应超过 300m,宜为 150~250m,并应与居住街坊的布局相结合,在适宜自行车骑行的地区,应构建连续的非机动车道;旧区改建,应保留和利用有历史文化价值的街道、延续原有的城市肌理。故 ACDE 选项符合题意。

99. BCD

【解析】 场所-文脉分析方法有:场所结构分析、城市活力分析、认知意象分析、文化生态分析。故 BCD 选项符合题意。

100. ADE

【解析】 划定"三条控制线"和"细化用途管制规则"属于国土空间规划的方面而不是实施。ADE 选项属于实施方面的内容。故 ADE 选项符合题意。

2022 年度全国注册城乡规划师职业资格考试模拟题与解析

城乡规划原理

模 拟 题 一

一、单项选择题（共80题，每题1分。每题的备选项中，只有1个最符合题意）

1. 城市的本质特点是集聚，但集聚的要素中不包含（　　）。

    A. 空间　　　　　　　　B. 建筑　　　　　　　　C. 人口　　　　　　　　D. 信息

2. 基于可持续发展原则的规划思考，现代城市规划的核心是（　　）。

    A. 协调城市与乡村的关系　　　　　　　B. 合理地架构城市空间

    C. 土地资源的配置　　　　　　　　　　D. 促进区域与城市的共同发展

3. 在确定城市用地发展方向时，起到决定性作用的是（　　）。

    A. 优势区位应优先开发

    B. 沿着交通轴线延伸发展

    C. 中心城市的发展方向应与区域内其他城镇的发展方向相呼应

    D. 考虑城市有利的发展空间及影响城市发展方向的制约因素

4. 根据国家统计局的指标体系，不属于第二产业的是（　　）。

    A. 采掘业　　　　　　　　　　　　　　B. 物流仓储业

    C. 建筑业　　　　　　　　　　　　　　D. 煤气的生产与供应业

5. 区域是城市发展的基础，下列受区域因素影响最大的是（　　）。

    A. 城市性质与规模　　　　　　　　　　B. 城市用地布局结构

    C. 城市用地功能组织　　　　　　　　　D. 城市人口的劳动构成

6. 关于工业时期的城市发展主要动因中"农村的推力"的说法不正确的是（　　）。

    A. 农村耕地面积的减少

    B. 农业剩余劳动力的出现

    C. 农业人口向城市的集中与转移成为可能

    D. 工业技术使农业生产力得到空前提高

7. 《马丘比丘宪章》的主要贡献是（　　）。

    A. 强调物质空间对城市发展的影响　　　B. 强调人与人之间的相互关系

    C. 突出城市功能分区的重要作用　　　　D. 提出建立生态城市的思想

8. 下列有关《雅典宪章》的描述中，不正确的是（　　）。

    A. 功能分区对解决当时的城市问题具有重要作用

    B. 功能分区是现代城市规划的一个里程碑

    C. 功能分区是建立在理性主义思想基础之上的

    D. 功能分区解决了城市和区域的有机联系

9. 在城市化的过程中，我们可将人口向城市的集中、城镇规模的扩大等称作（　　）。

    A. 空间的城镇化　　　　　　　　　　　B. 人口的城镇化

    C. 有形的城镇化   D. 地域的城镇化

10. 宏伟壮观的凡尔赛宫所采用的轴线对称和放射的形式,是西方哪个时期的典型代表?(   )

    A. 古希腊时期   B. 古罗马时期

    C. 中世纪时期   D. 绝对君权时期

11. 中国城市的街巷制,于何时、何地形成?(   )

    A. 唐朝长安城   B. 唐朝东都洛阳

    C. 北宋汴梁   D. 南宋临安

12. 三国时期的邺城与汉长安城相比,其特点主要是(   )。

    A. 规模宏大,布局灵活

    B. 功能分区明确,结构严谨,城市交通干道与城门对齐,道路等级明确

    C. 分区明确,充分体现了以宫城为中心、"官民不相参"和便于管制的规划指导思想

    D. 中轴线对称格局,方格式路网

13. 城市规划是通过(   )来实现对城市建设和发展中的市场行为进行干预的。

    A. 合理的城市布局   B. 土地和空间使用的分配

    C. 控制城市规模   D. 确定适宜的城市性质

14. 政府部门的规划师应起到的作用是(   )。

    A. 发挥城市规划在城市建设和发展中的作用,并运用城市规划的专业技术手段,执行国家和政府的宏观政策,保证城市的有序发展

    B. 编制经法定程序批准后可以操作的城市规划成果

    C. 为决策者提供咨询和参谋,承担着社会利益协调者的角色

    D. 工作的重点在于提出合理的建议和进行技术储备

15. 关于建设项目的规划管理,下列说法不准确的是(   )。

    A. 以划拨方式获得国有土地使用权的建设项目,须经政府部门批准或者核准,并向城乡规划主管部门申请核发选址意见书

    B. 以出让方式获得国有土地使用权的建设项目,城乡规划主管部门依据控制性详细规划提出出让地块的位置、使用性质、开发强度等规划条件

    C. 建设单位或者个人应当向当地乡规划主管部门或者省、自治区、直辖市人民政府确定的镇人民政府申请办理建设工程规划许可证

    D. 建设单位或者个人的建设项目,须经政府部门批准或者核准,并向城乡规划主管部门申请核发选址意见书

16. 奥斯曼的巴黎改造规划与建设的特点是(   )。

    A. 以政府直接组织与管理为主的大规模城市更新活动

    B. 以基础设施建设为引导的新城(区)建设运动

    C. 以街道景观整治与建设为主的美化运动

D. 以增加公共空间的面积与配置为主的"公园运动"

17. 下列哪项不是城市规划的基本特征?(　　)

    A. 综合性　　　　　　B. 战略性　　　　　　C. 政策性　　　　　　D. 实践性

18. 下列说法不正确的是(　　)。

    A. 城市规划法律法规是城市规划行政体系和工作体系的基础

    B.《城乡规划法》是我国城市规划法律法规体系的主干法

    C. 城市规划标准规范是城市规划法律法规体系的组成部分

    D. 作为法定规划的控制性详细规划是城市规划法律法规体系的组成部分

19. 下列说法不准确的是(　　)。

    A. 城市规划制定和城市规划实施构成了城市规划的过程

    B. 城市规划编制的成果是城市规划实施的依据

    C. 城市规划编制的成果之间必须互相衔接,下层次规划依据上层次规划

    D. 城市规划实施包括规划实施的组织、建设项目的规划管理和规划实施的监督
       检查

20. 依据《城乡规划法》,下列不属于省域城镇体系规划内容的是(　　)。

    A. 城镇空间布局　　　　　　　　　　B. 城镇规模控制

    C. 重大基础设施布局　　　　　　　　D. 城市公共服务设施布局

21. 当编制某个与其他省相邻的县城市总体规划时,在资料收集时应作(　　)。

    A. 社会环境调查　　　　　　　　　　B. 上位规划调查

    C. 广域规划调查　　　　　　　　　　D. 自然环境调查

22. 城市建设用地选择时,以下哪项因素是较少考虑的?(　　)

    A. 自然风光　　　　B. 自然条件　　　　C. 农田良田　　　　D. 城市发展

23. 下列关于带型城市形态的描述,正确的是(　　)。

    A. 城市没有明确的主体团块,各自基本团块在较大区域内呈散点状分布

    B. 城市建成区主轮廓长短轴之比小于 4∶1

    C. 城市建成区由两个以上相对独立的主体团块和若干个基本团块组成

    D. 城市建成区主体平面的长短轴之比大于 4∶1

24. 下列说法不正确的是(　　)。

    A. 以划拨方式提供国有土地使用权的项目,先向土地主管部门申请用地后办
       理建设用地规划许可证

    B. 对未取得建设用地规划许可证的建设单位批准用地的,由县级以上人民政府
       撤销有关批准文件

    C. 土地主管部门不得在国有土地使用权出让合同中擅自改变建设用地规划许
       可证中所规定的规划条件

    D. 规划条件未纳入国有土地使用权出让合同的,该国有土地使用权出让合同
       无效

25. 关于城市控制性详细规划的修改,下列表述中不正确的是(　　)。

    A. 修改内容不符合城市总体规划内容的,应先按法定程序修改总体规划

B. 由城市人民政府城乡规划主管部门组织修改,由本级人民政府审批

C. 组织编制机关应征求规划地段内利害关系人的意见

D. 规划草案应予以公告,公告时间不得少于 30 日

26. 下列关于省域城镇体系规划的表述,不准确的是(　　)。

A. 省域城镇体系规划是促进省域内各级各类城镇协调发展的综合性规划

B. 省域城镇体系规划由省、自治区人民政府城乡规划主管部门编制

C. 省域城镇体系规划在上报国务院审批前,须经本级人民代表大会常务委员会审议

D. 省域城镇体系规划编制需有公众参与的环节

27. 下列不属于省域城镇体系规划内容的是(　　)。

A. 研究本区域的资源和生态环境承载能力

B. 明确重点地区的城镇发展

C. 明确需要由省、自治区政府协调的重点地区和重点项目及其协调要求

D. 划定优先开发区域、重点开发区域、限制开发区域、禁止开发区域

28. 在城市规划分析中,下列用来反映数据离散程度的是(　　)。

A. 平均数　　　　B. 众数　　　　C. 标准差　　　　D. 频数分布

29. 城市总体规划用地现状调查可以不涉及的内容是(　　)。

A. 用地规模　　　　B. 用地性质　　　　C. 用地范围　　　　D. 用地权属

30. 根据《城市规划编制办法》,下列不属于城市总体规划纲要编制内容的是(　　)。

A. 确定市域各城镇建设标准

B. 原则确定市域交通发展策略

C. 确定中心城区用地布局

D. 提出建立综合防灾体系的原则和建设方针

31. 下列哪项不属于划定规划区时需考虑的主要原则?(　　)

A. 统筹城乡发展的需要

B. 区域重大基础设施廊道的保护要求

C. 中心城区未来空间拓展的方向

D. 利用山体、河流等自然界线

32. 盆地或峡谷地区的城市在布置工业用地和居住用地时,应重点考虑(　　)的影响。

A. 静风频率　　　　　　　　　　B. 最小风频风向

C. 温度　　　　　　　　　　　　D. 太阳辐射

33. 根据《城市用地分类与规划建设用地标准》(GB 50137—2011),下列表述正确的是(　　)。

A. 中小学属于居住用地

B. 交通指挥中心属于行政办公用地

C. 公交保养场属于市政公用设施用地

D. 货物运输公司站场属于对外交通用地

34. 根据《城市用地分类与规划建设用地标准》(GB 50137—2011),下列表述不正确的是(　　)。

    A. 规划人均单项建设用地指标的控制是为了保证城市基本的生产、生活要求

    B. 新建城市规划人均建设用地指标最高是 120m²

    C. 规划人均公园绿地指标一般不小于 8m²

    D. 《国家生态园林城市标准》提出的公共绿地是以每人 12m² 为目标

35. 下列关于仓库规划布局的表述中,不正确的是(　　)。

    A. 油库应靠近重要的交通枢纽布置,以方便运输

    B. 供应仓库可布置在使用仓库的地区内或附近地段

    C. 建筑材料仓库常设于城郊对外交通运输线附近

    D. 储备仓库应设在城市郊区或远郊,并有专用的独立地段

36. 工业用地选择时考虑的主要因素不包括(　　)。

    A. 工业用地应避开水利枢纽

    B. 有易燃易爆危险性的工业企业应该远离公路干线布置

    C. 工业用地的地下水位最好低于工业厂房的基础

    D. 工业用地应选择地形平坦的区域

37. 关于城市综合交通内容的完整表述,正确的是(　　)。

    A. 城市中及与城市相关的各种交通形式

    B. 市区及市区以外的道路网络

    C. 城市道路交通、城市轨道交通、水上交通

    D. 公路交通、铁路交通、航空交通、水上交通

38. 城市规划应通过对土地和空间的使用及调节,来取得各社团、企业以及各团体的信任与认可。这段文字内容应属于城市规划公共政策属性的哪方面?(　　)

    A. 宏观经济调控的手段　　　　　　　B. 保障社会公共利益

    C. 协调社会利益,维护公平　　　　　D. 改善人居环境

39. 下列关于城市交通政策的表述,正确的是(　　)。

    A. 城市交通政策是交通执法的依据

    B. 城市交通政策是关于交通技术、交通经济和交通管理的政策

    C. 城市交通政策是制定交通法规的唯一依据

    D. 城市交通政策应随城市交通状况变化而随时修订

40. 关于承担城市防灾救援通道的道路,下列说法错误的是(　　)。

    A. 次干路及以上等级道路两侧的高层建筑应根据救援要求确定道路的建筑退线

    B. 立体交叉口宜采用上跨式

    C. 7 度地震设防的城市每个疏散方向应有不少于 2 条对外放射的城市道路

    D. 道路宜结合绿地与广场、空地布局

41. 下列哪项是城市道路红线的正确定义?(　　)

    A. 道路两侧建筑物之间的距离

    B. 道路用地与两侧其他用地的分界线

    C. 车道与人行道宽度之和

    D. 快车道与慢车道宽度之和

42. 公共交通车站服务面积,以300m半径计算,不得小于城市用地面积的(　　　)。

    A. 30%　　　　　　　B. 50%　　　　　　　C. 70%　　　　　　　D. 90%

43. 根据我国有关法规确定保护的城市历史文化遗产的三个层次是(　　　)。

    A. 历史文化名城、历史文化街区、文物保护单位

    B. 历史文化名城、历史文化保护区、历史建筑

    C. 历史文化城市、历史文化名镇、历史文化村落

    D. 历史文化遗产、国家文化遗产、地方文化遗产

44. 下列哪种情况不属于公众参与的城市规划?(　　　)

    A. 李老师了解本城市的规划,将其以获得批准的城市总体规划的成果制成出版物在书店销售

    B. 某城市在规划方案编制的过程中,召集相关单位开研讨会,听取意见

    C. 某城市将城市中的一条干道的规划草案的图纸在某机构大楼上进行展示

    D. 某城市拟对一片旧区进行改造,而组织人力在该区域开展了民意调研活动,王助理参加了调研

45. 下列关于城市供电工程规划的表述,不正确的是(　　　)。

    A. 城市电源工程主要有城市电厂和区域变电所(站)等电源设施

    B. 我国城市电网供电采用统一的电压等级

    C. 预测供电负荷是各阶段城市供电规划的重要任务之一

    D. 预测供电负荷必须满足节能减排的要求

46. 下列不能作为城镇体系规划编制基本原则的是(　　　)。

    A. 城镇综合发展的原则

    B. 经济社会发展与城镇化战略互相促进的原则

    C. 区域空间整体协调发展的原则

    D. 可持续发展的原则

47. 下列哪项不属于详细规划阶段的燃气工程规划工作内容?(　　　)

    A. 计算燃气管网管径　　　　　　　　B. 规划布局燃气输配管网

    C. 预测用户燃气用量　　　　　　　　D. 选择气源种类

48. 为满足城市经济可持续发展的需要,需扩充城市水源,应该优先考虑的方式是(　　　)。

    A. 开采深层地下水　　　　　　　　　B. 中水回用

    C. 跨流域引水　　　　　　　　　　　D. 在过境的河道上修筑截流坝

49. 城市用水一般可以分为(　　　)。

    A. 市政用水、企业自备水

    B. 生产用水、生活用水、绿化用水

    C. 生产用水、生活用水、市政用水、消防用水

    D. 饮用水、循环水、冷却水、市政用水

50. 城市土地的基本特征不包括（　　）。

　　A. 承载性　　　　　B. 区位　　　　　C. 地租与地价　　　D. 地质构造

51. 下列哪项不是城市总体规划阶段用地竖向规划的基本工作内容？（　　）

　　A. 确定城市干路的控制纵坡度

　　B. 确定城市建设用地的控制高程

　　C. 平整土地，改造地形

　　D. 分析地面坡向、分水岭、汇水沟、地面排水走向

52. 根据《城市规划编制办法》，城市总体规划强制性内容中不包括（　　）。

　　A. 禁建区、限建区、适建区范围及空间管制措施

　　B. 规划期限内城市建设用地的发展规模

　　C. 城市地下空间开发布局

　　D. 城市人防设施布局

53. 下列关于近期建设规划的基本概念的表述，正确的是（　　）。

　　A. 近期建设规划是我国城乡规划编制体系中的一个组成部分

　　B. 近期建设规划是我国城乡规划实施的内容之一

　　C. 近期建设规划是规划行政主管部门的工作计划

　　D. 近期建设规划是规范城市实体开发的技术文件

54. 根据《城乡规划法》，在城市、镇规划区内，核发建设用地规划许可证的依据是（　　）。

　　A. 总体规划　　　　　　　　　　　B. 近期建设规划

　　C. 控制性详细规划　　　　　　　　D. 修建性详细规划

55. 下列哪项指标更能综合反映土地的使用强度？（　　）

　　A. 建筑密度　　　　B. 容积率　　　　C. 建筑高度　　　　D. 绿地率

56. 一般大城市道路网的密度应是（　　）。

　　A. $6\sim8km/km^2$　　　　　　　　　B. $5\sim7km/km^2$

　　C. $4\sim7km/km^2$　　　　　　　　　D. $4\sim6km/km^2$

57. 《村庄整治技术导则》中，对于"空心村"，在住房制度上提出的政策是（　　）。

　　A. 拆除已坍塌的房屋　　　　　　　B. 一户一宅

　　C. 迁村并点　　　　　　　　　　　D. 宅基地向村中心集中

58. 《村镇规划编制办法》中规定，镇区近期建设规划图不与建设规划图合并时，比例尺采用（　　）。

　　A. 1∶100～1∶500　　　　　　　　B. 1∶100～1∶1000

　　C. 1∶200～1∶500　　　　　　　　D. 1∶200～1∶1000

59. 以下哪一选项是城镇体系规划的主要工作程序？（　　）

　　A. ①收集分析资料；②人口城市化水平预测；③城镇布局；④安排区域基础设施

　　B. ①收集分析资料；②城镇布局；③人口城市化水平预测；④安排区域基础设施

C. ①收集分析资料；②安排区域基础设施；③城镇布局；④人口城市化水平预测

D. ①收集分析资料；②安排区域基础设施；③人口城市化水平预测；④城镇布局

60.（　　）是建立城市艺术骨架和组织城市空间的重要手段之一,它可以把城市空间组织成一个有秩序、有韵律的整体。

A. 城市绿化　　　　B. 城市水面　　　　C. 城市制高点　　　　D. 城市轴线

61. 建设单位在竣工验收后（　　）个月内向城乡规划主管部门报送有关竣工验收的资料。

A. 3　　　　　　　B. 4　　　　　　　C. 5　　　　　　　D. 6

62. 现代城市的发展开始显示出一些与以往不同的动力机制,这些动力机制不包括（　　）。

A. 自然资源开发和保护　　　　　　B. 工业社会的城市

C. 全球化与新经济　　　　　　　　D. 科技革命与创新

63. 城市规划常用的分析方法中不包括（　　）。

A. 空间模型分析方法　　　　　　　B. 类推分析方法

C. 定量分析方法　　　　　　　　　D. 定性分析方法

64. 城市自然资源条件中,决定城市的地域结构和空间形态的是（　　）。

A. 开发经营的集约性　　　　　　　B. 矿产资源的开采

C. 土地使用功能的固定性　　　　　D. 丰富的水资源

65. 城市性质是指（　　）。

A. 城市在一定地区、国家以至更大范围内的政治、经济与社会发展中所处的地位和所担负的主要职能

B. 以城市人口和城市用地总量表示的城市大小

C. 城市在一定地域内的经济、社会发展中所发挥的作用和承担的分工

D. 一定时期内城市经济、社会、环境的发展所达到的目标和指标

66. 下列不能单独用来预测城市总体规划阶段人口规模的是（　　）。

A. 时间序列法　　　　　　　　　　B. 间接推算法

C. 综合平衡法　　　　　　　　　　D. 比例分配法

67. 下列不属于城市空间环境演进的基本规律的是（　　）。

A. 从生活性城市空间到生产性城市空间

B. 从平面空间环境到立体空间环境

C. 从封闭的单中心到开放的多中心空间环境

D. 从分离的均质城市空间到连续的多样城市空间

68. 以下不属于欧洲古代不同社会和政治体制下城市的典型格局的是（　　）。

A. 中世纪的城堡以及教堂的空间主导地位

B. 君主专制时期的古典风格及构图严谨的广场

C. 古希腊城邦的城市公共场所

D. 古罗马城市的炫耀和享乐特征

69. 城市总体规划编制的基本要求中不包括（　　）。

  A. 因地制宜　　　　　　　　　　B. 科学性

  C. 规划编制的针对性　　　　　　D. 综合性

70. 我国城乡规划实施管理体系构成中不包括（　　）。

  A. 城乡规划的实施组织　　　　　B. 建设项目的规划管理

  C. 城乡规划实施的监督检查　　　D. 城镇体系规划

71. 立足于生态敏感性分析和未来区域开发态势判断,进行分类,以下不属于该分类的是（　　）。

  A. 鼓励开发区　　　　　　　　　B. 控制开发区

  C. 禁止开发区　　　　　　　　　D. 重点开发区

72. 定性分析方法常用于城市规划中复杂问题的判断,主要有（　　）。

  A. 因果分析法　　　　　　　　　B. 多元回归分析法

  C. 定量分析法　　　　　　　　　D. 集中量数分析法

73. 以下不属于铁路客运站布置方式的是（　　）。

  A. 通过式　　　　B. 尽端式　　　　C. 分散式　　　　D. 混合式

74. 独立编制的近期建设规划成果中不包括（　　）。

  A. 规划图纸　　　B. 规划文本　　　C. 附件　　　　D. 规划说明

75. 以下关于控制性详细规划编制的内容,叙述错误的是（　　）。

  A. 控制性详细规划以总体规划(或分区规划)为手段

  B. 控制性详细规划以规划的综合性研究为基础

  C. 控制性详细规划是对城市用地建设和设施建设实施控制性的管理,把规划研究、规划设计与规划管理结合在一起的规划方法

  D. 控制性详细规划以规划设计与管理相结合的法规为形式

76. 以下关于城市规划的作用的说法,错误的是（　　）。

  A. 协调社会利益,维护公平　　　B. 宏观经济调控的手段

  C. 保障社会公共利益　　　　　　D. 保障社会经济稳定持续地发展

77. 以下对现代城市规划的主要特点的概括错误的是（　　）。

  A. 政策性　　　　B. 综合性　　　　C. 经济性　　　　D. 实践性

78. 下列不属于城镇体系规划编制的基本原则的是（　　）。

  A. 区域空间整体协调发展的原则　B. 可持续发展的原则

  C. 经济社会协调发展原则　　　　D. 因地制宜的原则

79. 城市总体规划编制基本工作程序中不包括（　　）。

  A. 现状调研　　　　　　　　　　B. 基础研究与方案构思

  C. 编制城市总体规划纲要　　　　D. 规划与城市建设协调

80. 城市总体规划中,现状调查的主要方法中不包括（　　）。

  A. 文献资料搜集　　　　　　　　B. 访谈和座谈会调查

  C. 现场踏勘　　　　　　　　　　D. 质性研究

二、多项选择题（共20题，每题1分。每题的备选项中有2~4个符合题意。多选、少选、错选都不得分）

81. 《国家新型城镇化规划（2014—2020）》所提及的加快培育的城镇群是（　　）。

    A. 成渝城镇群   B. 关中城镇群

    C. 中原城镇群   D. 长江中游城镇群

    E. 哈长城镇群

82. 《国家新型城镇化规划（2014—2020）》所提及的创新城市理念是（　　）。

    A. 因地制宜   B. 以人为本   C. 尊重自然   D. 传承历史

    E. 绿色低碳

83. 城市规划是通过（　　）来实现对城市建设和发展中的市场行为进行干预的。

    A. 改善人居环境   B. 保障社会公共利益

    C. 协调社会利益   D. 维护生态平衡

    E. 调控宏观经济

84. 城镇体系规划是通过（　　）来实现对城市建设和发展中的市场行为进行干预的。

    A. 合理控制城市规模

    B. 促进城市之间形成有序竞争与合作的关系

    C. 发挥资源保护和利用的统筹功能

    D. 对重大开发建设项目及重大基础设施布局的综合指导

    E. 实现区域层面的规划与城市总体规划的有效衔接

85. 城镇体系规划的强制性内容涉及以下哪些方面？（　　）

    A. 相邻城市、地区的生产与协作

    B. 区域内的区域性重大基础设施的布局

    C. 相邻城市、地区的重大基础设施布局

    D. 区域内必须控制开发的区域

    E. 区域内资源的配置与利用

86. 《全国主体功能区规划》将主体功能区划分为（　　）。

    A. 提供生态产品的区域   B. 提供工业品和服务产品的区域

    C. 城市地区   D. 提供农产品的区域

    E. 农产品主产区

87. 下列哪些选项是合理布置消防站的基本要求？（　　）

    A. 选择本消防站责任区的中心地段

    B. 位于城市主要干道上

    C. 尽量接近生产和储存易燃易爆物品的建筑

    D. 不得毗邻医院和学校建筑

    E. 接近城市水源

88. 下列哪些内容是城市总体规划的强制性内容？（　　）

A. 城市建设用地开发强度　　　　　B. 城市主干道走向

C. 城市人防设施布局　　　　　　　D. 高压走廊位置

E. 城市防洪标准

89. 下列哪些选项是城市道路与公路衔接的原则？（　　）

A. 有利于把城市对外交通迅速引出城市

B. 有利于把入城交通方便地引入城市中心

C. 有利于过境交通方便地绕过城市

D. 规划环城公路成为公路与城市道路的衔接路

E. 不同等级的公路与相应等级的城市道路衔接

90. 居住区的配建设施标准与下列哪些因素相关？（　　）

A. 城市规模　　　　　　　　　　　B. 居住区人口规模

C. "千人指标"　　　　　　　　　　D. 区位条件

E. 建筑气候分区

91. 在居住区规划中，为了达到卫生要求，须考虑哪些方面？（　　）

A. 卫生视线　　　　　　　　　　　B. 日照

C. 通风　　　　　　　　　　　　　D. 防空气污染

E. 防噪

92. 下列表述中哪些是正确的？（　　）

A. 组团式城市是小城市最佳的空间布局

B. 组团式城市应当在每个组团内安排适宜的居住和就业岗位，就近组织生产和生活

C. 组团式城市与集中式城市相比，市政工程设施建设和日常运营成本较高

D. 组团式城市的每个组团之间必须保持一定的距离

E. 组团式城市的每个组团应在各方向上都有一条以上的道路与其他组团相联系

93. 镇总体规划的主要任务是（　　）。

A. 综合研究和确定城镇的性质、规模和空间发展形态

B. 落实市"县"社会经济发展战略及城镇体系规划提出的要求

C. 指导城镇合理发展

D. 指导镇区、村庄规划编制

E. 合理配置城镇各项基础设施

94. 属于城市用地评定的三类用地的情况是（　　）。

A. 有严重的不良地质现象，若采取防治措施需花费很大工程量和工程费用

B. 土质较差，在修建建筑物时，地基需要采取人工加固措施

C. 农业生产价值很高的丰产农田

D. 军事设施用地

E. 有已开采过的矿藏

95. 产业结构与职业构成的分析可以反映城市的（　　　）。

A. 劳动力潜力　　　　　　　　　　　B. 性质

C. 社会结构的合理协调程度　　　　　D. 经济发展水平

E. 特色

96. 村庄规划要提出景观规划设计的地段有（　　　）。

A. 四旁绿化　　　B. 主要水体　　　C. 特色建筑　　　D. 村口

E. 道路

97. 控制性详细规划中对于道路的控制内容有（　　　）。

A. 红线　　　　　　　　　　　　　　B. 断面形式

C. 交叉口形式　　　　　　　　　　　D. 控制点坐标和标高

E. 道路走向

98. 城市交通调查包括（　　　）。

A. 城市交通基础资料调查　　　　　　B. 城市道路与交通出行调查

C. 城市景观调查　　　　　　　　　　D. 城市风貌调查

E. 交通流量调查

99. 关于我国城市设计项目的类型和特点，以下说法正确的是（　　　）。

A. 城市设计项目可分为政策引导型和经济引导型

B. 根据城市设计工作范围的尺度可分为宏观、中观、微观三个类型

C. 根据我国城市规划的几个工作阶段又分为对应的总体城市设计、城市片区城市设计、重点地区城市设计、地段城市设计

D. 在城市设计的实践中，城市规划师一般通过公共部门对私人领域进行控制并且直接参与建筑的设计和建造过程

E. 城市设计策略、城市开发意向、研究辅助型设计、修建性详细规划、城市环境改善这五种类型在我国近年来的城市设计实践中比较常见

100. 在公共性设施项目可行性研究阶段（　　　）。

A. 政府部门应当根据所确定的公共性设施项目分步骤地纳入到各自的建设计划之中

B. 城市规划必须为这些项目的开发建设进行选址

C. 确定项目建设用地的位置和范围，提出在特定地点进行建设的规划设计条件

D. 办理《建设用地规划许可证》和《建设工程规划许可证》

E. 城市规划管理部门必须对项目可行性研究进行监督管理

模拟题一解析

一、单项选择题(共80题,每题1分。每题的备选项中,只有1个最符合题意)

1. A

【解析】 城市的本质特点是集聚,高密度的人口、建筑和信息是城市的普遍特征,故A选项符合题意。

2. C

【解析】 基于可持续发展原则的规划思考,现代城市规划的核心是土地资源配置,目的是控制人类的土地利用活动可能产生的消极外部效应(特别是环境影响)。所以,城市规划将在可持续发展的行动过程中发挥特殊作用,可持续发展也引起了各国规划师的广泛关注,故C选项符合题意。

3. D

【解析】 在进行城市总体规划时,对于城市用地发展方向的选择起决定性的因素是用地的选择要有利于城市空间的发展和避免今后城市发展过程中可能的不利条件。要有利于城市空间的发展,D选项符合题意。

4. B

【解析】 英国经济学家费希尔和克拉克将经济活动分为三种部类,产品直接来源于自然界的部类称为第一产业,对初级产品进行加工的部类称为第二产业,为生产和消费提供服务的部类称为第三产业。物流仓储业是为生产和消费提供服务的,属于第三产业。故B选项符合题意。

5. A

【解析】 城市的性质是指城市在一定地区、国家以至更大范围内的政治、经济与社会发展中所处的地位和担负的主要职能。城市的性质与规模受城市在区域中地位和作用影响最大,因此A选项符合题意。

6. A

【解析】 "农村的推力",是指工业技术使农业生产力得到空前提高,导致越来越多的农业剩余劳动力出现,农业人口向城市的集中与转移成为可能,所以A选项符合题意。

7. B

【解析】《马丘比丘宪章》首先强调了人与人的相互关系对于城市和城市规划的重要性,并将理解和贯彻这一关系视为城市规划的基本任务,因此B选项符合题意。

8. D

【解析】《雅典宪章》认为,城市活动可划分为居住、工作、游憩和交通四大功能,并提出城市规划的四大主要功能要求各自都有其最适宜的发展条件,以便给生活、工作和文化以秩序化。《雅典宪章》不涉及区域的内容,因此 D 选项错误,符合题意。

9. C

【解析】 城镇化分为有形的城镇化和无形的城镇化,人口向城市集中、城镇规模的扩大称为有形的城镇化,因此 C 选项符合题意。

10. D

【解析】 绝对君权时期的典型代表:巴黎的香榭丽舍大街和凡尔赛宫。路易十四要求将卢浮宫、凡尔赛宫等与城市秩序不可分离地联系到一起,对着卢浮宫构筑起一条巨大壮观而具有强烈视线进深的轴线,这条轴线后来一直作为巴黎城市的中轴线,也形成了壮丽、秩序的整体空间体系,无处不体现着王权至上的唯理主义思想,因此 D 选项符合题意。

11. C

【解析】 北宋东京(汴梁)城有规划的改建与扩建,奠定了宋代开封城的基本格局,由此也开始了城市中居住区组织模式的改变,体现了宋代的城市规划建设的思想。随着商品经济的发展,中国城市建设中绵延了千年的里坊制度逐渐被废除,到北宋中叶,开封城中已建立较为完善的街巷制,因此 C 选项符合题意。

12. B

【解析】 三国时期,邺城的规划继承了战国时以宫城为核心的规划思想,改进了汉长安城布局松散、宫城与坊里混杂的状况,其功能分区明确,结构严谨,城市交通干道与城门对齐,道路等级明确,因此 B 选项符合题意。

13. B

【解析】 城市规划通过对城市土地和空间使用配置的调控,来对城市建设和发展中的市场行为进行干预,从而保证城市的有序发展,因此 B 选项符合题意。

14. A

【解析】 政府部门的规划师的角色与地位:①作为政府公务员所担当的行政管理职责,是国家和政府的法律法规和方针政策的执行者;②担当了城市规划领域的专业技术管理职责,是城市规划领域和运用城市规划对各类建设行为进行管理的管理者;③政府部门的规划师的角色,就是要发挥城市规划在城市建设和发展中的作用,并运用城市规划的专业技术手段,执行国家和政府的宏观政策,保证城市的有序发展。因此 A 选项符合题意。

15. D

【解析】 根据《城乡规划法》的有关规定,城市建设用地的规划管理按照土地使用权的获得方式不同可以区分为以下两种情况:一种情况是由国家以划拨方式提供国有土地使用权的建设项目,须经政府部门批准或者核准,在向政府有关部门报送批准或者核准文件前先向城乡规划主管部门申请核发选址意见书;另一种情况是以出让方式提供国有土地使用权的建设项目。因此不是所有建设项目都要申请选址意见书,所以 D 选项符合题意。

16. A

【解析】 巴黎改建是现代城市规划形成的行政实践的典范,是通过政府直接参与和组织,对巴黎进行全面的改建,因此 A 选项符合题意。

17. B

【解析】 现代城市规划的基本特点:①综合性;②政策性;③民主性;④实践性。B 选项符合题意。

18. D

【解析】 我国已形成由城乡规划方面的法律、法规、规章、规范性文件和标准规范组成的城乡规划法规体系。法定的控制性详细规划不属于城乡规划法律法规体系的组成部分,因此 D 选项符合题意。

19. B

【解析】 依法编制和批准的城乡规划成果是城市规划实施的依据,B 选项符合题意。

20. D

【解析】《城乡规划法》第十三条规定,省、自治区人民政府组织编制省域城镇体系规划,报国务院审批。省域城镇体系规划的内容应当包括:城镇空间布局和规模控制,重大基础设施的布局,为保护生态环境、资源等需要严格控制的区域。D 选项符合题意。

21. C

【解析】 任何一个城市都不是孤立存在的,是存在于区域中的一个点,对城市的认识来自广泛的区域,尤其是相邻区域,因此,编制规划,特别是邻省、其他省的城市规划,需做出相邻地域城镇的资料调查,因此 C 选项符合题意。

22. A

【解析】 城市建设用地选择考虑的因素:①选择有利的自然条件,一般是指地势较为平坦、地基承载力良好、不受洪水威胁、工程建设投资省,而且能够保证城市日常功能的正常运转等。②尽量少占农田。保护耕地是我国的一项基本国策,城市建设用地尽可能利用劣地、荒地、坡地,少占农田,不占良田。③保护古迹和矿藏。城市用地选择应避开有价值的历史文物古迹和已探明有开采价值的矿藏的分布地段。④满足主要建设项目的要求。⑤为城市合理布局创造条件。由以上分析可知,A 选项符合题意。

23. D

【解析】 城市结构与形态大体上可以分为以下两种。①集中型形态:城市建成区主轮廓长短轴之比小于 4:1,是长期集中紧凑全方位发展状态,其中包括若干子类型,如方形、圆形、扇形等。②带形形态:城市建成区主体平面的长短轴之比大于 4:1,并明显呈单向或双向发展,其子形态有 U 形、S 形等。D 选项符合题意。

24. A

【解析】 以划拨方式提供国有土地使用权的建设项目,根据国家有关规定,需经政府部门批准或者核准,在向政府有关部门报送批准或者核准文件前先向城乡规划主管部门申请核发选址意见书。建设项目经有关部门批准、核准、备案后,由城市、县城乡规划主管部门依据控制性详细规划核定建设用地的位置、面积、允许建设的范围,核定建设用地规划许可证。取得建设用地规划许可证后,方可向县级以上地方政府土地管理部门申请用地,经县级以上政府审批后,由土地主管部门划拨土地。A 选项说反了,因此符合题意。

25. A

【解析】 《城乡规划法》规定：修改控制性详细规划的,组织编制机关应当对修改的必要性进行论证,征求规划地段内利害关系人的意见,并向原审批机关提出专题报告,经原审批机关同意后,方可编制修改方案。修改后的控制性详细规划,应当依照《城乡规划法》第十九条、第二十条规定的审批程序报批。控制性详细规划修改涉及城市总体规划、镇总体规划的强制性内容的,应当先修改镇总体规划。违反总体规划强制性内容的才需要修改城市总体规划,因此 A 选项符合题意。

26. B

【解析】 《城乡规划法》规定：省、自治区人民政府组织编制省域城镇体系规划,报国务院审批。故 B 选项符合题意。

27. A

【解析】 省域城镇体系规划的核心内容是：①制定全省(自治区)城镇化和城镇发展战略,包括确定城镇化方针和目标,确定城市发展与布局战略。②确立区域城镇发展用地规模的控制目标。③协调和部署影响省域城镇化与城市发展的全局性和整体性事项。明确本省城镇发展战略、明确重点地区的城镇发展要求,明确需要省政府协调的重点地区和重点项目,并提出协调原则、标准和政策。④确定乡村地区非农业产业布局和居民点建设的原则。⑤确定区域开发管制区划。⑥按照规划提出的城镇化和城镇发展战略和整体部署,充分利用产业政策、税收和金融政策、土地开发政策等手段,制定相应的调控政策和措施,引导人口有序流动,促进经济活动和建设活动健康、合理、有序地发展。划定优先开发区域、重点开发区域、限制开发区域、禁止开发区域。因此 A 选项符合题意。

28. C

【解析】 离散程度分析是用来反映数据离散程度的,常见的指标有极差、标准差、离散系数。C 选项符合题意。

29. D

【解析】 城市总体规划需对现状用地的规模、性质、范围进行调查研究。故 ABC 正确。总体规划并不对地块进行用地划分,因此,用地权属可不做调查。故 D 选项符合题意。

30. C

【解析】 城市总体规划纲要的主要内容：①市域城镇体系规划纲要(包括确定市域各城镇建设标准);②提出城市规划区范围;③分析城市职能,提出城市性质和发展目标;④提出禁建区、限建区、适建区范围;⑤预测城市人口规模;⑥研究中心城区空间增长边界,提出建设用地规模和建设用地范围;⑦提出交通发展战略及主要对外交通设施布局原则;⑧提出重大基础设施和公共服务设施的发展目标;⑨提出建立综合防灾体系的原则和建设方针。确定中心城区用地布局属于中心城区规划的内容,因此 C 选项符合题意。

31. D

【解析】 划定规划区应当遵循的主要原则包括：①坚持科学发展观的原则;②坚持城乡统筹发展的原则;③坚持因地制宜、实事求是的原则;④坚持可操作性的原则。

A 选项属于坚持城乡统筹的原则;BC 选项属于实事求是的原则;可操作性原则强调一个行政管辖范围,如规划区依据山体、河流等自然界线划定,则不符合可操作性。故 D 选项符合题意。

32. A

【解析】 由于盆地或谷地静风频率较高,通风不畅,对环境质量的影响较大,因此 A 选项符合题意。

33. B

【解析】 中小学属于教育科研用地,交通指挥中心属于行政办公用地,公交保养场属于公共交通场站用地,货物运输公司的站场属于物流仓储用地。B 选项符合题意。

34. B

【解析】 《城市用地分类与规划建设用地标准》(GB 50137—2011)第 4.2.1 条规定,新建城市的规划人均城市建设用地指标应在 $85.1 \sim 105.0 \mathrm{m}^2 /$ 人内确定。故选 B。

35. A

【解析】 油库要尽量布置在独立地段,应避开重要的交通枢纽,因此 A 选项符合题意。

36. C

【解析】 工业用地选择时主要考虑:①用地规模与形状;②地形要求;③水源要求;④能源、地质要求;⑤需要避开铁路、公路、高压电网等安全要求;⑥其他要求。C 选项的内容是仓储物流用地的选择要求,因此 C 选项符合题意。

37. A

【解析】 城市综合交通包括存在于城市中及与城市有关的各种交通形式。城市综合交通可分为城市对外交通和城市交通两大部分,因此 A 选项符合题意。

38. C

【解析】 利用对土地和空间的管控,通过协调社会各方的利益,维护社会公平,达到各方信任,因此 C 选项符合题意。

39. D

【解析】 城市交通政策的稳定性与可变性,是由现代城市交通发展方向的一致性、调控各种基本关系的连续性和具体的技术经济条件的多样性与多变性所决定的。高层次的交通政策具有较高的稳定性,低层次的技术经济政策有较大的可变性。正确把握交通政策的稳定性与可变性,避免基本政策执行中的摆动和具体政策上的僵化,是保证多快好省地发展城市交通的关键。由以上分析可知,D 选项符合题意。

40. B

【解析】 根据《城市综合交通体系规划标准》(GB/T 51328—2018)第 12.9.1 条规定:承担城市防灾救援通道的道路,立体交叉口宜采用下穿式。立体交叉口如采用上跨设置,有可能在地震时更易造成道路的毁坏,而影响生命线道路的通行。因此 B 选项错误,符合题意。

41. B

【解析】 道路红线是道路用地和两侧建筑用地的分界线,即道路横断面中各种用地总宽度的边界线,因此 B 选项符合题意。

42．B

【解析】 公共交通站点服务面积,以半径 300m 计算,不得小于城市用地面积的 50%;以半径 500m 计算,不得小于城市用地面积的 90%。因此 B 选项符合题意。

43．A

【解析】 历史文化名城保护分为三个层次:①历史文化名城;②历史文化保护区 (历史文化街区);③文物保护单位。因此 A 选项符合题意。

44．A

【解析】 公众参与城市规划的形式,主要包括城市规划展览系统,规划方案听证会、研讨会,规划过程中的民意调查,规划成果网上咨询等。B 选项的参与研讨会属于公众参与;C 选项的草案图纸进行展示属于公众参与的公示行为,属于公众参与;D 选项王助理参与规划过程中的调研为民意调查,属于公众参与。A 选项李老师属于对成果的销售,不存在规划过程的公众参与,且涉嫌违法,因此 A 选项符合题意。

45．B

【解析】 我国城市供电网分为高、中、低电压供电,不是统一的电压等级,因此 B 选项符合题意。

46．A

【解析】 城镇规划体系是一个综合的多目标的规划。在规划过程中应贯彻以空间整体协调发展为重点,促进社会、经济、环境持续协调发展的原则,具体包括:①因地制宜的原则;②经济社会发展与城镇化战略互相促进的原则;③区域空间整体协调发展的原则;④可持续发展的原则。因此 A 选项符合题意。

47．D

【解析】 选择气源是总体规划阶段的工作内容,故 D 选项符合题意。

48．B

【解析】 开采深层地下水、跨流域引水、在过境的河道上修筑截流坝都是掠夺式的发展,只有中水回用符合可持续发展的战略思想,所以 B 选项符合题意。

49．C

【解析】 从城市的职能分析,其用水包括生产用水、生活用水、市政用水和消防用水,因此 C 选项符合题意。

50．D

【解析】 城市土地的基本特征有:①承载性。它是城市土地最基本的自然属性。②区位。由于城市土地具有不可移动性,导致了区位的极端重要性。③地租与地价。地租意指报酬或收益,其本质是土地供给者凭借土地所有权向土地需求者让渡土地使用权时所索取的利润。D 选项显然不是土地的基本特征。故选 D。

51．C

【解析】 城市总体规划阶段竖向规划的内容及标注的内容:①城市用地组成及城市干路网;②城市干路交叉点的控制标高,干路的控制纵坡度;③城市其他一些主要控制点的控制标高,包括铁路与城市干路的交叉点、防洪堤、桥梁等标高;④分析地面坡向、分水岭、汇水沟、地面排水走向。

竖向规划首先要配合利用地形,而不应把改造地形、土地平整看作是主要方式,因此C选项符合题意。

52. A

【解析】 城市总体规划的强制性内容:①城市规划区范围;②市域内应当控制开发的地域,包括基本农田保护区,风景名胜区,湿地、水源保护区等生态敏感区,地下矿产资源分布地区;③城市建设用地,包括规划期限内城市建设用地的发展规模,土地使用强度管制区划和相应的控制指标(建设用地面积、容积率、人口容量等),城市各类绿地的具体布局,城市地下空间开发布局;④城市基础设施和公共服务设施,包括城市干道系统网络、城市轨道交通网络、交通枢纽布局,城市水源地及其保护区范围和其他重大市政基础设施,文化、教育、卫生、体育等方面主要公共服务设施的布局;⑤城市历史文化遗产保护,包括历史文化保护的具体控制指标和规定,历史文化街区、历史建筑、重要地下文物埋藏区的具体位置和界线;⑥生态环境保护与建设目标,污染控制与治理措施;⑦城市防灾工程,包括城市防洪标准、防洪堤走向,城市抗震与消防疏散通道,城市人防设施布局,地质灾害防护规定。由以上分析可知,A选项符合题意。

53. B

【解析】 近期建设规划是城市总体规划的内容,不属于我国城乡规划编制体系的一部分,A选项错误;近期建设规划是规划内容,不属于规划部门的工作计划,也不属于技术文件,C、D选项错误;近期建设规划是城市总体规划分阶段实施的步骤,因此,是城乡规划实施的内容之一,B选项正确。故选B。

54. C

【解析】 《城乡规划法》规定,在城市、镇规划区内以出让方式提供国有土地使用权的,在国有土地使用权出让前,城市、县人民政府城乡规划主管部门应当依据控制性详细规划,提出出让地块的位置、使用性质、开发强度等规划条件,作为国有土地使用权出让合同的组成部分。因此C选项的控制性详细规划是直接依据。故选C。

55. B

【解析】 容积率是指地块中建设量的多少,因此相比较而言,其更能反映土地使用的强度,因此B选项符合题意。

56. B

【解析】 规范规定大城市的道路网密度一般为 $5\sim7km/km^2$,中等城市为 $5\sim6km/km^2$。故选B。

57. B

【解析】 《村庄整治技术导则》中提出,在村庄整治中,通过"一户一宅"的合理住房制度,改造"空心村"。故选B。

58. D

【解析】 《村镇规划编制办法》中规定,当镇区近期建设规划图不与建设规划图合并时,比例尺采用 $1:200\sim1:1000$。故选D。

59. A

【解析】 城镇体系规划步骤一般为:资料收集—城镇化水平预测—城镇布局—安排

区域基础设施。城镇化和人口预测应该在城镇布局之前,因为需要知道人口规模和城镇化水平才能预测需要多少用地,才能对城镇化布局,因此 A 选项符合题意。

60. D

【解析】 这是城市轴线所具有的重要特性,因此 D 选项符合题意。

61. D

【解析】 《城乡规划法》规定,建设单位应在竣工验收后 6 个月内向城乡规划主管部门报送有关竣工验收资料,因此 D 选项符合题意。

62. B

【解析】 现代城市开始凸显一些与以往不同的动力机制:①自然资源开发与保护;②科技革命与创新;③全球化与新经济;④城市文化特质。因此 B 选项符合题意。

63. B

【解析】 定性分析、定量分析、空间模型分析是城市规划常用的分析方法,因此 B 选项错误,符合题意。

64. B

【解析】 矿产资源的开采决定城市的地域结构和空间形态。故选 B。

65. A

【解析】 城市性质是指城市在一定地区、国家以至更大范围内的政治、经济与社会发展中所处的地位和所担负的主要职能,是城市在国家或地区政治、经济、社会和文化生活中所处的地位、作用及其发展方向。城市性质由城市主要职能所决定,因此 A 选项符合题意。

66. D

【解析】 比例分配法不能单独进行总体规划人口预测,因此 D 选项符合题意。

67. A

【解析】 城市空间演进规律:①从封闭的单中心到开放的多中心空间环境;②从平面空间环境到立体空间环境;③从生产性城市空间到生活性城市空间;④从分离的均质城市空间到连续的多样城市空间。因此 A 选项符合题意。

68. B

【解析】 古典风格及构图严谨的广场是文艺复兴时期的城市特点,因此 B 选项符合题意。

69. A

【解析】 城市总体规划编制基本要求:①规划编制规范化;②规划编制的针对性;③科学性;④综合性。因此 A 选项符合题意。

70. D

【解析】 我国城乡规划实施管理体系的构成为:①城乡规划实施组织;②建设项目的规划管理;③城乡规划实施的监督检查。因此 D 选项符合题意。

71. D

【解析】 立足于生态敏感性分析和未来区域开发态势的判断,一般来说分为鼓励开发区、控制开发区、禁止开发区,因此 D 选项符合题意。

72. A

【解析】 定性分析方法常用于城市规划中复杂问题的判断,主要有因果分析法和比较法,因此 A 选项符合题意。

73. C

【解析】 铁路客运站的布置方式有通过式、尽端式、混合式,因此 C 选项符合题意。

74. C

【解析】 独立编制的近期建设规划成果包括规划文本、图纸和说明,因此 C 选项符合题意。

75. A

【解析】 控制性详细规划是以总体规划(或分区规划)为依据,以规划的综合性研究为基础,以数据控制和图纸控制为手段,以规划设计与管理相结合的法规为形式,对城市用地建设和设施建设实施控制性的管理,把规划研究、规划设计与规划管理结合在一起的规划方法。由以上分析可知,A 选项错误,符合题意。

76. D

【解析】 城市规划的作用:①宏观经济调控的手段;②保障社会公共利益;③协调社会利益,维护公平;④改善人居环境。因此 D 选项符合题意。

77. C

【解析】 现代城市规划的主要特点为:政策性、综合性、民主性、实践性,因此 C 选项符合题意。

78. C

【解析】 城镇规划体系是一个综合的多目标的规划。在规划过程中应贯彻以空间整体协调发展为重点,促进社会、经济、环境的持续协调发展的原则,具体包括:①因地制宜的原则;②经济社会发展与城镇化战略互相促进的原则;③区域空间整体协调发展的原则;④可持续发展的原则。因此 C 选项符合题意。

79. D

【解析】 规划与城市建设相协调是总体规划方案构思的内容,因此 D 选项符合题意。

80. D

【解析】 城市规划的现状调查方法主要有:①现场踏勘;②抽样和问卷调查;③访谈和座谈会调查;④文献资料搜集。因此 D 选项符合题意。

二、多项选择题(共 20 题,每题 1 分。每题的备选项中有 2~4 个符合题意。多选、少选、错选都不得分)

81. ACDE

【解析】《国家新型城镇化规划(2014—2020 年)》提出,加快培育成渝、中原、长江中游、哈长等城市群,使之成为推动国土空间均衡开发、引领区域经济发展的重要增长极。故选 ACDE。

82. BCDE

【解析】 认为应该把以人为本、尊重自然、传承历史、绿色低碳理念融入城市规划全过程。因此 BCDE 选项符合题意。

83. ABCE

【解析】 城市规划的作用：①宏观经济调控的手段。②保障社会公共利益。③协调社会利益,维护公平。④改善人居环境。生态平衡是远远大于城市规划的一种平衡,城市规划无法做到通过其来实施市场的干预,因此 D 选项错误。故选 ABCE。

84. BCDE

【解析】 城镇体系规划的主要作用：城镇体系规划一方面需要合理地解决体系内部各要素之间的相互联系及相互关系,另一方面又需要协调体系与外部环境之间的关系。作为致力于追求体系整体最佳效益的城镇体系规划,其作用主要体现在区域统筹协调发展上：①指导总体规划的编制,发挥上下衔接的功能,对实现区域层面的规划与城市总体规划的有效衔接意义重大；②全面考察区域发展态势,发挥对重大开发建设项目及重大基础设施布局的综合指导功能,避免"就城市论城市"的思想,从区域整体效益最优化的角度实现重大基础设施的合理布局；③综合评价区域发展基础,发挥资源保护和利用的统筹功能；④协调区域城市间的发展,促进城市之间形成有序竞争与合作的关系。因此 BCDE 选项符合题意。

85. BCD

【解析】 城镇体系规划的强制性内容：①区域内必须控制开发的区域,包括自然保护区、退耕还林(草)地区、大型湖泊、水源保护区、分滞洪地区、基本农田保护区、地下矿产资源分布地区以及其他生态敏感区等；②区域内的区域性重大基础设施的布局,包括高速公路、干线公路、铁路、港口、机场、区域性电厂和高压输电网、天然气门站、天然气主干管、区域性防洪、滞洪骨干工程、水利枢纽工程、区域引水工程等；③涉及相邻城市、地区的重大基础设施布局,包括取水口、污水排放口、垃圾处理厂等。由以上规定可知,BCD 选项符合题意。

86. ABD

【解析】 《全国主体功能区规划》中按主体功能划分为：提供工业品和服务产品的区域、提供农产品的区域和提供生态产品的区域。因此 ABD 选项符合题意。

87. ABCD

【解析】 ABCD 四个选项符合消防站布置的要求,详见《城市规划相关知识》消防站布局的内容。

88. BCDE

【解析】 城市总体规划的强制性内容包括：①城市规划区范围。②市域内应当控制开发的地域。包括基本农田保护区,风景名胜区,湿地、水源保护区等生态敏感区,地下矿产资源分布地区。③城市建设用地。包括规划期限内城市建设用地的发展规模,土地使用强度管制区划和相应的控制指标(建设用地面积、容积率、人口容量等),城市各类绿地的具体布局,城市地下空间开发布局。④城市基础设施和公共服务设施。包括城市干道系统网络、城市轨道交通网络、交通枢纽布局、城市水源地及其保护区范围和其他重大市政基础设施,文化、教育、卫生、体育等方面主要公共服务设施的布局。⑤城市历史文化遗产保护。包括历史文化保护的具体控制指标和规定,历史文化街区、历史建筑、重要地下文物埋藏区的具体位置和界线。⑥生态环境保护与建设目标,污染控制与治理措施。⑦城市防灾工程。包括城市防洪标准、防洪堤走向,城市抗震与消防疏散通道,城市人防设施布局,地质灾害防护规定。建设用地开发强度属于控制性详细规划的强制性内容,因此 A 选项错误。故选 BCDE。

89. ACD

【解析】 ACD 选项符合城市道路与公路衔接的原则。B 选项的把外部交通导入城市显然是错误的。公路与城市道路一般不能直接衔接,E 选项错误。故选 ACD。

90. BCD

【解析】 居住区的配建设施标准要考虑的因素有居住区人口规模、"千人指标"、区位条件等。建筑气候分区是区位的结果,故不选,因此 BCD 选项符合题意。

91. ABC

【解析】 为居民创造卫生、安静的居住环境,要求居住区有良好的日照、通风、卫生视距等条件,以防止噪声干扰和空气污染等。D、E 两选项属于卫生要求的目的,而不是预防前的考虑因素。故选 ABC。

92. BC

【解析】 集中式布局是小城市较适合的城市布局,A 选项错误。组团式城市应当在每个组团内安排适宜的居住和就业岗位,就近组织生产和生活,减少出行成本,B 选项正确。组团式城市与集中式城市相比,因为城市较分散,市政工程设施建设和日常运营成本较高,C 选项正确。组团式城市的每个组团之间可能因为地形限制保持一定的距离,但也可能是高速公路等人工设施的隔离,因此必须保持一定距离不准确,D 选项错误。组团式城市的每个组团应在各方向上都至少 2 条以上的道路与其他组团相联系,E 选项错误。故选 BC。

93. ABCE

【解析】 镇总体规划的主要任务是:落实市(县)社会经济发展战略及城镇体系规划提出的要求,综合研究和确定城镇性质、规模和空间发展形态,统筹安排城镇各项建设用地,合理配置城镇各项基础设施,处理好远期发展和近期建设的关系,指导城镇合理发展。因此 ABCE 选项符合题意。

94. ACD

【解析】 三类用地即不适于修建的用地。其具体情况是:①地基承载力小于 60kPa 和厚度在 2m 以上的泥炭层或流沙层的土壤,需要采取很复杂的人工地基和加固措施才能修建;②地形坡度超过 20%,布置建筑物很困难;③经常被洪水淹没,且淹没深度超过 1.5m;④有严重的活动性冲沟、滑坡等不良地质现象,若采取防治措施需花费很大工程量和工程费用;⑤农业生产价值很高的丰产农田,具有开采价值的矿藏埋藏,属给水水源卫生防护地段,存在其他永久性设施和军事设施等。因此 ACD 选项符合题意。

95. BC

【解析】 产业结构与职业构成的分析可以反映城市的性质、经济结构、现代化水平、城市设施社会化程度、社会结构的合理协调程度,是制定城市发展政策与调整规划定额指标的重要依据。在城市规划中,应提出合理的职业构成与产业结构建议,协调城市各项事业的发展,达到生产与生活设施配套建设,提高城市的综合效益。因此 BC 选项符合题意。

96. BCDE

【解析】 村庄规划要对村口、主要水体、特色建筑、街景、道路以及其他重点地区的景观提出规划设计。故选 BCDE。

97. ABCD

【解析】 根据《城市规划编制办法》规定;规定各级道路的红线、断面、交叉口形式及渠化措施、控制点坐标和标高。故选 ABCD。

98. AB

【解析】 城市交通调查包括城市交通基础资料调查、城市道路交通调查和交通出行 OD 调查。故选 AB。

99. BCE

【解析】 在城市设计的实践中,城市规划师一般都是指导或协调其他人的建设活动,通过总体设计塑造长远的城市空间形态,一般都通过公共部门对私人领域进行控制;而建筑师则较多地直接参与建筑的设计和建造过程。根据这一特点可以把城市设计分为政策引导型和建设实施型,A 选项错误,D 选项错误。根据城市设计工作的范围分为宏观、中观、微观三个类型,B 选项正确。我国城市设计阶段分为总体城市设计、城市片区城市设计、重点地区城市设计、地段城市设计,C 选项正确。城市设计策略、城市开发意向、研究辅助型设计、修建性详细规划、城市环境改善这五种类型在我国近年来的城市设计实践中比较常见,E 选项正确。故选 BCE。

100. BC

【解析】 在项目可行性研究阶段,城市规划必须为这些项目的开发建设进行选址,确定项目建设用地的位置和范围,提出在特定地点进行建设的规划设计条件。只有这样,项目的可行性研究才能开展下去,所得出的结论才是可靠的。我国《城乡规划法》规定"建设项目选址意见书"是项目决策的依据之一。因此 BC 选项符合题意。

模 拟 题 二

一、单项选择题（共 80 题,每题 1 分。每题的备选项中,只有 1 个最符合题意）

1. 1949—1957 年是我国城镇化的启动阶段,下列不能反映物质形态上的变化的是(   )。
    A. 乡村形态的减少
    B. 城市人口的骤增
    C. 工人新村崛起
    D. 城市基础设施加快

2. 人口从农村向城市迁移是(   )的特征。
    A. 工业化初期
    B. 工业化进入成熟期
    C. 后工业化初期
    D. 后工业化成熟期

3. 影响城市发展规律的主要理论有哪些?(   )
①城市发展与区域理论;②城市发展的经济学理论;③政治经济学理论;④城市发展的人文生态学理论;⑤城市发展与经济全球化理论;⑥区位理论;⑦城市发展与交通通信理论;⑧城市社会学理论;⑨城市进化理论
    A. ②④⑥⑧
    B. ①②④⑤⑦⑨
    C. ①③⑤⑦⑨
    D. ③④⑥⑦⑧

4. 发展中国家从原料产地转变为跨国公司的生产、装配基地,是基于什么因素?(   )
    A. 国家的经济能力的增长
    B. 区域经济的发展
    C. 全球经济一体化
    D. 生产技术水平的提高

5. 城市物质环境的演化与城市的发展阶段关系密切,处于成熟期的城市物质环境演化形式主要是(   )。
    A. 向外扩张   B. 内部重组   C. 更新   D. 增加基础设施

6. 在我国,城市居民的恩格尔系数逐年下降,文化、娱乐、旅游等消费逐年上涨,假日的增多等现象,表明了城市社会演化过程的哪种特性?(   )
    A. 文明度提高
    B. 社会和谐
    C. 生活闲暇
    D. 经济发达

7. 元大都是唐长安后中国古代都城的又一典范,它在继承了古代都城传统的基础上,城市格局还受到(   )的影响。
    A. 佛教的轮回观念
    B. 商品经济和世俗观念
    C. 管子的自然至上理念
    D. 道家的阴阳五行思想

8. 关于乡村,下列说法较适宜的是(   )。
    A. 当今社会发展的影响下,乡村的同质性已得到改变
    B. 由于土地资源的紧缺,乡村的建设也向高密度发展
    C. 近年来,乡村的变化是显而易见的

  D. 由于发展的需要,乡村的人口、建筑的区域也不断集中

9. 一般情况下,在影响城镇体系发展的因素中,将文化、社会心理、习俗、政策等称为( )。

  A. 社会因素   B. 物质因素   C. 非物质因素   D. 人为因素

10. 罗马城的君权化特征最为集中体现的地方不包括( )。

  A. 重要公共建筑的布局   B. 城市中心的广场群

  C. 城市的轴线体系   D. 城市的宏大尺度

11. 英国的《工人阶级住宅法》颁布于( )。

  A. 1842 年   B. 1844 年   C. 1868 年   D. 1890 年

12. 下列哪种说法是格迪斯在他的著作《进化中的城市》中表达的对城市的认识?( )

  A. 应把自然地区作为城市规划研究的基本框架

  B. 对城市展开生态学的研究

  C. 城市是生存基础的研究

  D. 布局形式与经济体系的研究

13. 关于《雅典宪章》,下列哪种说法是不适宜的?( )

  A. 是由现代建筑运动的主要建筑师所制定的

  B. 反映的是现代建筑运动中现代城市规划发展的基本认识与思想观点

  C. 反映了经济发展与城市功能的关系

  D. 是把城市当作一种功能秩序,对土地使用和土地分配的政策要求有根本性的变革

14. 对于城市与区域的关系,下列哪种说法是不妥当的?( )

  A. 每个城市都有相对应的区域

  B. 从城市在区域中的作用方面研究城市性质

  C. 对城市的研究不受到区域的影响

  D. 城市的发展对区域有促进作用

15. 法国巴黎的香榭丽舍大街是哪个时期的城市特征?( )

  A. 文艺复兴时期   B. 中世纪时期

  C. 绝对君权时期   D. 古罗马时期

16. 在城市规划的调查工作中,一般不会采用的方法是( )。

  A. 全面调查   B. 观察调查   C. 抽样调查   D. 问卷调查

17. 地形图所采用的方法是( )。

  A. 几何图形法   B. 图表法   C. 线性分析法   D. 等值线法

18. 就城市发展理论而言,对于城市分散发展和集中发展的关系,下列说法中不准确的是( )。

  A. 城市分散发展和集中发展是城市发展的两种形式

  B. 城市的分散发展和集中发展只是城市发展过程的不同方面

  C. 城市的分散发展和集中发展在城市发展中是不可调和的

D. 任何城市的发展都是这两种发展方式对抗的暂时平衡状态

19. 各国城市的标准各有不同,设市的标准大致一致,可以不考虑的是(　　)。

    A. 人口密度
               B. 非农人口的比重

    C. 就业人口的比重
          D. 政治、经济因素

20. 城市总体规划纲要不需提供的图纸是(　　)。

    A. 区域城镇关系示意图
       B. 市域空间管制示意图

    C. 城市现状图
              D. 各项专业规划图

21. 太阳辐射的强度与日照率在不同纬度和地区存在着差异,反映在对建筑的影响上尤为明显,但影响较小的是(　　)。

    A. 建筑的形式
             B. 建筑的朝向

    C. 建筑的日照间距
         D. 建筑的标准

22. 在同一条大街上有两块地,一块位于街角,另一块位于街道的内部,两块地相距12m,但两块地的出租价格不同,前者要大于后者。对这种现象从哪种角度评价更适合?(　　)

    A. 城市用地经济评价
       B. 城市用地宏观区位评价

    C. 城市用地中观区位评价
       D. 城市用地微观区位评价

23. 《省域城镇体系规划编制审批办法》的规划成果中,关于资源利用与资源生态环境保护的目标、要求和措施的内容中,不包括的是(　　)。

    A. 历史文化遗产
            B. 地域传统文化

    C. 民族宗教
               D. 生态环境

24. 根据描述,判断该用地为哪一类。该地块一般在城市中心地段,公共交通较发达,人口流动较大,人们的生活对它有一定的依赖性。(　　)

    A. 商业用地
             B. 商务用地

    C. 娱乐用地
             D. 文化活动用地

25. 依据《城市用地分类与规划建设用地标准》(GB 50137—2011),其规划人均公共管理与公共服务用地面积指标不应少于(　　)。

    A. 5.0m^2/人
    B. 5.5m^2/人
    C. 6.0m^2/人
    D. 6.5m^2/人

26. 影响城市土地经济评价的基本因素是(　　)。

    A. 繁华度
    B. 土地区位
    C. 社会条件
    D. 自然条件

27. 城镇体系等级规模结构的确立应建立在(　　)的基础上。

    A. 区域环境条件分析
       B. 分析现状城镇规模及分布

    C. 区域整体规划
           D. 地域经济结构分析

28. 下列关于度量城镇化水平的说法,比较准确的是(　　)。

    A. PU=U/P 是准确的城镇化计算公式,既能反映城镇化的数量水平,又能反映质量水平

    B. 城镇化的测算是以英国的城镇划分为标准的

    C. 各国家和地区城镇化进程不一,对城镇的标准与定义也不一致

    D. 思想观念、生活方式也需纳入城镇化率的测算

29. 以下不是城镇体系特征的是（   ）。

  A. 群体性   B. 网络性   C. 开放性   D. 层次性

30. 下列哪项最符合有机疏散理论的思想？（   ）

  A. 在中心城周围建设新城,疏散中心城市人口

  B. 在城市向外拓展的过程中,按组团组织新建地区

  C. 通过城市功能的置换和疏散,重新组织城市空间结构

  D. 在城市的各组团之间建设保护性的绿化地带

31. 《雅典宪章》产生的时代背景是（   ）。

  A. 现代城市规划学科孕育产生的时期   B. 城市改良的时期

  C. 现代建筑运动蓬勃发展的时期   D. 现代建筑运动走向衰落的时期

32. 《雅典宪章》的思想方法是基于（   ）基础之上的。

  A. 以人为本,功能分区理论   B. 动态规划理论

  C. 物质空间决定论   D. 公众参与

33. 《马丘比丘宪章》和《雅典宪章》在内容上存在着较大的差异,下述分析不正确的是（   ）。

  A. 《雅典宪章》是对《马丘比丘宪章》的发展与完善

  B. 《雅典宪章》的主导思想是把城市和城市的建筑分成若干组成部分；《马丘比丘宪章》的目标是将这些部分重新有机统一起来,强调它们之间的相互依赖性和关联性

  C. 《雅典宪章》的思想基石是机械主义和物质空间决定论；《马丘比丘宪章》宣扬社会文化论,认为物质空间只是影响城市生活的一项变量,并不能起决定性作用,而起决定性作用的应该是城市中各人类群体的文化、社会交往模式和政治结构

  D. 《雅典宪章》将城市规划视作对终极状态的描述；《马丘比丘宪章》更强调城市规划的过程性和动态性

34. 下列控制指标中属于控制性详细规划强制性内容的是（   ）。

①道路坐标；②容积率；③主要用途；④人口容量；⑤绿地率；⑥建筑高度；⑦建筑面积

  A. ①④⑦   B. ②③⑤⑥

  C. ①②③④   D. ①②③④⑤⑥⑦

35. 在城市规划设计成果中没有文本要求的规划层次是（   ）。

  A. 总体规划   B. 分区规划

  C. 控制性详细规划   D. 修建性详细规划

36. 下列有关公共设施布局的表述中,哪项是不正确的？（   ）

  A. 服务半径是检验公共设施分布合理与否的指标之一

  B. 公共设施必须集中成套配置

  C. 小学不宜与幼儿园、托儿所相邻布置

  D. 有大量人车流集散的公共设施不宜集中设置

37. 下列哪项是城市用地布局模式的核心要素？（　　）

　　A. 路网形式　　　　　　　　　　B. 城市形态

　　C. 空间结构　　　　　　　　　　D. 城市意象

38. 在城市总体规划（　　）中应当明确表述规划的强制性内容。

　　A. 文本　　　　　B. 文件　　　　　C. 说明书　　　　　D. 图纸

39. 大城市铁路客运站的位置一般应选在何处？（　　）

　　A. 城市中心　　　　　　　　　　B. 城市中心区边缘

　　C. 市区边缘　　　　　　　　　　D. 市区高速公路入口处

40. 在进行城市给水工程规划时，一般将城市用水分为三大类，以下哪种分类是正确的？（　　）

　　A. 工业用水、生活用水和绿化用水　　B. 生产用水、生活用水和公共用水

　　C. 工业用水、生活用水和消防用水　　D. 企业用水、居民用水和郊区用水

41. 以下哪项不属于城市排水系统常用的布置形式？（　　）

　　A. 扇形布置　　　　B. 环形布置　　　　C. 分散布置　　　　D. 分区布置

42. 以下哪项表述是错误的？（　　）

　　A. 集中供热具有节能、污染较小的优点

　　B. 集中供热有区域锅炉房供热和热电厂供热两种形式

　　C. 水作为载热体的优势在于热效率高，容易调节

　　D. 以蒸汽作为载热体的优势在于传热系数高，可减少散热器传热面积，降低设备造价

43. 以下哪项有关城市供电工程规划的表述是错误的？（　　）

　　A. 电力负荷的计算需考虑工业用电、农业用电、市政用电和居民用电

　　B. 城市电源工程主要有城市电厂和区域变电所等电源设施，城市电厂可以是火电厂、水电厂或地热电厂

　　C. 城市输送电网负责连接城市电源与城市配电网

　　D. 城市配电网可分为高压配电网和低压配电网，前者提供动力用电，后者提供照明用电

44. 在管线综合中，管线之间或管线与建、构筑物之间的水平距离除要符合技术、卫生、安全等要求外，还须符合哪项有关规定？（　　）

　　A. 国防　　　　　B. 人防　　　　　C. 消防　　　　　D. 防灾

45. 工程管线分类反映了管线特性，是进行工程管线综合时的管线避让依据之一。自来水管道不属于下列哪项分类？（　　）

　　A. 给水管道　　　B. 压力管线　　　C. 地铺管线　　　D. 可弯曲管线

46. 在平整的平原地区编制竖向规划应着重处理下列哪项问题？（　　）

　　A. 利用地形，满足城市环境和空间美观要求

　　B. 尽量少占或不占良田

　　C. 地面排水

　　D. 满足管线敷设要求

47. 下列哪项不属于城市防洪设施?(   )
    A. 行洪区   B. 截洪沟   C. 排涝泵站   D. 排洪沟

48. 一般认为干道的适当间距在(   )m,相当于干道网密度为(   )km/km^2。
    A. 500~800,1.8~1.5   B. 600~800,2.4~1.5
    C. 700~1100,2.8~1.8   D. 700~1200,2.8~1.8

49. 根据相关规范,规划的城市道路与交通设施用地面积应占城市规划建设用地面积的(   ),人均道路与交通设施面积不应小于(   )。
    A. 15%~20%,10m^2 B. 15%~25%,12m^2
    C. 15%~25%,10m^2 D. 15%~20%,12m^2

50. 两块板形式的道路横断面的交通组织考虑较少的情况是(   )。
    A. 解决对向机动车流的相互干扰
    B. 同向机动车可以较方便地使用非机动车道
    C. 有较高的景观和绿化要求
    D. 地形起伏变化较大的地段

51. 城乡规划实施的主要影响因素不包括(   )。
    A. 城市规划者的专业水准   B. 城市发展状况
    C. 社会意愿与公众参与   D. 法律保障

52. 下列哪项不能算作长途汽车站?(   )
    A. 技术站   B. 混合站   C. 起点站   D. 转运站

53. 某道路交叉口为立体交叉口,在该交叉口设置车站,其换乘距离不宜大于(   )。
    A. 120m   B. 150m   C. 180m   D. 200m

54. 按照现行《地面水环境质量标准》,作为城市市政用水,包括绿化用水、清洒道路用水、一般性景观用水的水质可以是(   )。
    A. Ⅲ类   B. Ⅴ类   C. Ⅱ类   D. Ⅳ类

55. 下列关于雨水利用的叙述,不正确的是(   )。
    A. 雨水利用系统通常包括雨水收集、雨水处理和雨水处理水利用三大部分。雨水收集必须考虑地表的径流系数。城市雨水利用系统可结合城市中水系统建设
    B. 西北干旱地区应当建大型水库和城市人工湖进行雨水收集利用
    C. 水窖是西北干旱地区应当积极推广的一种雨水利用形式
    D. 在西北干旱地区,为了充分利用雨水,可以使道路绿化带的设计标高低于机动车道路面的标高

56. 下列关于城市近期建设规划编制对于用地范围和布局的论述错误的是(   )。
    A. 制定城市近期建设用地总量,明确新增建设用地和利用存量土地的数量
    B. 制定城市近期建设用地实施细则,估算建设投资总额
    C. 确定城市近期建设中用地空间分布,重点安排公益性用地,并确定经营性房地产用地的区位和空间布局
    D. 提出城市近期建设用地的实施时序,制定实施城市近期建设用地计划的相关政策

57. 下列哪项不是城市近期建设规划的强制性内容？（   ）
    A. 确定城市近期建设重点和发展规模
    B. 确定各项基础设施、公共服务和公益设施的建设规模和选址
    C. 依据城市近期建设重点和发展规模，确定城市近期发展区域
    D. 根据城市近期建设重点，提出对历史文化名城、历史文化保护区、风景名胜区、生态环境保护区等相应的保护措施

58. 《村庄整治技术导则》中，对于"空心村"，在住房制度上提出的政策是（   ）。
    A. 拆除已坍塌的房屋　　　　　　　　B. 一户一宅
    C. 迁村并点　　　　　　　　　　　　D. 宅基地向村中心集中

59. 《村镇规划编制办法》中规定，镇区近期建设规划图不与建设规划图合并时，比例尺采用（   ）。
    A. 1∶100～1∶500　　　　　　　　B. 1∶100～1∶1000
    C. 1∶200～1∶500　　　　　　　　D. 1∶200～1∶1000

60. 在控制性详细规划中，对需要配置的公共服务设施，以下哪项的表述是不正确的？（   ）
    A. 燃气设施（煤气调压站）
    B. 电信设施（电话局、邮政局）
    C. 环卫设施（垃圾转运站）
    D. 小区服务设施（居委会、派出所、商店）

61. 以下哪一选项是城镇体系规划的主要工作程序？（   ）
    A. ①收集分析资料；②人口城市化水平预测；③城镇布局；④安排区域基础设施
    B. ①收集分析资料；②城镇布局；③人口城市化水平预测；④安排区域基础设施
    C. ①收集分析资料；②安排区域基础设施；③城镇布局；④人口城市化水平预测
    D. ①收集分析资料；②安排区域基础设施；③人口城市化水平预测；④城镇布局

62. （   ）是建立城市艺术骨架和组织城市空间的重要手段之一，它可以把城市空间组织成一个有秩序、有韵律的整体。
    A. 城市绿化　　　　B. 城市水面　　　　C. 城市制高点　　　　D. 城市轴线

63. 城市用地布局的主要模式大体可以分为（   ）。
    A. 网格状、环状、环形放射状、混合状
    B. 居住地区、居住区、居住小区、组团
    C. 同心圆、扇形、多核心
    D. 集中式、分散式、集中与分散相结合式

64. 下列哪项不是城市道路系统规划的依据？（   ）
    A. 城市交通规划　　　　　　　　　　B. 城市现状道路交通问题分析

C. 城市用地布局规划方案　　　　　　D. 城市交通发展战略

65. 公共汽车与电车的站距为(　　)。

  A. 市区线 500～800m,郊区线 800～1000m

  B. 市区线 1500～2000m,郊区线 1500～2500m

  C. 市区线 800～1200m,郊区线 1000～1500m

  D. 市区线 1000～2000m,郊区线 1500～2000m

66. 下列哪项不属于城市公共交通换乘枢纽?(　　)

  A. 各类城市公共交通线路的换乘枢纽

  B. 各类城市公共交通线路与城市大型公共设施人流的换乘枢纽

  C. 各类城市公共交通线路与城市对外客运交通的换乘枢纽

  D. 各类城市公共交通线路与转换公共交通的其他交通工具的换乘枢纽

67. 下列哪项是人口小于20万的城市干道网密度的建议值?(　　)(单位:km/km^2)

  A. 1.4～1.9　　　　　　　　　B. 1.3～4.8

  C. 1.3～1.7　　　　　　　　　D. 1.5～2.2

68. 城市中心地区机动车公共停车场可以按下列哪项指标规划?(　　)

  A. 市域机动车辆数的 15%～20%

  B. 市区机动车辆数的 15%～21%

  C. 规划城区机动车辆数的 15%～20%

  D. 社会拥有客运车辆数的 15%～20%

69. 一般,战时留城市人口占城市总人口的(　　),按人均(　　)m^2 的人防工程面积标准进行人防工程面积设计。

  A. 20%～30%,1.0　　　　　　B. 40%～50%,2.0

  C. 30%～40%,1～1.5　　　　　D. 50%～60%,1.5～2.5

70. 在布置居住组团绿地时,只有当绿地的(　　)在标准建筑日照阴影范围以外,才可以计入绿化用地。

  A. 1/5　　　　B. 1/4　　　　C. 1/3　　　　D. 1/2

71. 小城市的出租车拥有量的推荐指标是(　　)。

  A. 2.5 辆/千人　　　　　　　　B. 2.0 辆/千人

  C. 1.0 辆/千人　　　　　　　　D. 0.5 辆/千人

72. 居住综合体的设置,对于城市来说其优点较突出的应是(　　)。

  A. 用地集约、高效　　　　　　B. 工作生活联系便捷

  C. 减轻城市交通压力　　　　　D. 方便照顾家庭

73. 在划定的风景名胜区的生态保护区,对游人的规定原则是(　　)。

  A. 禁止进入　　B. 限制进入　　C. 定点进入　　D. 完全开放

74. 在现代城市规划体系中,城市设计的主要作用是(　　)。

  A. 一个规划层次　　　　　　　B. 规划程序中的一个环节

  C. 一种工作方法　　　　　　　D. 一种技术方法

75. 商业性开发是指(　　)。

　　A. 以营利为目的的开发建设活动

　　B. 除了公共设施开发之外的开发建设活动

　　C. 除了政府投资之外的开发建设活动

　　D. 以私人利益为出发点,社会公众所共享的开发建设活动

76. 下列哪一项不是城市政府实施城市规划的控制和引导的对象?(　　)

　　A. 基础设施建设的项目　　　　　　　　B. 建设项目选址的监督检查

　　C. 对建设用地的使用方式的监督检查　　D. 组织编制分区规划和详细规划

77. 镇规划所划的规划区的含义中不包括(　　)。

　　A. 镇区范围为镇人民政府驻地的建成区

　　B. 镇区范围为镇人民政府驻地的规划建设发展区

　　C. 镇域范围为镇人民政府行政的地域

　　D. 镇域规划发展区

78. 城市设计将"可识别性"作为目标,指的是(　　)。

　　A. 场所有清晰的意象并易于认识与熟悉

　　B. 场所的功能应该富于变化和提供选择

　　C. 场所中公共与私人的部分应该清晰地区别

　　D. 公共场所应易于到达并可以穿行

79. 私人部门的开发行为是私人部门实现自身利益的手段,(　　)。

　　A. 必然会损害到城市的公共利益

　　B. 同样也可以是实施城市规划的手段

　　C. 主要为了满足城市居民生产和生活的需求

　　D. 是政府应予严格管制的领域

80. 下列表述不准确的是(　　)。

　　A. 编制近期建设规划是城市规划实施的重要手段

　　B. 城市总体规划确定的建设用地范围以外,不得设立城市新区

　　C. 城市建设用地的规划条件和规划许可必须按照控制性详细规划做出

　　D. 在各类城市规划中必须安排城市中低收入居民住房的建设

二、多项选择题(共20题,每题1分。每题的备选项中有2~4个符合题意。多选、少选、错选都不得分)

81. 《商君书》是一部记载我国城市规划理论的书籍,该书中主要从哪几个角度对城市的发展以及城市管理制度等问题进行了阐述?(　　)

　　A. 城市布局　　　　B. 城乡关系　　　　C. 城市选址　　　　D. 区域经济

　　E. 交通布局

82. 在城市总体规划编制中,需要有关专家领衔进行研究的领域有(　　)。

　　A. 资源与环境保护　　　　　　　　　　B. 人口与城市布局

    C. 区域统筹与城乡统筹   D. 城市发展目标与空间布局

    E. 城市历史文化遗产保护

83. 控制性详细规划中需要提出指导原则的有(　　　)。

    A. 建筑体量   B. 建筑形式   C. 建筑体型   D. 建筑层数

    E. 建筑色彩

84. 住宅间距,除了要满足日照要求以外,以下哪些因素也是需要考虑的?(　　　)

    A. 采光   B. 通风   C. 防灾   D. 绿化种植

    E. 管线埋设

85. 下列哪些不属于交通政策的范畴?(　　　)

    A. 优先发展公共交通   B. 限制私人小汽车盲目发展

    C. 开辟公共汽车专用道   D. 建立渠化交通体系

    E. 合理布局交通枢纽

86. 商业性开发的主要特征有(　　　)。

    A. 以营利为目的

    B. 以私人利益为出发点

    C. 公共性设施不包括在内

    D. 商业性开发的决策都是在对项目的经济效益进行评估的基础上做出的

    E. 为促进城市建设的快速发展

87. 市域城镇空间组合的基本类型可分为(　　　)。

    A. 均衡式   B. 分片组团式

    C. 单中心集核式   D. 点轴式

    E. 轴带式

88. 信息社会城市空间结构形态的演变发展趋势主要有(　　　)。

    A. 城市布局多元化   B. 城市空间大分散小集中

    C. 城市形态从圈层走向网络   D. 城市出现新型集聚体

    E. 城市结构生态立体

89. 控制性详细规划的基本特点包括(　　　)。

    A. 法制化管理   B. 地域性

    C. 整体性   D. 人性化管理

    E. 技术化管理

90. 修建性详细规划的特点包括(　　　)。

    A. 侧重于对城市开发建设活动的管理与控制

    B. 是规划与管理的结合,是由技术管理向法制管理的转变

    C. 以具体、详细的建设项目为对象,实时性较强

    D. 通过形象的方式表达城市空间与环境

    E. 多元化的编制主体

91. 编制近期建设规划必须遵循的原则包括(　　　)。

    A. 处理好近期建设与长远发展、经济发展与资源环境条件的关系,注重生态环

境与历史文化遗产的保护,实施可持续发展战略

B. 与城市国民经济和社会发展规划相协调,符合资源、环境、财力的实际条件,并能适应市场经济发展的要求

C. 坚持为最广大人民群众服务,维护公共利益,改善人居环境

D. 严格依据城市总体规划,不得违背总体规划的强制性内容

E. 确定近期交通发展策略,确定主要对外交通设施和主要道路交通设施布局

92. 下列选项中,属于镇的性质确定方法中定量分析的有(　　)。

A. 分析主要生产部门在其所在地区的地位和作用

B. 分析主要生产部门在经济结构中的比重

C. 分析主要生产部门在镇用地结构中的比重

D. 分析镇在一定区域内政治、经济、文化生活中的地位作用

E. 分析镇在一定区域内的产业特征

93. 村庄分类的影响因素包括(　　)。

A. 资源性生态要素　　　　　　　　B. 村庄发展模式

C. 村庄规模和管理体制　　　　　　D. 风险性生态要素

E. 历史文化资源保护

94. 居住小区的基本特征有(　　)。

A. 以城市道路或自然界限(如河流)划分,不被城市交通干路所穿越的完整地段

B. 小区内有一套完善的居民日常使用的配套设施,包括服务设施、绿地、道路等

C. 小区规模与配套设施相对应

D. 与邻里单位十分相似,在住宅的布局上更强调所谓周边式布局

E. 小区的规模为 5000 人左右,规模小的小区为 3000～4000 人

95. 目前常见的居住区规划空间结构的类型主要有(　　)。

A. 内向型　　　　　B. 开放型　　　　　C. 自由型　　　　　D. 分离型

E. 内聚型

96. 周边式住宅布局形式的特点有(　　)。

A. 内部空间安静、领域感强,并且容易形成较好的街景

B. 东西向住宅的日照条件不佳,且有局部的视线干扰

C. 可以保证所有住宅的物理性能

D. 通风条件好,对地形的适应性强

E. 外墙多,不利于保温

97. 现代城市设计主要理论的发展历程为(　　)。

A. 强调建筑与空间的视觉质量

B. 与人、空间和行为的社会特征密切相关

C. 创造场所

D. 脱离建筑学

E. 现代城市规划学科独立形成

98. 公共设施开发的过程包括(　　)。

    A. 项目设想阶段　　　　　　　　B. 项目投融资阶段

    C. 可行性研究阶段　　　　　　　D. 建设用地的获得

    E. 项目决策阶段

99. 在我国的城乡规划编制体系中,城镇体系规划事实上长期扮演着区域性规划的角色,具有的特点包括(　　)。

    A. 专业性　　　　B. 区域性　　　　C. 宏观性　　　　D. 总体性

    E. 前瞻性

100. 2005 年 9 月 29 日,胡锦涛总书记在中共中央政治局第二十五次集体学习时指出,城镇化是经济社会发展的必然趋势,也是(　　)的重要标志。

    A. 规范化　　　　B. 工业化　　　　C. 现代化　　　　D. 集中化

    E. 整体化

模拟题二解析

一、单项选择题(共80题,每题1分。每题的备选项中,只有1个最符合题意)

1. A

【解析】 1949—1957年是我国城镇化的启动阶段,这一阶段形成了以工业化为基本内容和动力的城镇化。随着工业化水平的提高,城市人口骤增,工人新村迅速崛起,城市基础设施建设加快,产生了许多新型工矿城市。因此A选项符合题意。

2. A

【解析】 从工业化社会到后工业化社会,城市发展可以分为四个阶段。①"绝对集中"时期:工业化初期,农村人口不断向城市集中。②"相对集中"时期:工业化的成熟期,人口仍向城市集中,但开始向郊区扩展。③"相对分散"时期:进入后工业初期,第三产业的比重开始超过第二产业,郊区人口增长超过城市人口增长。④"绝对分散":后工业化进入成熟期,第三产业占主导地位,人口的逆城市化现象显著增加。由以上分析可知,A选项符合题意。

3. B

【解析】 影响城市发展规律的主要理论有:①城市发展与区域理论;②城市发展的经济学理论;③城市发展的人文生态学理论;④城市发展与经济全球化理论;⑤城市发展与交通通信理论;⑥城市进化理论。因此B选项符合题意。

4. C

【解析】 在旧的世界格局中,发展中国家作为原料基地,发达国家则从事成品制造。在新一轮的全球经济一体化国际劳动分工中,发展中国家不再只是原料基地,而且成为西方跨国公司的生产、装配基地。因此C选项符合题意。

5. B

【解析】 城市物质环境的演化与城市发展的周期有关。当城市处于生长期时,人口和产业都处于急剧扩大状态,需要新空间的开发来满足其需求,城市物质空间环境演化以向外扩展为主。城市进入成熟期后,尽管新开发仍有发生,但城市物质环境的功能失调和物质老化问题日益突出,再开发成为满足空间需求的主要方式,城市物质空间演化以内部重组为主。因此B选项符合题意。

6. C

【解析】 城市居民的恩格尔系数逐年下降,文化、娱乐、旅游等消费逐年上涨,假日的增多等现象,是生活闲暇化趋势的重要表现,故C选项符合题意。

7. D

【解析】 元大都的城市格局受到了道家的回归自然的阴阳五行思想的影响,表现为自然山水融入城市和各边城门数的奇偶关系,因此D选项符合题意。

8. C

【解析】 因城市与乡村是相对而言的,故乡村的基本特征与城市也是相对的,主要表现为:①人口、建筑的区域、生产地等相对分散的基本特征;②有明显的同质性;③建筑密度低;④社会结构较单一;⑤如同城市的变化一样,在经济发展和社会变革的驱使之下,乡村在各地也发生着程度不同的变化。因此 C 选项符合题意。

9. C

【解析】 将文化、社会心理、习俗、政策等称为影响城镇体系发展的非物质因素,因此 C 选项符合题意。

10. D

【解析】 罗马城是君权化特征最为集中体现的地方,主要体现在重要公共建筑的布局、城市中心的广场群乃至整个城市的轴线体系,所以 D 选项符合题意。

11. D

【解析】 英国通过了一系列的法规建立起一整套对卫生问题的控制手段,在 1890 年通过了《工人阶级住宅法》。故选 D。

12. A

【解析】 格迪斯在他的著作《进化中的城市》中,突破了当时的常规概念,提出把自然地区作为规划研究的基本框架,因此 A 选项符合题意。

13. C

【解析】 《雅典宪章》是由现代建筑运动的主要建筑师所制定的,反映的是现代建筑运动中现代城市规划发展的基本认识与思想观点,认为城市的实质是一种功能秩序,对土地使用和土地分配的政策要求有根本性的变革。因此 C 选项符合题意。

14. C

【解析】 一个城市总是和它相对应的一定区域范围相联系,一定的地域范围必然有其相对应的地域中心,区域与城市是相互关联、互相促进的。C 选项显然错误,符合题意。

15. C

【解析】 绝对君权时期的社会与城市特征:当时最为强盛的法国的巴黎的城市改建体现了古典主义思潮,轴线放射的街道、宏伟壮观的宫殿花园和公共广场都是那个时期的典范。典型代表为巴黎的香榭丽舍大街和凡尔赛宫。因此 C 选项符合题意。

16. A

【解析】 通常,在城市规划调查中采用的方法主要有现场踏勘调查、观察调查、抽样调查(问卷调查)、访谈调查、座谈会调查以及文献资料的运用等,因此 A 选项符合题意。

17. D

【解析】 地形图是根据地表的变化,按照等值线来表达的,因此 D 选项正确,符合题意。

18. C

【解析】 (1)城市的分散发展和集中发展只是城市发展过程的不同方面,任何城市的发展都是这两种发展方式对抗的暂时平衡状态。

(2)就宏观整体来看,广大的区域范围内存在向城市集中的趋势,而每个城市尤其是大城市又存在向外扩展的趋势。

（3）就区域层次来看,城市体系理论较好地综合了城市分散发展和集中发展的基本取向,城市并非孤立存在和发展的。

（4）贝利等人结合城市功能的相互依赖性、城市区域的观点,对城市经济行为的分析和中心地理论,逐步形成了城市体系理论。

由以上分析可知,C选项符合题意。

19. C

【解析】 设市的标准一般根据人口规模、人口密度、非农业人口比重和政治、经济因素等来确定,因此C选项的内容可以不考虑。故选C。

20. D

【解析】 城市总体规划纲要图纸包括:①区域城镇关系示意图;②市域城镇分布现状图;③市域城镇体系规划方案图;④市域空间管制示意图;⑤城市现状图;⑥城市总体规划方案图;⑦其他必要的分析图纸。因此D选项符合题意。

21. A

【解析】 太阳辐射的强度与日照率在不同纬度和地区存在差异,这可以为建筑的日照标准、建筑朝向、建筑日照间距的确定提供依据,对建筑的形式影响较小,因此A选项符合题意。

22. D

【解析】 城市用地微观区位评价所评价的是地块在城市中的具体位置及周边条件带来的影响,因此D选项符合题意。

23. C

【解析】 《省域城镇体系规划编制审批办法》的规划成果,明确资源利用与资源生态环境保护的目标、要求和措施,包括土地资源、水资源、能源等的合理利用与保护,历史文化遗产的保护,地域传统文化特色的体现,生态环境保护。因此C选项符合题意。

24. A

【解析】 根据城市生活的特征和《城市用地分类与规划建设用地标准》(GB 50137—2011)中的规定,可知该地块应为商业用地。故选A。

25. B

【解析】《城市用地分类与规划建设用地标准》(GB 50137—2011)第4.3.2条规定,规划人均公共管理与公共服务设施用地面积不应少于5.5m²/人。故选B。

26. B

【解析】 影响城市土地经济评价的因素不仅多样复杂,而且具有不同的层次。一般而言,可以分为三个层次:①基本因素层,包括土地区位、城市设施、环境优劣度及其他因素等;②派生因素层,即由基本因素派生出来的子因素,包括繁华度、交通通达度、城市基础设施、社会服务设施、环境质量、自然条件、人口密度、建筑容积率和城市规划等子因素,它们从不同方面反映基本因素的作用;③因子层,它们从更小的侧面具体地对土地的使用产生影响,包括商业服务中心等级、道路功能与宽度、道路网密度、供水设施、排水设施、供电设施、文化教育设施、医疗卫生设施、公园绿地、大气污染、地形坡度、绿化覆盖率等具体因子。土地区位是影响城市土地经济评价的基本因素,因此 B 选项正确。

27. B

【解析】 城镇体系等级规模结构的确立应建立在分析现状城镇规模及分布的基础上,通过城镇人口规模趋势和相对地位的变化分析,以及确定规划期内可能出现的新城镇,对新老城镇做出规模预测,制定出合理的城镇等级规模结构。城镇体系的规模等级结构规划应当建立在地域城市化水平的预测以及城镇合理发展规模的预测的基础之上。因此 B 选项符合题意。

28. C

【解析】 各国家和地区城市化进程不一,对城镇的标准与定义也不一致,测度、衡量城镇化是一个广泛涉及经济、社会与景观变化的过程,并非一件容易的事。在现行工作中,通常采用的国际通行方法是:将城镇常住人口占区域总人口的比重作为反映城市化过程的最重要指标。计算公式为 $PU=U/P$,式中,PU 为城镇化率,U 为城镇常住人口,P 为区域总人口。城镇化指标只能用来测度人口、土地、产业等有形的城镇化过程,无形的城镇化过程,如思想观念、生活方式等是无法测量的,可以反映城镇化数量水平,不能反映质量水平,A 项的准确计算有错误。因此 C 选项正确,符合题意。

29. B

【解析】 城镇体系是指在一个国家或地区相对完整的区域中,由不同职能分工、不同等级规模、空间分布有序的联系密切、相互依存的城镇组成的城镇群体。城镇体系具有群体性、关联性、层次性、开放性、动态性、整体性的特征,因此 B 选项符合题意。

30. C

【解析】 通过城市功能的置换和疏散,重新组织城市空间结构是最符合有机疏散理论的,因此 C 选项符合题意。

31. C

【解析】 在 20 世纪上半叶,现代城市规划基本上是在建筑学的领域内得到发展的,甚至可以说,现代城市规划的发展是随着现代建筑运动而展开的。1933 年于希腊雅典召开了国际现代建筑会议第四次会议,此次会议以"功能城市"为主题对当时城市中出现的各种问题进行了探讨,会议结束时发表了用于指导城市规划工作的城市计划大纲《雅典宪章》。因此 C 选项符合题意。

32. C

【解析】 《雅典宪章》的思想方法是基于物质空间决定论的基础之上的。这一思想在城市规划中的实质在于通过物质空间变量的控制,以形成良好的环境,而这样的环境能自动地解决城市中的社会、经济、政治问题,促进城市的发展和进步。这是《雅典宪章》所提出来的功能分区及其机械联系的思想基础,因此 C 选项符合题意。

33. A

【解析】 20 世纪 70 年代末期签署的《马丘比丘宪章》是对自 1933 年《雅典宪章》签署以来,四十多年的城市规划理论探索与实践的总结,它针对《雅典宪章》和当时城市发展的实际情况,提出了一系列具有指导意义的观点。因此,《马丘比丘宪章》是对《雅典宪章》的发展与完善,因此 A 选项符合题意。

34. B

【解析】 控制性详细规划确定的各地块的主要用途、建筑密度、建筑高度、容积率、绿地率、基础设施和公共服务设施配套规定应当作为强制性内容,因此B选项符合题意。

35. D

【解析】 控制性详细规划成果应当包括规划文本、图件和附件。图件由图纸和图则两部分组成,规划说明、基础资料和研究报告收入附件。修建性详细规划成果应当包括规划说明书、图纸,修规层次没有文本,因此D选项符合题意。

36. B

【解析】 公共设施不一定集中成套配置,可根据具体情况按各自的特点布置,因此B选项符合题意。

37. A

【解析】 道路是形成城市的骨架,道路网形式一确定,城市的布局模式也就基本确定了。故选A。

38. A

【解析】 城市总体规划文本是对规划的各项目标和内容提出规定性要求的文件,采用条文形式。文本格式和文章应规范、准确、肯定,利于具体操作。在规划文本中应当明确表述规划的强制性内容。因此A选项符合题意。

39. B

【解析】 大城市铁路客运站的位置一般应选在城市中心区边缘,因此B选项符合题意。

40. B

【解析】 城市给水工程统一供给生活用水、生产用水、公共用水,所以B选项符合题意。

41. B

【解析】 排水系统一般常用截流布置、扇形布置、分区布置和分散布置的形式,因此B选项的环形布置形式符合题意。

42. C

【解析】 水作为载热体的优势在于热效率高,能量损失小,而不是容易调节,因此C选项符合题意。

43. A

【解析】 电力负荷的计算不包括农业用电。故选A。

44. D

【解析】 管线综合还须符合防灾的规定,因此D选项符合题意。

45. A

【解析】 管线综合是按管线的特性来分的,不包括给水管道这一项,因此A选项符合题意。

46. C

【解析】 在平整的平原地区编制竖向规划应着重处理地面排水问题。故选C。

47. A

【解析】 行洪区不属于城市防洪设施。故选 A。

48. C

【解析】 一般认为干道的适当间距在 700～1100m,相当于干道网密度为 2.8～1.8km/km²,因此 C 选项符合题意。

49. B

【解析】 根据《城市综合交通体系规划标准》(GB/T 51328—2018)第 3.0.4 条:规划的城市道路与交通设施用地面积应占城市规划建设用地面积的 15%～25%,人均道路与交通设施面积不应小于 12m²。因此 B 选项符合题意。

50. B

【解析】 两块板形式的道路横断面的交通组织考虑了:解决对向机动车流的相互干扰、有较高的景观和绿化要求、地形起伏变化较大的地段、机动车与非机动车分离等,因此 B 选项符合题意。

51. A

【解析】 影响城乡规划实施最为直接的因素大致可以分为政府组织管理、城市发展状况、社会意愿与公众参与、法律保障、城乡规划的体制五个方面,因此 A 选项符合题意。

52. D

【解析】 长途汽车站按其性质可分为客运站、货运站、技术站和混合站。按车站所处的位置又可分为起/终点站、中间站和区段站。因此 D 选项符合题意。

53. B

【解析】 在道路平面交叉口和立体交叉口上设置的车站,换乘距离不宜大于 150m,并不得大于 200m,因此 B 选项符合题意。

54. B

【解析】 根据现行《地面水环境质量标准》,将水体划分为 5 类,Ⅴ类属农业用水区,一般景观要求水域,因此 B 选项符合题意。

55. B

【解析】 在水资源日益紧缺的今天,我国西北干旱地区推广应用了多种雨水利用形式,但建大型水库和城市人工湖进行雨水收集利用,在蒸发量远大于降雨量的西北干旱区是不符合实际和生态的做法。显然 B 选项符合题意。

56. B

【解析】 近期建设规划对于确定近期建设用地范围和布局的内容包括:①制定城市近期建设用地总量,明确新增建设用地和利用存量土地的数量;②确定城市近期建设中用地空间分布,重点安排公益性用地(包括城市基础设施、公共服务设施用地,经济适用房、危旧房改造用地),并确定经营性房地产用地的区位和空间布局;③提出城市近期建设用地的实施时序,制定实施城市近期建设用地计划的相关政策。由以上分析可知,B 选项符合题意。

57. B

【解析】 城市近期建设规划的强制性内容包括：①确定城市近期建设重点和发展规模。②依据城市近期建设重点和发展规模，确定城市近期发展区域。对规划年限内的城市建设用地总量、空间分布和实施时序等进行具体安排，并制定控制和引导城市发展的规定。③根据城市近期建设重点，提出对历史文化名城、历史文化保护区、风景名胜区、生态环境保护区等相应的保护措施。因此 B 选项符合题意。

58. B

【解析】 《村庄整治技术导则》中提出，在村庄整治中，通过"一户一宅"的合理住房制度，改造"空心村"。故选 B。

59. D

【解析】 《村镇规划编制办法》中规定，当镇区近期建设规划图不与建设规划图合并时，比例尺采用 1∶200～1∶1000。故选 D。

60. D

【解析】 居委会属于组团配套设施，派出所属于居住区配套设施，因此 D 项表述不正确。故选 D。

61. A

【解析】 城镇体系规划步骤一般为：收集资料—城镇化水平预测—城镇布局—安排区域基础设施。城镇化和人口预测应该在城镇布局之前，因为需要知道人口规模和城镇化水平才能预测需要多少用地，才能对城镇进行布局，因此 A 项符合题意。

62. D

【解析】 这是城市轴线所具有的重要特性。故选 D。

63. D

【解析】 城市用地布局的主要模式有：集中式、分散式、集中与分散相结合式，因此 D 选项符合题意。

64. D

【解析】 城市交通发展战略不影响城市道路系统规划，因此 D 选项符合题意。

65. A

【解析】 公共交通的站距应符合下表的规定。故选 A。

公共交通方式	市区线/m	郊区线/m
公共汽车与电车	500～800	800～1000
公共汽车大站快车	1500～2000	1500～2500
中运量快速轨道交通	800～1200	1000～1500
大运量快速轨道交通	1000～2000	1500～2000

66. C

【解析】 对外客运交通不属于城市公共交通系统，因此 C 选项符合题意。

67. D

【解析】 根据《城市综合交通体系规划标准》(GB/T 51328—2018)规定，人口小于

2022年度全国注册城乡规划师职业资格考试模拟题与解析·城乡规划原理

20 万的城市,干道网密度宜为 $1.5 \sim 2.2 \mathrm{km/km^2}$。因此 D 选项正确,符合题意。

68. D

【解析】 城市中心地区机动车公共停车场可以按社会拥有客运车辆数的 $15\% \sim 20\%$ 的指标规划,因此 D 选项符合题意。

69. C

【解析】 一般来说,战时留城市人口占城市总人口的 $30\% \sim 40\%$,按人均 $1 \sim 1.5 \mathrm{m^2}$ 的人防工程面积标准,则可推算出城市所需的人防工程面积,因此 C 选项符合题意。

70. C

【解析】 居住组团绿地的设置应满足有不少于 1/3 的绿地面积在标准的建筑日照阴影线范围之外的要求,所以 C 选项符合题意。

71. D

【解析】 城市出租汽车规划拥有量根据实际情况确定,大城市每千人不宜少于 2 辆,小城市每千人不宜少于 0.5 辆,中等城市可在其间取值。故选 D。

72. C

【解析】 居住综合体能提供就业岗位,居住与就业相结合,能减轻城市交通压力,同时由于不同性质建筑的综合布置,使城市景观更加丰富。按今天的需求来看,减轻城市交通压力是其最突出的优点。因此 C 选项正确,符合题意。

73. A

【解析】 生态保护区的划分与保护规定:①对风景区内有科学研究价值或其他保存价值的生物种群及其环境,应划出一定的范围与空间作为生态保护区;②在生态保护区内,可以配置必要的研究和安全防护性设施,应禁止游人进入,不得搞任何建筑设施,严禁机动交通及其设施进入。因此 A 选项符合题意。

74. D

【解析】 在我国城市规划体系中,城市设计依附于城市规划体制,主要是作为一种技术方法而存在,所以 D 选项符合题意。

75. A

【解析】 商业性开发是指以盈利为目的的开发建设活动,除了政府投资的公共设施开发之外的所有开发都可以称为商业性开发,因此 A 选项符合题意。

76. A

【解析】 基础设施建设的项目不是城市政府实施城市规划的控制和引导的对象,因此 A 选项符合题意。

77. D

【解析】 镇规划所划定的范围即为规划区,包括:镇域范围为镇人民政府行政的地域,镇区范围为镇人民政府驻地的建成区和规划建设发展区。D 选项的镇域规划发展区显然是错误。故选 D。

78. A

【解析】 所谓可识别性,就是容易让人寻找和判断,A 选项符合这一含义。故选 A。

79. B

【解析】 私人部门的开发行为是私人部门为实现自身利益而进行的,但只要遵守城市规划的有关规定,符合城市规划的要求,客观上来看就是实施了城市规划。故选 B。

80. D

【解析】 在城市总体规划和近期建设规划中需要安排城市中低收入居民住房的建设,但不是各类城市规划都要对此进行安排,比如高档居住区的修建性详细规划就不需要对中低收入住房建设进行建设,因此 D 选项符合题意。

二、多项选择题(共 20 题,每题 1 分。每题的备选项中有 2～4 个符合题意。多选、少选、错选都不得分)

81. BDE

【解析】 《商君书》是战国时期的一部记载我国城市规划理论的书籍,书中更多的是从城乡关系、区域经济和交通布局的角度,对城市的发展以及城市管理制度等问题进行了阐述,因此 BDE 选项符合题意。

82. ACDE

【解析】 在城市总体规划的编制中,对于涉及资源与环境保护、区域统筹与城乡统筹、城市发展目标与空间布局、城市历史文化遗产保护等重大专题的,应当在城市人民政府组织下,由相关领域的专家领衔进行研究。因此 ACDE 选项符合题意。

83. ACE

【解析】 控制性详细规划中需要提出各地块的建筑体量、体型、色彩等城市设计指导原则,因此 ACE 选项符合题意。

84. ABCE

【解析】 住宅间距,应以满足日照要求为基础,综合考虑采光、通风、消防、防灾、管线埋设、视觉卫生等要求确定,因此 ABCE 选项符合题意。

85. CDE

【解析】 CDE 选项只是工程措施,不属于交通政策的范畴,故选 CDE。

86. ABD

【解析】 商业性开发是指以盈利为目的的开发建设活动,它是以私人利益为出发点的。除了政府投资的公共设施开发之外的所有开发都可以称为商业性开发。因此,所有的商业性开发的决策都是在对项目的经济效益和相关风险进行评估的基础上做出的。由以上分析可知,ABD 选项符合题意。

87. ABCE

【解析】 市域城镇空间组合的基本类型有:①均衡式:市域范围内的中心城镇与其他城镇均衡分布。②单中心集核式:中心城区集聚了市域范围内的大量资源,首位度高,其他城镇围绕中心城区分布,依赖其发展。③分片组团式:市域范围内受到地形、经济、社会、文化等因素的影响,形成若干分片布局的城镇聚集组团。④轴带式:市域城镇组合由于中心城区沿某种地理要素扩散,呈现"串珠"状发展形态。因此 ABCE 选项符合题意。

88. BCD

【解析】 信息社会城市空间结构形态的演变发展趋势：①大分散小集中。信息化浪潮下的城市空间结构形态将从集聚走向分散,但分散之中又有集中,呈现大分散与小集中的局面。城市中心区和边缘区的聚集效应差别缩小,城乡界限变得模糊。城市的集中与分散都是相对的,但集中是一种趋势。②从圈层走向网络。选入工业化后期,城市土地的利用方式出现明显的分化,形成不同的功能,城市形态呈现圈层式自内向外扩展。③新型集聚体出现。城市的集聚与以往不同,会因为阶层、收入和文化的差异而形成不同的集聚。城市结构的网络化重构也将出现多功能的新社区。由以上分析可知,BCD选项符合题意。

89. AB

【解析】 控制性详细规划的基本特点：地域性、法制化管理,故选AB。

90. CDE

【解析】 修建性详细规划具有以下特点：①以具体、详细的建设项目为对象,实时性较强；②通过形象的方式表达城市空间与环境；③多元化的编制主体。因此CDE选项符合题意

91. ABCD

【解析】 必须遵循的原则包括：①处理好近期建设与长远发展、经济发展与资源环境条件的关系,注重生态环境与历史文化遗产的保护,实施可持续发展战略；②与城市国民经济和社会发展规划相协调,符合资源、环境、财力的实际条件,并能适应市场经济发展的要求；③坚持为最广大人民群众服务,维护公共利益,完善城市综合服务功能,改善人居环境；④严格依据城市总体规划,不得违背总体规划的强制性内容。由以上分析可知,ABCD选项符合题意。

92. ABC

【解析】 确定镇的性质的方法有定性分析和定量分析。定性分析通过分析镇在一定区域内政治、经济、文化、生活中的地位作用、发展优势、资源条件、经济基础、产业特征、区域经济联系和社会分工等,确定镇的主导产业和发展方向。定量分析在定性分析的基础上对城市的职能,特别是经济职能采用以数量表达的技术经济指标,来确定主导作用的生产部门；分析主要生产部门在其所在地区的地位和作用；分析主要生产部门在经济结构中的比重；分析主要生产部门在镇用地结构中的比重,以用地所占比重的大小来表示。由以上分析可知,ABC选项符合题意。

93. ACDE

【解析】 村庄分类的影响因素包括：风险性生态要素、资源性生态要素、村庄规模和管理体制、历史文化资源保护等,因此ACDE选项符合题意。

94. ABC

【解析】 居住小区的特征为：①以城市道路或自然界限(如河流)划分,不为城市交通干路所穿越的完整地段；②小区内有一套完善的居民日常使用的配置设施,包括服务设施、绿地和道路等；③小区规模与配套设施相适应。由以上分析可知,ABC选项符合

题意。

95. ABC

【解析】 目前常见的居住区规划空间结构的类型主要有内向型、开放型、自由型等。因此 ABC 选项符合题意。

96. AB

【解析】 周边式是住宅四面围合的布局形式,其特点是内部空间安静、领域感强,并且容易形成较好的街景,但也存在东西向住宅的日照条件不佳和局部的视线干扰等问题。点群式是低层独立式住宅或多层、高层塔式住宅成组成行的布局形式,日照通风条件好,对地形的适应性强,但也存在外墙多,不利于保温、视线干扰大的问题。因此 AB 选项符合题意。

97. ABC

【解析】 其发展历程为①强调建筑与空间的视觉质量;②与人、空间和行为的社会特征密切相关;③创造场所。因此 ABC 选项符合题意。

98. ACE

【解析】 公共设施开发的阶段有:①项目设想阶段;②可行性研究阶段;③项目决策阶段;④项目实施阶段;⑤项目投入使用阶段。因此 ACE 选项符合题意。

99. ABCE

【解析】 城镇体系规划的特点:专业性、区域性、宏观性、前瞻性。因此 ABCE 选项符合题意。

100. BC

【解析】 胡锦涛总书记在主持学习时发表了讲话。他指出,城镇化是经济社会发展的必然趋势,也是工业化、现代化的重要标志。因此 BC 选项符合题意。

模 拟 题 三

一、单项选择题(共 80 题,每题 1 分。每题的备选项中,只有 1 个最符合题意)

1. 根据 2014 年国务院印发的《国务院关于调整城市规模划分标准的通知》(国发〔2014〕51 号),以下选项错误的是(　　)。

    A. 20 万人口以下的城市为Ⅱ型小城市

    B. 50 万～100 万人口的城市为中等城市

    C. 300 万～500 万人口的城市为Ⅰ型大城市

    D. 500 万人口以上的城市为超大城市

2. 与城市形成无关的是(　　)。

    A. 政治统治　　　　　B. 军事战争　　　　　C. 商品交易　　　　　D. 民主文明

3. 下列关于城市化进程的表现特征的说法,哪项不准确?(　　)

    A. 城市人口占总人口的比重逐渐上升

    B. 产业结构逐步升级转换

    C. 第一产业比重逐渐下降,第二、第三产业比重趋于上升

    D. 农业现代化将延缓城市化的速度

4. 关于城市发展阶段的表述,下列哪项是不准确的?(　　)

    A. 在农业社会中,城市的主要职能是政治、军事、宗教

    B. 工业化导致了城市逐渐成为人类社会的主要空间形态与经济发展的载体

    C. 在工业社会中,城市尚未出现城市问题

    D. 在后工业社会,中心城市的服务功能将逐步得以强化

5. 影响城市空间环境演进的因素不包括(　　)。

    A. 自然环境因素　　　　　　　　　　B. 社会文化因素

    C. 经济与技术因素　　　　　　　　　D. 政治制度因素

6. 在城市用地发展方向上起到决定性作用的是(　　)。

    A. 优势区位应优先开发

    B. 沿交通轴线延伸发展

    C. 中心城市的发展方向与区域内其他城镇的发展方向相呼应

    D. 考虑城市有利的发展空间及影响城市发展方向的制约因素

7. 区域是城市发展的基础,下列受区域因素影响最大的是(　　)。

    A. 城市性质与规模　　　　　　　　　B. 城市用地布局结构

    C. 城市用地功能组织　　　　　　　　D. 城市人口的劳动构成

8. 城市的(　　)是其不断发展的根本动力,也是城市与乡村的一大本质区别

    A. 资源的密集性　　　　　　　　　　B. 集聚效益

C. 工业化　　　　　　　　　　　　D. 科学技术

9. 以下对城市所具有的基本特征的概括，表述不正确的是（　　）。

　　A. 城市的发展动态是变化和多样的　　B. 城市的概念是相对存在的

　　C. 以要素聚集为基本特征　　　　　　D. 不具有系统性

10. 下列对欧洲中世纪城市特点的说法，错误的是（　　）。

　　A. 狭小、不规则的道路网结构　　　　B. 公共广场占据了城市的中心位置

　　C. 围绕公共广场组织各类城市设施　　D. 教堂周边出现一定的市场

11. 下列不是田园城市内容的是（　　）。

　　A. 每个田园城市的规模控制在 3.2 万人，超过此规模就需要建设另一个新的城市

　　B. 每个田园城市的城区用地占总用地的六分之一

　　C. 林荫大道两侧布置市政厅、音乐厅等公共建筑

　　D. 田园城市城区的最外围设有工厂、仓库等用地

12. 下列对于城市规划早期思想的说法错误的是（　　）。

　　A. 格迪斯的"调查-分析-规划"的规划过程公式，至今仍具有实用性

　　B. "光辉城市"提出交通干道由三层组成的立体交通思想

　　C. 玛塔的线形城市强调"城市的一切问题，均以交通问题为前提"

　　D. 戈涅的工业城市提出的功能分区思想，直接孕育了《雅典宪章》所提出的功能分区

13. 下列理论不是对田园城市理论继续发展的是（　　）。

　　A. 大都市带理论　　　　　　　　　　B. 新城理论

　　C. 有机疏散理论　　　　　　　　　　D. 广亩城理论

14. 决定城市土地租金的要素不包括（　　）。

　　A. 与中心区的距离　　　　　　　　　B. 交通可达性

　　C. 相同产业带来的规模效应　　　　　D. 降低成本的外部效果

15. 下列关于城市布局理论的表述，不准确的是（　　）。

　　A. 柯布西埃现代城市规划设想提出应结合高层建筑建立地下、地面和高架路三层交通网络

　　B. 邻里单位理论提出居住邻里应以城市交通干路为边界

　　C. "公交引导开发"（TOD）模式提出居住区的公共设施和公共活动中心应避开公共交通站点布局，以免相互干扰

　　D. 级差地租理论认为，在完全竞争的市场经济中，城市土地必须按照最有利的用地进行分配

16. 城市规划的公众参与，是建立在（　　）基础之上的。

　　A. 联系性城市规划　　　　　　　　　B. 倡导性城市规划

　　C. 综合规划方法论　　　　　　　　　D. 混合审视方法论

17. 下列关于《雅典宪章》和《马丘比丘宪章》的说法，错误的是（　　）。

　　A. 《雅典宪章》被称为"现代城市规划的大纲"

B.《雅典宪章》是从城市整体分析入手,对城市活动进行分解,确定了功能分区的原则

C.《马丘比丘宪章》最突出的贡献就是认为城市是一个动态的过程

D.《马丘比丘宪章》承认且进一步推动了公众参与在城市规划中的作用

18.第一次对区域城镇关系进行了论述的著作是( )。

 A.《周礼考工记》 B.《商君书》 C.《墨子》 D.《管子》

19.下列不属于对可持续发展有利的选项是( )。

 A.首先使用衰败地区和闲置的土地

 B.在城市外围建设零售业

 C.减少农业用地转变为城市用地

 D.避免大规模的低密度居住区的做法

20.关于精明增长,下列说法不正确的是( )。

 A.保持大量的开敞空间

 B.避免在外围新增长地区提供大量的低价房

 C.在城市的增长中限制进一步的向外扩张

 D.鼓励紧凑的、混合的用途开发

21.下列工作中,难以体现城市规划政策性的是( )。

 A.确定相邻建筑的间距

 B.确定居住小区的空间形态

 C.确定居住区各楼公共服务设施的配置规模和标准

 D.确定地块开发的容积率和绿地率

22.下列不属于城市规划保障社会公共利益的是( )。

 A.城市公园的建设 B.居住区日照要求

 C.历史文化的规划保留 D.保障性住房的规划建设

23.下列关于城市规划师角色的表述,错误的是( )。

 A.政府部门的规划师担当行政管理、专业技术管理和仲裁三个基本职责

 B.规划编制部门的规划师主要角色是专业技术人员和专家

 C.研究与咨询机构的规划师可能成为某些社会利益的代言人

 D.私人部门的规划师是特定利益的代言人

24.下列表述错误的是( )。

 A.主体功能区规划应以城市总体规划为指导

 B.城市总体规划应以城镇体系规划为指导

 C.区域国土规划应与城镇体系规划相衔接

 D.城市总体规划应与土地利用总体规划相衔接

25.下列关于制定镇总体规划的表述,不准确的是( )。

 A.由镇人民政府组织编制,报上级人民政府审批

 B.由镇人民政府组织编制的,在报上一级人民政府审批前,应当先经镇人民代表大会审议

C. 规划报送审批前,组织编制机关应当依法将草案公告 30 日以上

D. 镇总体规划批准前,审批机关应当组织专家和有关部门进行审查

26. 下列关于城乡规划编制体系的表述,正确的是(　　)。

　　A. 城镇体系规划包括全国、省域和市域三个层次

　　B. 国务院负责审批的总体规划包括直辖市和省会城市、自治区首府城市三种类型

　　C. 村庄规划由村委会组织编制,报乡政府审批

　　D. 城市、镇修建性详细规划可以结合建设项目由建设单位组织编制

27. 下列哪项表述反映了城镇体系最本质的特征?(　　)

　　A. 由一定区域内的城镇群体组成

　　B. 中心城市是城镇体系的核心

　　C. 城镇体系由一定数量的城镇组成

　　D. 城镇之间存在密切的社会经济联系

28. 下列不属于省域城镇体系规划内容的是(　　)。

　　A. 城镇空间布局　　　　　　　　　　B. 重大基础设施布局

　　C. 城镇规模控制　　　　　　　　　　D. 公共服务设施布局

29. 根据《城市规划编制办法》,不属于城市总体规划纲要编制内容的是(　　)。

　　A. 提出市域空间管制原则

　　B. 确定市域各城镇建设标准

　　C. 安排建设用地、农业用地、生态用地和其他用地

　　D. 提出建立综合防灾体系的原则和建设方针

30. 下列不是市域城镇体系规划内容的是(　　)。

　　A. 提出市域城乡统筹的发展战略

　　B. 预测市域城镇化发展水平

　　C. 划定规划区的范围

　　D. 划定禁建区、限建区、适建区的范围

31. 下列不属于空间模型分析方法的是(　　)。

　　A. 规划沙盘　　　　　　　　　　　　B. 线性规划模型

　　C. 透视图　　　　　　　　　　　　　D. 平立剖面图

32. 下列对于中国古代城市规划思想的说法,错误的是(　　)。

　　A. 秦代神秘主义的封建色彩对中国古代城市规划具有深远影响,复道和甬道交通系统具有开创性意义

　　B. 战国时期,受周代礼制影响,各国的国都均采用对称布局

　　C. 邺城的规划中采用的功能分区的思想,继承了战国时期以宫城为中心的规划思想

　　D. 金陵是周礼制城市规划思想与自然理念思想结合的典范

33. 下列表述中,不准确的是(   )。

  A. 城市的特色与风貌主要体现在社会环境和物质环境两方面

  B. 城市历史文化环境的调查包括对城市形成和发展过程的调查

  C. 城市经济、社会和政治状况的发展演变是城市发展重要的决定因素

  D. 城市历史文化环境中有形物质形态的调查主要针对文物保护单位进行

34. 经济环境的调查不包括(   )。

  A. 城市经济总量及增资变化   B. 城市各产业部门的状况

  C. 城市家庭人均收入   D. 土地价格和供应

35. 关于现状调查的方法,下列说法错误的是(   )。

  A. 现场踏勘是最基本的手段,也是规划人员建立对有关城市感性认识的过程

  B. 访谈和座谈是掌握一定范围内大众意愿时最常见的调查形式

  C. 抽样调查可以通过电话、电子邮件等形式进行

  D. 文献资料搜集对时间跨度大的信息收集有巨大优势

36. 关于矿产资源对城市的影响,下列说法不准确的是(   )。

  A. 矿产资源可以促进城市的产生

  B. 矿产资源可以决定城市的性质和发展方向

  C. 矿产资源决定城市用地布局

  D. 矿业城市必须制定可持续发展战略

37. 下列关于城市职能和城市性质的表述,错误的是(   )。

  A. 城市职能可以分为基本职能和非基本职能

  B. 城市基本职能是城市发展的主导促进因素

  C. 城市非基本职能是指城市为城市以外地区服务的职能

  D. 城市性质关注的是城市最主要的职能,是对主要职能的高度概括

38. 下列关于城市规划区的表述,不准确的是(   )。

  A. 城市规划区应根据经济社会发展水平确定

  B. 划定规划区时应考虑统筹城乡发展的需要

  C. 划定规划区时应考虑机场的影响

  D. 某城市的水源地必须划入该城市的规划区

39. 适用于影响因素的个数及作用大小较为确定的城市的方法是(   )。

  A. 综合平衡法   B. 时间序列法   C. 相关分析法   D. 比例分配法

40. 下列说法错误的是(   )。

  A. 人均公共管理与公共服务设施面积不应小于 $5.5m^2$

  B. 人均道路与交通设施用地面积不应小于 $12.0m^2$

  C. 人均公园绿地面积不应小于 $8.0m^2$

  D. 人均居住面积 $28\sim38m^2$

41. 依据《城市用地分类与规划建设用地标准》(GB 50137—2011),下列说法正确的是(   )。

  A. 园林生产绿地属于防护绿地

B. 建设用地以外高速公路两侧的绿地属于防护绿地

C. 中小学、幼儿园属于教育科研用地

D. 城市建设用地分为 8 大类、35 中类、42 小类

42. 下列关于城市形态的表述，正确的是（　　）。

　　A. 集中型城市形态是多中心城市　　　　B. 带型城市形态是多中心城市

　　C. 组团型城市形态是多中心城市　　　　D. 散点型城市形态是多中心城市

43. 绿化覆盖率属于城市用地经济型评价派生因素层的（　　）。

　　A. 环境质量　　　　　　　　　　　　B. 自然条件

　　C. 城市规划　　　　　　　　　　　　D. 社会服务设施

44. 在城市用地工程适宜性评定中，下列用地不属于二类用地的是（　　）。

　　A. 地形坡度 15%

　　B. 地下水位低于建筑物的基础埋藏深度

　　C. 淹没水深不超过 1.5m，属于轻度淹没区

　　D. 地表有较严重的积水现象

45. 下列关于城市布局的表述，错误的是（　　）。

　　A. 在静风频率高的地区不宜布置排放有害废气的工业

　　B. 铁路编组站应安排在城市郊区，并避免被大型货场、工厂区包围

　　C. 有害气体的工业宜集中布置，方便统一进行环保处理和防护

　　D. 河流平直段最适宜建设内河港口

46. 关于仓库的布局，下列说法正确的是（　　）。

　　A. 小城市宜集中布置在城市的中心区边缘

　　B. 蔬菜、水果仓库用地距离居住区应保持 30m

　　C. 易燃仓库距离居住街坊最少 100m

　　D. 石油仓库应布置于靠近交通枢纽，以方便运输

47. 下列关于城市道路网络规划的表述，错误的是（　　）。

　　A. 方格网式道路系统适用于平坦的城市，不利于对角线方向的交通，非直线系数较小

　　B. 环形放射式道路系统有利于市中心与外围城市或郊区的联系，但容易把外围的交通迅速引入市中心

　　C. 自由式道路系统通常是道路结合自然地形不规则状布置而形成的，没有一定的格式，非直线系数较大

　　D. 混合式道路系统一般由同一个城市同时存在的不同类型的道路网组合而成

48. 下列关于大城市用地布局与城市道路网功能关系的表述，错误的是（　　）。

　　A. 快速路网主要为城市组团间的中、长距离交通服务，宜布置在城市组团间

　　B. 城市交通性主干网是全市性路网，为城市组团间和组团内的中长距离疏通性交通服务

　　C. 城市次干路网是城市组团间的路网，为城市组团内和组团间的中、长距离交通服务，是疏通城市及与快速路相连接的主要通道

D. 城市支路是城市地段内根据用地细部安排产生的交通需求而划定的道路,在城市组团内可能局部成网

49. 下列关于城市综合交通调查的表述,错误的是(　　)。

　　A. 交通出行 OD 调查可以得到现状城市交通的流动特性

　　B. 居民出行调查可以得到居民出行生成与土地使用特征之间的关系

　　C. 城市道路交通调查包括对机动车、非机动车、行人的流量、流向的调查

　　D. 查核线的选取应避开对交通起障碍作用的天然地形和人工障碍

50. 下列关于城市道路横断面选择与组合的表述,不准确的是(　　)。

　　A. 交通性主干路宜采用机动车快车道与机、非混行的慢车道组合

　　B. 机、非分行的三块板横断面常用于生活性主干路

　　C. 有较高的景观、绿化要求的生活性道路不宜采用二块板

　　D. 支路宜布置为一块板横断面

51. 当配水系统中需设置加压泵站时,其位置宜靠近(　　)。

　　A. 地势较低处　　　　　　　　　B. 用水集中地区

　　C. 净水厂　　　　　　　　　　　D. 水源地

52. 下列关于交通枢纽在城市中的布局原则的表述,错误的是(　　)。

　　A. 对外交通枢纽的布置主要取决于城市对外交通设施在城市的布局

　　B. 城市公共交通换乘枢纽一般应结合大型人流集散点布置

　　C. 客运交通枢纽不能过多地冲击和影响城市交通性主干路的通畅

　　D. 货运交通枢纽应结合城市公共交通换乘枢纽布置

53. 判断公共交通运营好坏最主要的标志是(　　)。

　　A. 迅速　　　　　B. 方便　　　　　C. 准点　　　　　D. 舒适

54. 中小城市公共交通的乘客平均换乘系数不应大于(　　)。

　　A. 1.0　　　　　B. 1.1　　　　　C. 1.2　　　　　D. 1.3

55. 下列关于城市公共交通规划的表述,不正确的是(　　)。

　　A. 城市公共交通系统模式要与城市用地布局模式相匹配,适应并能促进城市和用地布局的发展

　　B. 城市公交普通线路应与城市用地密切联系,应布置在城市服务性道路上

　　C. 城市快速公交线应尽可能与城市用地分离,与城市交通枢纽形成"藤与瓜"的关系

　　D. 城市公共交通系统的形式可根据不同的城市规模、布局和居民出行特征确定

56. 下列不属于申报历史文化名城必要条件的是(　　)。

　　A. 历史上曾经作为政治、经济、文化、交通中心或军事要地

　　B. 保留着传统格局和历史风貌

　　C. 历史建筑集中成片

　　D. 在申报的历史文化名城范围内有两个以上的历史文化街区

57. 控制性详细规划中,无须确定各地块的(　　)。

　　A. 交通组织方案　　　　　　　　B. 停车泊位

C. 建筑高度   D. 公共设施配套要求

58. 历史文化名城保护规划应建立( )。

A. 历史文化名城、历史文化街区与文物保护单位三个层次的保护体系

B. 历史文化名城、风景名胜区、历史文化街区与文物保护单位四个层次的保护体系

C. 历史文化街区、文物保护单位、历史建筑三个层次的保护体系

D. 历史文化名城、历史文化街区、文物保护单位、历史建筑四个层次的保护体系

59. 在风景名胜区规划中,不属于游人容量统计常用口径的是( )。

A. 一次性游人容量   B. 日游人容量

C. 月游人容量   D. 年游人容量

60. 根据《城市水系规划规范》(GB 50513—2009)关于水域控制线划定的相关规定,下列表述中错误的是( )。

A. 有堤防的水体,宜以堤顶不临水一侧边线为基准划定

B. 无堤防的水体,宜按防洪、排涝设计标准所对应的洪(高)水位划定

C. 对水位变化较大而形成较宽涨落带的水体,可按多年平均洪(高)水位划定

D. 规划的新建水体,其水域控制线应按规划的水域范围线划定

61. 城市总体规划水资源规划的主要内容不包括( )。

A. 合理预测城乡生产、生活需水量   B. 分析城市水资源承载能力

C. 制定雨水和再生水利用目标   D. 布置输配水干管

62. 城市能源规划的内容不包括( )。

A. 预测城市能源需求

B. 提出节能技术措施

C. 平衡能源供需,并进一步优化能源结构

D. 确定能源规划目标

63. 关于城市竖向规划的表述,不准确的是( )。

A. 竖向规划的重点是进行地形改造和土地平整

B. 铁路和城市干路交叉点的控制标高应在总体规划阶段确定

C. 详细规划阶段可采用高程箭头法、纵横断面法或设计等高线法

D. 大型集会广场应有平缓的坡度

64. 下列关于城市地下空间规划的说法错误的是( )。

A. 下沉式广场、地下商业服务设施的公共部分均属于地下空间

B. 地下工程建设具有不可逆和难以更改的特点

C. 应当坚持政府组织、专家领衔、部门合作、公众参与、科学决策的原则

D. 城市地下空间建设规划由城乡规划主管部门批准

65. 下面关于近期建设规划的说法不正确的是( )。

A. 近期建设规划需要依据国民经济和社会发展规划进行编制

B. 近期建设规划与国民经济与社会发展规划侧重点不一样,前者侧重时间安排,后者侧重空间安排

  C. 近期建设规划应当根据年度计划编制

  D. 近期建设规划是落实城市总体规划的重要步骤

66. 下列不属于近期建设规划内容的是(　　)。

  A. 确定近期建设用地的规模

  B. 确定近期居住用地的安排和布局

  C. 确定历史文化名城、历史文化街区的保护范围和措施

  D. 确定控制和引导城市近期发展的原则和措施

67. 下列对于控制性详细规划的说法错误的是(　　)。

  A. 控制性详细规划是法定规划

  B. 控制性详细规划是城乡规划主管部门做出建设项目规划许可的依据

  C. 控制性详细规划是规划与管理的结合

  D. 控制性详细规划以数据控制和文本控制为手段

68. 下列不属于控制性详细规划指标确定方法的是(　　)。

  A. 测算法　　　　　B. 标准法　　　　　C. 分配法　　　　　D. 反算法

69. (　　)是控制地块建设容量与环境质量的重要指标。

  A. 容积率　　　　　B. 建筑密度　　　　　C. 人口密度　　　　　D. 绿地率

70. 对修建性详细规划的特点,下列说法错误的是(　　)。

  A. 以具体、详细的建设项目为对象,实施性较强

  B. 通过形象的方式表达城市空间与环境

  C. 通过指标数据落实规划意图

  D. 多元化的编制主体

71. 下列关于村庄规划的表述,哪项是错误的?(　　)

  A. 应以行政村为单位

  B. 应向村民公示

  C. 方案由县级城乡规划行政主管部门组织专家和相关部门进行技术审查

  D. 成果由村委会报县级人民政府审批

72. 下列说法错误的是(　　)。

  A. 乡村是指城镇以外的其他区域

  B. 乡政府驻地一定是乡域内的中心村

  C. 村庄规划分为乡域规划和乡驻地规划

  D. 乡与镇的典型区别是乡的设置是针对其农村地域属性

73. 在实际的城市建设中,不可能出现的情况是(　　)。

  A. 建筑密度+绿地率=1　　　　　　B. 建筑密度+绿地率<1

  C. 建筑密度×平均层数=1　　　　　D. 建筑密度×平均层数<1

74. 下列关于城市居住区绿地指标的表述,错误的是(　　)。

  A. 15min生活圈居住区公共绿地面积(不含10min生活圈及以下居住区的公共绿地指标)不少于 2.0m²

  B. 10min生活圈居住区公共绿地面积(不含5min生活圈及以下居住区的公共

绿地指标)不少于 1.0m²

    C. 5min 生活圈居住区公共绿地面积(不含居住街坊的绿地指标)不少于 0.5m²

    D. 居住街坊内集中绿地的规划建设宽度不应小于 8m

75. 下列对城市居住区配套设施用地归类的表述,错误的是( )。

    A. 15min 生活圈居住区配套的初中,其用地归类为公共管理与公共服务设施用地

    B. 10min 生活圈居住区配套公交首末站,其用地归类为交通场站用地

    C. 5min 生活圈居住区配套公共厕所,其用地归类为公共管理与公共服务设施用地

    D. 居住街坊生活配套的物业管理与服务,其用地归类为住宅用地

76. 下列关于邻里单位理论的表述,错误的是( )。

    A. 邻里单位的规模要满足一所小学的服务人口规模

    B. 邻里单位的道路设计应避免外部汽车的穿越

    C. 为邻里单位内居民服务的商业设施应布置在邻里的中心

    D. 邻里单位中应有满足居民使用需要的小型公园等开放空间

77. 下列关于城市设计的表述,错误的是( )。

    A. 工业革命以前,城市设计基本上依附于建筑学

    B. 城市设计正在逐渐形成独立的研究领域

    C. 只在修建性详细规划阶段才运用城市设计的手法

    D. 我国的规划体系中,城市设计主要作为一种技术方法存在

78. 关于城市规划实施的表述,不准确的是( )。

    A. 城市发展和建设中的所有建设行为都应该成为城市规划实施的行为

    B. 政府通过控制性详细规划来引导城市的建设活动,从而保证总体规划的实施

    C. 近期建设规划是城市总体规划的组成部分,属于城市规划实施的手段

    D. 私人部门的建设活动是出于自身利益而进行的,其行为不是城市规划实施行为

79. 下列对城市规划实施的说法,错误的是( )。

    A. 现行城市规划实施管理手段有建设用地管理、建设工程管理和建设项目实施的监督检查

    B. 城乡规划组织实施,不包括制定相应的规划实施的政策

    C. 城乡规划实施的监督检查包括行政监督检查、立法机构的监督检查和社会监督检查

    D. 城乡规划的实施的手段,是通过各类规划编制要求推进城市规划的实施

80. 下列关于公共性设施的表述,错误的是( )。

    A. 公共性设施是指社会公众所共享的设施

    B. 公共性设施都是由政府机关进行开发的

    C. 公共性设施的开发可引导和带动商业性的开发

    D. 公共性设施项目未经规划主管部门核实是否符合规划条件,不得组织竣工验收

二、多项选择题(共20题,每题1分。每题的备选项中有2～4个符合题意。多选、少选、错选都不得分)

81. "精明增长"的基本原则包括(　　)。
    A. 保持大量开放空间和保护环境质量
    B. 内城中心的再开发和城市内零星空地的开发
    C. 加快开发项目申请的审批过程
    D. 完善城市内的基础设施和减少对私人小汽车的依赖
    E. 城市外围建设高价房,限制城市的发展

82. 城市可持续发展战略的实施措施有(　　)。
    A. 在城市发展中,坚决限制城市用地的进一步扩展
    B. 保护城市的文脉和自然生态环境
    C. 优先使用城市中的弃置地
    D. 鼓励建设低密度的住宅区
    E. 提高公众参与程度

83. 下列属于可持续发展的规划原则内容的是(　　)。
    A. 缩短通勤和日常生活出行的距离,提高公交的出行比重
    B. 鼓励城市分散发展
    C. 提高生物多样化的程度,城市采取紧凑发展模式
    D. 建筑物的形式和布局应有助于提高效能,改进材料的绝缘性能
    E. 采用"闭合循环"的生产过程,提高废弃物的利用率

84. 下列规划类型中,属于法律规定的有(　　)。
    A. 省域城镇体系规划
    B. 乡域村庄体系规划
    C. 镇修建性详细规划
    D. 村庄规划
    E. 村庄修建性详细规划

85. 依据《历史文化名城保护规划标准》(GB/T 50357—2018),保护规划应遵循的原则包括(　　)。
    A. 保护历史真实载体的原则
    B. 提高土地利用率
    C. 合理利用、永续发展的原则
    D. 保护历史环境的原则
    E. 谁投资谁受益原则

86. 下列项目中,不得在风景名胜区内建设的有(　　)。
    A. 公路　　　　　B. 陵墓　　　　　C. 缆车　　　　　D. 宾馆
    E. 煤矿

87. 下列表述中,正确的是(　　)。
    A. 乡与镇一般为同级行政单位
    B. 集镇是乡的经济、文化和生活服务中心
    C. 集镇一般是乡人民政府所在地

D. 集镇通常是一种城镇型聚落

E. 乡是集镇的行政管辖区

88. 下列属于村庄规划的内容的是（　　　）。

A. 人口规模预测　　　　　　　　B. 村域范围内用地规划

C. "三通一平"市政规划　　　　　D. 农村住宅单体

E. 村内道路规划

89. 控制性详细规划的控制体系包括（　　　）。

A. 土地使用控制　　　　　　　　B. 建筑建造控制

C. 市政设施配套　　　　　　　　D. 交通活动控制

E. 开发成本控制

90. 城市规划的作用有（　　　）。

A. 宏观经济条件调控的手段　　　B. 保障社会公共利益

C. 协调社会利益，维护公平　　　D. 保障公共安全和公共利益

E. 带动地区经济的发展

91. 城镇体系作为一个系统，具有的基本特性是（　　　）。

A. 群体性与整体性　　　　　　　B. 关联性

C. 等级层次性　　　　　　　　　D. 开放性

E. 稳定性

92. 下列哪些城市总体规划内容应与区域规划相互协调衔接？（　　　）

A. 城市的性质与规模　　　　　　B. 城市空间发展方向

C. 城市用地功能组织　　　　　　D. 城市综合交通系统

E. 城市社会经济发展目标

93. 下列哪些项不属于城市水资源规划的内容？（　　　）

A. 合理预测城乡生产、生活需水量　　B. 划分河道流域范围

C. 分析城市水资源承载能力　　　D. 制定雨水及再生水利用目标

E. 布置配水干管

94. 下列关于控制性详细规划的表述，正确的是（　　　）。

A. 通过数据控制落实规划意图　　B. 具有多元化的编制主体

C. 横向综合性的规划控制汇总　　D. 刚性与弹性相结合的控制方式

E. 通过形象的方式表达空间与环境

95. 在历史文化名镇保护范围内，经批准允许的活动有（　　　）。

A. 修建储存腐蚀性物品的仓库

B. 改变园林绿地、河湖水系等自然状态

C. 在核心保护区范围内进行影视摄制

D. 对历史建筑进行外部修缮装饰

E. 在历史建筑上刻画、涂污

96. 根据《城市绿地分类标准》(CJJ/T 85—2017)，绿地的主要统计指标有（　　　）。

A. 绿地率　　　　　　　　　　　B. 人均绿地面积

C. 人均公园绿地面积　　　　　　D. 城乡绿地率

E. 人均公共绿地面积

97. 下列关于城市燃气管网布置原则的说法,正确的有(　　)。

A. 燃气管不能在地下穿过房间

B. 燃气管应尽可能形成环状管网

C. 燃气管不得布置在道路两侧

D. 燃气管和自来水管不得放在同一地沟内

E. 燃气管穿过河流时不得穿越河底埋设

98. 下列关于用地归属的表述,符合《城市用地分类与规划建设用地标准》(GB 50137—2011)的是(　　)。

A. 货运公司车队的站场属于物流仓储用地

B. 电动汽车充电站属于商业服务设施用地

C. 公路收费站属于道路与交通设施用地

D. 外国驻华领事馆属于特殊用地

E. 业余体校属于公共管理与公共服务设施用地

99. 下列关于城市工程管线综合规划的表述,错误的有(　　)。

A. 城市总体规划阶段管线综合规划应确定各种工程管线的干管走向

B. 城市详细规划阶段管线综合规划应确定规划范围内道路横断面下的管线排列位置

C. 热力管不应与电力和通信电缆、煤气管共沟布置

D. 当给水管与雨水管相矛盾时,雨水管应该避让给水管

E. 在管线共沟敷设时,排水管应始终布置在底部

100. 下列关于城市与区域的相互关系的表述,不准确的是(　　)。

A. 区域原有的物质基础条件以及制度、体制等社会与文化因素影响区域内城市的形态与结构

B. 区域自然条件的优劣决定了城市发展的质量与规模

C. 区域外部发展条件的改善有助于城市的快速发展

D. 区域人口密度决定了城市的规模和数量

E. 区域发展水平的高低与城市的发展没有因果关系

模拟题三解析

1. D

【解析】 将城市划分为五类七档。城区常住人口50万以下的城市为小城市,其中20万以上50万以下的城市为Ⅰ型小城市,20万以下的城市为Ⅱ型小城市;城区常住人口50万以上100万以下的城市为中等城市;城区常住人口100万以上500万以下的城市为大城市,其中300万以上500万以下的城市为Ⅰ型大城市,100万以上300万以下的城市为Ⅱ型大城市;城区常住人口500万以上1000万以下的城市为特大城市;城区常住人口1000万以上的城市为超大城市(以上包括本数,以下不包括本数)。因此D选项符合题意。

2. D

【解析】 城市最早是政治统治、军事防御和商品交换的产物,"城"是由军事防御产生的,"市"是由商品交换(市场)产生的。城市归根结底是由社会剩余物资的交换和争夺而产生的,也是社会分工和产业分工的产物。因此,军事防御、产业分工、商品买卖均与城市形成有关。由以上分析可知,D选项符合题意。

3. D

【解析】 农业现代化将释放更多的农村劳动力,促进大量的劳动力进城,有助于城市化的发展,因此D选项符合题意。

4. C

【解析】 城市问题是自城市形成就具有的,无论城市处于哪个阶段,城市问题会一直存在,所以C选项符合题意。

5. D

【解析】 影响城市空间环境演进的主要因素为:自然环境因素、社会文化因素、经济与技术因素、政策制度因素,因此D选项符合题意。

6. D

【解析】 城市有利发展空间及影响城市发展方向的制约因素在城市发展方向上起到了决定性作用,因此D选项正确,符合题意。

7. A

【解析】 城市性质的确定,可从两个方面去认识。一是从城市在国民经济中所承担的职能方面去认识,就是指一个城市在国家或地区的经济、政治、社会、文化生活中的地位和作用。城镇体系规划规定区域内城镇的合理分布、城镇的职能分工和相应的规模,因此,城镇体系规划是确定城市性质的主要依据。二是从城市形成与发展的基本因素中,去研究认识城市形成与发展的主导因素。故选A。

8. B

【解析】 城市的集聚效益是其不断发展的根本动力,也是城市与乡村的一大本质区别,因此 B 选项符合题意。

9. D

【解析】 城市的基本特征包括:①城市的概念是相对存在的;②城市以要素集聚为基本特征;③城市的发展是动态变化和多样的;④城市具有系统性,因此 D 选项符合题意。

10. B

【解析】 中世纪的欧洲,教堂占据了城市的中心位置,因此 B 选项符合题意。

11. C

【解析】 田园城市中林荫大道两侧布置的为居住用地,因此 C 选项符合题意。

12. B

【解析】 "明天城市"提出了交通干道由三层组成的立体交通系统。B 选项说的是"光辉城市",因此错误。故选 B。

13. A

【解析】 城市的分散发展理论实际上是霍华德田园城市理论的不断深化和运用,即通过建立小城市来分散向大城市的集中,其中主要的理论包括卫星城理论、新城理论、有机疏散理论和广亩城理论等,因此 A 选项符合题意。

14. C

【解析】 伊萨德认为决定城市土地租金的要素主要有:①与中央商务区(CBD)的距离;②顾客到该址的可达性;③竞争者的数目和他们的位置;④降低其他成本的外部效果,因此 C 选项符合题意。

15. C

【解析】 新都市主义提出应当对城市空间组织的原则进行调整,强调要减少机动车的使用量,鼓励使用公共交通,居住区的公共设施和公共活动中心等围绕着公共交通的站点进行布局,以使交通设施和公共设施能够相互促进、相辅相成,并据此提出了"公交引导开发的 TOD 模式",因此 C 选项符合题意。

16. B

【解析】 从 20 世纪 60 年代开始普遍开展的城市规划中的公众参与,建立在倡导性规划的理论基础之上。故选 B。

17. C

【解析】 《马丘比丘宪章》首先强调了人与人之间的相互关系对于城市和城市规划的重要性,并将理解和贯彻这一关系视为城市规划的基本任务。C 选项说城市是一个动态的过程是其突出的贡献是错误的。《马丘比丘宪章》最突出的贡献是强调人与人之间的互动关系。故选 C。

18. B

【解析】《商君书》第一次论述了都邑道路、农田分配及山陵丘谷之间比例的合理分配问题,分析了粮食供给、人口增长与城市发展规模之间的关系,从城乡关系、区域经济和交通布局的角度,对城市的发展以及城市管理制度等问题进行论述,因此 B 选项符合题意。

19. B

【解析】 城市外围建设零售业不属于可持续利用政策,反而会增加进城购物的消耗,因此 B 选项符合题意。

20. B

【解析】 "精明增长"理论提出,在外围新增长地区提供更多的低价房,B 选项显然是错误的。故选 B。

21. B

【解析】 城市规划中的任何内容,无论是确定城市发展战略、城市发展规模,还是确定规划建设用地,确定各类设施的配置规模和标准,或者城市用地的调整容积率的确定或建筑物的布置等都会关系到城市经济的发展水平和发展效率、居民生活质量和水平、社会利益的调配、城市的可持续发展等,都是国家方针政策和社会利益的全面体现。小区的空间形态主要由地形地貌来确定。由以上分析可知,B 选项符合题意。

22. B

【解析】 居住小区日照标准需要经城乡规划主管部门审核,体现了协调社会利益,维护公平的城市规划作用,因此 B 选项符合题意。

23. A

【解析】 政府部门中的城市规划师担当着两方面的职责,一方面是作为政府公务员所担当的行政管理职责,是国家和政府的法律法规和方针政策的执行者;另一方面担当了城市规划领域的专业技术管理职责,是城市规划领域中运用城市规划对各类建设行为进行管理的管理者。由以上分析可知,A 选项符合题意。

24. A

【解析】 主体功能区是国家层面对全国土地的功能划分,属于城市总体规划的上位规划,因此,城市总体规划应当以主体功能区规划为指导,A 选项符合题意。

25. A

【解析】《城乡规划法》第十五条规定,县人民政府组织编制县人民政府所在地镇的总体规划,报上一级人民政府审批。其他镇的总体规划由镇人民政府组织编制,报上一级人民政府审批。因此 A 选项符合题意。

26. D

【解析】 依据《城乡规划法》,城镇体系规划分为全国城镇体系规划和省域城镇体系规划;直辖市的城市总体规划由直辖市人民政府报国务院审批。省、自治区人民政府所在地的城市以及国务院确定的城市的总体规划,由省、自治区人民政府审查同意后,报国务院审批。全国城镇体系规划和省域城镇体系规划报国务院审批。《城乡规划法》第二十二条规定,乡、镇人民政府组织编制乡规划、村庄规划,报上一级人民政府审批。村庄规划在报送审批前,应当经村民会议或者村民代表会议讨论同意。因此 D 选项符合题意。

27. D

【解析】 城镇体系规划最本质的特点是有机联系。故选 D。

28. D

【解析】 《城乡规划法》第十三条规定,省、自治区人民政府组织编制省域城镇体系规划,报国务院审批。省域城镇体系规划的内容应当包括:城镇空间布局和规模控制,重大基础设施的布局,为保护生态环境、资源等需要严格控制的区域。因此D选项符合题意。

29. C

【解析】 由《城市规划编制办法》第二十九条可知,安排建设用地、农业用地、生态用地和其他用地属于中心城区规划的内容。故选C。

30. D

【解析】 由《城市规划编制办法》第三十条可知,划定禁建区、限建区、适建区的范围属于中心城区规划的内容。故选D。

31. B

【解析】 空间模型分析方法包括:①实体模型(如透视图、规划沙盘、平立剖面图);②概念模型的图纸表达(如等值线法、几何图形法、方格网法、图表法)。线性规划模型属于定量分析法。因此B选项符合题意。

32. B

【解析】 战国时期,一般都城受《周礼·考工记》思想影响采用对称布局,与此同时,列国也按照自身的基础和取向,在城市规划建设上进行了各种探索,如济南城打破了严格的对称格局,与水体和谐布局,城门的分布也不对称,因此B选项符合题意。

33. D

【解析】 历史文化环境的调查首先要通过对城市形成和发展过程的调查,把握城市发展动力以及城市形态的演变原因。城市的经济、社会和政治状况的发展演变是城市发展最重要的决定因素。城市的特色与风貌体现在两个方面:一是社会环境方面,是城市中的社会生活和精神生活的结晶,体现了当地经济发展水平和当地居民的习俗、文化素养、社会道德和生活情趣等;二是物质方面,表现在历史文化遗产、建筑形式与组合、建筑群体布局、城市轮廓线、城市设施、绿化景观以及市场、商品、艺术和土特产等方面,所以D选项说主要针对文物保护单位不准确,符合题意。

34. C

【解析】 城市经济环境的调查针对的是整个城市的经济情况,不涉及也没必要对城市家庭人均收入进行调查,因此C选项符合题意。

35. B

【解析】 城市规划现状调查的方法有:现场踏勘、抽样或问卷调查、访谈和座谈会调查、文献资料的搜集。而抽样或问卷调查是掌握一定范围内大众意愿时最常见的调查形式,所以B选项符合题意。

36. C

【解析】 矿产资源能对城市产生以下影响:矿产资源的开采和加工可促成新城市的产生;矿产资源决定城市的性质和发展方向;矿产资源的开采决定城市的地域结构和空间形态;矿业城市必须制定可持续的发展战略。C选项的矿产资源决定城市用地布局不准确。故选 C。

37. C

【解析】 城市的基本职能是城市为城市以外地区服务的职能,因此 C 选项符合题意。

38. D

【解析】 有些城市的水源地并不在本行政区,所以也就无法划入,但是划定规划区范围时,应充分考虑对水源地保护区的划入,因此 D 选项符合题意。

39. C

【解析】 适用于影响因素的个数及作用大小较为确定的城市的方法是相关分析法。故选 C。

40. D

【解析】 人均居住用地面积按气候区划分为两种,Ⅰ、Ⅱ、Ⅵ、Ⅶ气候区为 28~38m^2,Ⅲ、Ⅳ、Ⅴ气候区为 23~36m^2。故选 D。

41. D

【解析】《城市用地分类与规划建设用地标准》(GB 50137—2011)规定,园林生产绿地以及城市建设用地范围外基础设施两侧的防护绿地,按照实际使用用途纳入城乡建设用地分类"农林用地"(E2),A、B 选项错误;幼儿园属于居住用地,C 选项错误。故选 D。

42. C

【解析】 组团型城市形态是多中心城市,因此 C 选项正确,符合题意。

43. B

【解析】 绿化覆盖率属于城市经济型评价派生因素层的自然条件层,因此 B 选项符合题意。

44. B

【解析】 地下水位低于建筑物的基础埋藏深度属于一类用地,因此 B 选项符合题意。

45. C

【解析】 在静风频率高的地区,空气流通不良会使污染物无法扩散而加重污染,不宜布置排放有害废气的工业;铁路编组站要避免与城市的相互干扰,同时考虑职工的生活,宜布置在城市郊区,并避免被大型货场、工厂区包围;有害废气工业不宜集中布置,以免有害气体之间再次发生反应,形成更难处理的二次污染。河流的平直河段最适宜建设内河港口。水位深、岸滩稳定、泥沙淤积量小、有山体屏障的海湾是海港的最佳位置。由以上分析可知,C 选项符合题意。

46. C

【解析】 小城市的仓库宜集中布置在城市的边缘;蔬菜、水果仓库用地距离居住区应保持 50m 以上;易燃仓库距离居住区街坊最少 100m;石油仓库应布置在独立地段,远离交通枢纽,因此 C 选项符合题意。

47. A

【解析】 方格网式道路系统适用于平坦的城市,不利于对角线方向的交通,非直线系数较大。故选 A。

48. C

【解析】 城市次干路网是城市组团内的路网,为城市组团内中、短距离交通服务,因此 C 选项符合题意。

49. D

【解析】 查核线的选取原则:①尽可能利用天然或人工屏障,如铁路线、河流等;分割区域和城市土地利用布局有一定的协调性。②具备基本观测条件,便于观测人员采集数据。因此 D 选项错误,符合题意。

50. C

【解析】 有较高的景观、绿化要求的生活性道路,可以用较宽的绿化分隔带形成景观绿化环境,也可以作为对向机动车的中央分隔带,形成景观优美的二块板道路。因此 C 选项符合题意。

51. B

【解析】 根据《城市给水工程规划规范》(GB 50282—2016),当配水系统中需设置加压泵站时,其位置宜靠近用水集中地区,因此 B 选项符合题意。

52. D

【解析】 客运交通枢纽应结合城市公共交通换乘枢纽布置,而货运交通枢纽应该尽量远离市区,因此 D 选项符合题意。

53. C

【解析】 准点是判断公共交通运营好坏最主要的标志。故选 C。

54. D

【解析】 大城市公共交通乘客平均换乘系数不应大于 1.5,中、小城市不应大于 1.3。故选 D。

55. C

【解析】公交普通线路与城市服务性道路的布置思路和方式相同。公交普通线路要体现为乘客服务的方便性,同服务性道路一样要与城市用地密切联系,应布置在城市服务性道路上。城市快速道路与快速公共交通布置的思路和方式不同。城市快速道路为了保证其快速、畅通的功能要求,应该尽可能与城市用地分离,与城市组团布局形成"藤与瓜"的关系;而快速公交线路则要与客流集中的用地或节点衔接,以满足客流的需要。所以,快速公交线路应尽可能将各城市中心和对外客运枢纽串接起来,与城市组团布局形成"串糖葫芦"。

由以上分析可知,C 选项符合题意。

56. A

【解析】《历史文化名城名镇名村保护规划条例》第七条规定,具备下列条件的城市、镇、村庄,可以申报历史文化名城、名镇、名村:

(1) 保存文物特别丰富;

(2) 历史建筑集中成片;

(3) 保留着传统格局和历史风貌;

（4）历史上曾经作为政治、经济、文化、交通中心或者军事要地，或者发生过重要历史事件，或者其传统产业、历史上建设的重大工程对本地区的发展产生过重要影响，或者能够集中反映本地区建筑的文化特色、民族特色。

申报历史文化名城的，在所申报的历史文化名城保护范围内还应当有 2 个以上的历史文化街区。

本题目问的是必要条件，显然，A 选项符合题意。

57. A

【解析】 在控制性详细规划中，应该确定各地块建筑高度、建筑密度、容积率、绿地率等控制指标，确定公共设施配套要求、交通出入口方位、停车泊位、建筑后退红线距离等要求，因此 A 选项符合题意。

58. A

【解析】 根据《历史文化名城保护规划标准》3.1.3 条：历史文化名城保护规划应坚持整体保护的理念，建立历史文化名城、历史文化街区与文物保护单位三个层次的保护体系，因此 A 选项符合题意。

59. C

【解析】 《风景名胜区总体规划标准》(GB/T 50298—2018)第 3.3.1.1 条：风景名胜区的游客容量一般由一次性游客容量、日游客容量、年游客容量三个层次表示，具体测算方法可采用线路法、卡口法、面积法、综合平衡法等。因此 C 选项符合题意。

60. A

【解析】 《城市水系规划规范》(GB 50513—2009)第 4.2.2 条对于水域控制线的规定如下：

（1）有堤防的水体，宜以堤顶临水一侧边线为基准划定；

（2）无堤防的水体，宜按防洪、排涝设计标准对应的洪（高）水位划定；

（3）对水位涨落较大而形成的涨落带的水体，可按多年平均洪（高）水位划定；

（4）规划的新建水体，其规划控制线应按规划水域边界线划定。

由以上规范规定可知，A 选项符合题意。

61. D

【解析】 布置配水干管是详细规划的内容。故选 D。

62. B

【解析】 提出节能技术措施是专门的节能部门和技术部门的责任，城市规划无法提出，只能在城市规划和提出相关指标的时候落实节能技术措施，因此 B 选项符合题意。

63. A

【解析】 城市总体规划阶段竖向规划的内容及标注的内容：①城市用地组成及城市干路网；②城市干路交叉点的控制标高，干路的控制纵坡度；③城市其他一些主要控制点的控制标高，包括铁路与城市干路的交叉点、防洪堤、桥梁等标高；④分析地面坡向、分水岭、汇水沟、地面排水走向。竖向规划首先要配合利用地形，而不应把改造地形、土地平整看作是主要方式。因此 A 选项符合题意。

64. D

【解析】 地下空间建设规划由城乡规划主管部门组织编制,报市人民政府批准。故选 D。

65. B

【解析】 近期建设规划与国民经济与社会发展规划侧重点不一样,前者侧重空间安排,后者侧重时间安排,因此 B 选项符合题意。

66. C

【解析】 确定历史文化名城、历史文化街区的保护范围和措施属于城市总体规划阶段的内容,所以 C 选项符合题意。

67. D

【解析】 控制性详细规划是以总体规划(或分区规划)为依据,以规划的综合性研究为基础,以数据控制和图纸控制为手段,以规划设计与管理相结合的法规为形式,对城市用地建设和设施建设实施控制性的管理,把规划研究、规划设计与规划管理结合在一起的规划方法,因此 D 选项符合题意。

68. C

【解析】 控制性详细规划指标确定的方法:测算法、标准法、类比法、反算法,因此 C 选项符合题意。

69. B

【解析】 建筑密度是控制地块建设容量与环境质量的重要指标。故选 B。

70. C

【解析】 修建性详细规划具有以下特点:①以具体、详细的建设项目为对象,实施性较强;②通过形象的方式表达城市空间与环境;③多元化的编制主体。通过指标数据落实规划意图是控制性详细规划的特点。故选 C。

71. D

【解析】《城乡规划法》第二十二条规定,乡、镇人民政府组织编制乡规划、村庄规划,报上一级人民政府审批。村庄规划在报送审批前,应当经村民会议或者村民代表会议讨论同意,因此 D 选项符合题意。

72. B

【解析】 乡村是指城镇以外的其他区域,乡的设置是针对其农村地区的属性,这是乡与镇的典型区别,乡政府驻地一般是乡域内的中心村或集镇,通常情况没有城镇型聚落。由以上分析可知,B 选项符合题意。

73. A

【解析】 建筑密度+绿地率<1,因为还有道路、广场等。建筑密度×平均层数实际为容积率,而容积率可以小于、等于或大于 1。故选 A。

74. C

【解析】 根据《城市居住区规划设计标准》(GB 50180—2018)第 4.0.4 条:5min 生活圈居住区公共绿地面积(不含居住街坊的绿地指标)不少于 1.0m^2,因此 C 选项错误。

ABD 选项均为《城市居住区规划设计标准》(GB 50180—2018)规定的内容,为正确选项。故 C 选项符合题意。

75. C

【解析】 根据《城市居住区规划设计标准》(GB 50180—2018),5min 生活圈居住区配套公共厕所,其用地归类居住区用地。因此 C 选项错误,符合题意。

76. C

【解析】 邻里单位由六个原则组成。①规模。一个居住单位的开发应当提供满足一所小学的服务人口所需要的住房,它的实际面积则由它的人口密度所决定。②边界。邻里单位应当以城市的主要交通干道为边界,这些道路应当足够宽,以满足交通通行的需要,避免汽车从居住单位内穿越。③开放空间。应当提供小公园和娱乐空间的系统,它们被计划用来满足特定邻里的需要。④机构用地。学校和其他机构的服务范围应当对应于邻里单位的界限,它们应该适当地围绕着某个中心进行成组布置。⑤地方商业。与服务人口相适应的一个或多个商业区应当布置在邻里单位的周边,最好是处于道路的交叉处或与相邻邻里的商业设施共同组成商业区。⑥内部道路系统。邻里单位应当提供特别的街道系统,每一条道路都要与它可能承载的交通量相适应,整个街道网要设计得便于单位内的运行,同时又能阻止过境交通的使用。C 选项的内容与第 5 点矛盾,因此 C 选项错误,符合题意。

77. C

【解析】 工业革命以前,城市规划和城市设计基本上是一回事,并附属于建筑学,但之后城乡规划逐渐独立出来,因此 A 选项正确。从法律意义上来说,城市设计只具有建议性和指导性作用,法律并未赋予城市设计任何法律效力,一直作为技术手段运用于城市规划中,在编制城市规划的各个阶段,都应运用城市设计的手法,目前城市设计正在逐渐形成独立的研究领域,故 B 选项正确。C 选项错误,不只是修建性详细规划阶段才运用,而是总体规划、控制性详细规划等阶段都应运用。因此 C 选项符合题意。

78. D

【解析】 城乡规划的实施组织是政府的基本职责。但城乡规划的实施并不是完全由政府及其部门承担,相当数量的建设是由私人部门以及社会各个方面进行的。因此 D 选项符合题意。

79. B

【解析】 城乡规划组织实施,包括制定相应的规划实施的政策,显然 B 选项符合题意。

80. B

【解析】 公共性设施是指社会公众所共享的设施,主要包括公共绿地、公立的学校、医院等,也包括城市道路和各项市政基础设施。这些设施的开发建设通常是由政府或公共投资进行的。一般来说,公共性设施主要是由政府公共部门进行开发的,也可由国企和事业单位进行,如水厂、污水厂等,因此 B 选项错误,符合题意。

二、多项选择题(共20题,每题1分。每题的备选项中有2~4个符合题意。多选、少选、错选都不得分)

81. ABCD

【解析】 依据"精明增长"的十三条原则可知 ABCD 选项正确,E 选项应该为低房价。故选 ABCD。

82. BCE

【解析】 根据《21世纪可持续发展规划对策》可知,BCE 选项正确,A 选项中不是坚决限制,而是尽量减少城市的扩张。可持续发展应不提倡建设低密度的住宅区,D 选项错误,故选 BCE。

83. ACDE

【解析】 可持续发展的规划原则有:①土地使用和交通:缩短通勤和日常生活的出行距离,提高公共交通在出行方式中的比重,提高日常生活用品和服务的地方自给程度,采取以公共交通为主导的紧凑发展形态。②自然资源:提高生物多样化程度,显著增加城乡地区的生物量,维护地表水的存量和地表土的品质,更多使用和生产再生的材料。③能源:显著减少化石燃料的消耗,更多地采用可再生的能源,改进材料的绝缘性能,建筑物的形式和布局应有助于提高能效。④污染和废弃物:减少污染排放,采取综合措施改善空气、水体和土壤的品质,减少废弃物的总量,更多采用"闭合循环"的生产过程,提高废弃物的再生与利用程度。从以上分析可知道,ACDE 选项符合题意。

84. ACD

【解析】 《城乡规划法》第二条规定,制定和实施城乡规划,在规划区内进行建设活动,必须遵守本法。本法所称城乡规划,包括城镇体系规划、城市规划、镇规划、乡规划和村庄规划。城市规划、镇规划分为总体规划和详细规划。详细规划分为控制性详细规划和修建性详细规划。因此 ACD 选项符合题意。

85. ACD

【解析】《历史文化名城保护规划标准》(GB/T 50357—2018)第1.0.3条:保护规划必须应保尽保,并应遵循下列原则:

(1) 保护历史真实载体的原则;

(2) 保护历史环境的原则;

(3) 合理利用、永续发展的原则;

(4) 统筹规划、建设、管理的原则。

故 ACD 选项符合题意。

86. BDE

【解析】《风景名胜区管理条例》第二十六规定,禁止进行下列活动:

(1) 开山、采石、开矿、开荒、修坟立碑等破坏景观、植被和地形地貌的活动;

(2) 修建储存爆炸性、易燃性、放射性、毒害性、腐蚀性物品的设施;

(3) 在景物或者设施上刻画、涂污;

（4）乱扔垃圾。

第二十七条规定,禁止违反风景名胜区规划,在风景名胜区内设立各类开发区和在核心景区内建设宾馆、招待所、培训中心、疗养院以及与风景名胜资源保护无关的其他建筑物;已经建设的,应当按照风景名胜区规划,逐步迁出。

由以上分析可知,BDE 选项符合题意。题目中的风景名胜区包括核心景区。

87. ABC

【解析】 乡与镇一般为同级行政单位。在我国,除了建制市以外的城市聚落都称为镇。其中具有一定人口规模,人口和劳动力结构、产业结构达到一定要求,基础设施达到一定水平,并被省、自治区、直辖市人民政府批准设置的镇为建制镇,其余为集镇。县城关镇是县人民政府所在地的镇,其他镇是县级建制以下的一级行政单元,而集镇不是一级行政单元。县城关镇具有城市属性,而乡镇政府驻地一般是乡域内的中心村或集镇,通常情况下没有城镇型聚落。

《村庄和集镇规划建设管理条例》规定:本条例所称集镇,是指乡、民族乡人民政府所在地和经县级人民政府确认由集市发展而成的作为农村一定区域经济、文化和生活服务中心的非建制镇。由以上分析可知,ABC 选项符合题意。

88. ABCE

【解析】 人口规模预测、村域范围内用地规划、"三通一平"市政规划、住宅规划、村内道路规划均属于村庄规划的内容。住宅单体设计属于建筑单体方案设计,不是村庄规划的内容,因此 ABCE 选项符合题意。

89. ABCD

【解析】 控制性详细规划的控制体系包括:土地使用控制、使用强度控制、建筑建造控制、城市设计引导、市政设施配套、公共设施配套、交通活动控制,因此 ABCD 选项符合题意。

90. ABC

【解析】 城市总体规划的作用:宏观经济条件调控的手段;保障社会公共利益;协调社会利益,维护公平;改善人居环境。因此 ABC 选项符合题意。

91. ABCD

【解析】 城镇体系的特性包括整体性、等级性、层次性、动态性、关联性、开放性。故选 ABCD。

92. ABDE

【解析】 已给各选项中只有 C 选项的城市用地功能组织不受到区域规划的影响。故选 ABDE。

93. BE

【解析】 城市水资源规划的主要内容:①水资源开发与利用现状分析:区域、城市的多年平均降水量、年均降水总量,地表水资源量、地下水资源量和水资源总量。②供用水现状分析:从地表水、地下水、外调水量、再生水等几方面分析供水现状及趋势,从生活用水、工业用水、农业用水及生态环境用水等几方面分析用水现状及趋势,分析城市用水效率水平及发展趋势。③供需水量预测及平衡分析:预测规划期内可供水资源,提出水资源承载能力;预测城市需水量,进行水资源供需平衡分析。④水资源保障战略:提出城市水资源规划目标,制定水资源保护、节约用水、雨洪及再生水利用、开辟新水源、水资源合理配置及水资源应急管理等战略保障措施。因此 BE 选项符合题意。

94. ACD

【解析】 控制性详细规划的基本特征:①通过数据控制落实规划意图;②具有法律效应和立法空间;③横向综合性的规划控制汇总;④刚性弹性相结合的控制方式。因此 ACD 选项符合题意。

95. BCD

【解析】《历史文化名城名镇名村保护条例》第二十五条规定,在历史文化名城、名镇、名村保护范围内进行下列活动,应当保护其传统格局、历史风貌和历史建筑;制订保护方案,经城市、县人民政府城乡规划主管部门会同同级文物主管部门批准,并依照有关法律、法规的规定办理相关手续:

(1) 改变园林绿地、河湖水系等自然状态的活动;

(2) 在核心保护范围内进行影视摄制、举办大型群众性活动;

(3) 其他影响传统格局、历史风貌或者历史建筑的活动。

由以上分析可知,BCD 选项符合题意。

96. ABCD

【解析】《城市绿地分类标准》(CJJ/T 85—2017)第 3.0.4 条:绿地的主要统计指标为绿地率、人均绿地面积、人均公园绿地面积、城乡绿地率。因此 ABCD 选项符合题意。

97. AB

【解析】 为了保证安全,燃气管不能在地下穿过房间,燃气管应尽可能形成环状管网以免出现泄漏的时候全面积停止供气。因此 AB 选项正确。

98. ABE

【解析】 物流仓储用地需配置物资储备、中转、配送等功能,包括附属道路、停车场、一级货运公司车队的站场等用地,A 选项正确。加油加气站用地,指零售加油、加气、充电站等用地,涉及经营项目,属于商业服务设施用地,B 选项正确。公路收费站属于公路的附属设施,应归纳为城乡用地中的公路用地,不属于城市用地中的道路与交通设施用地,C 选项错误。外事用地应纳入公共管理和公共服务用地(如外国驻华使馆、领馆),D 选项错误。业余体校属于体育场馆用地,而体育场馆用地属于公共管理与公共服务用地,E 选项正确。故选 ABE。

99. DE

【解析】 城市总体规划要合理布置各种工程干管的走向,详细规划要确定道路横断面的管线排列位置,方便指导道路设计。AB 选项正确。

城市工程管线共沟敷设原则:①热力管不应与电力、通信电缆和压力管道共沟;②排水管道应布置在沟底,当沟内有腐蚀性介质管道时,排水管道应位于其上面;③腐蚀性介质管道的标高应低于沟内其他管线;④火灾危险性属于甲、乙、丙类的液体,液化石油气、可燃气体、毒性气体和液体以及腐蚀性介质管道,不应共沟敷设,并严禁与消防水管共沟敷设;⑤凡有可能产生互相影响的管线,不应共沟敷设。由城市工程管线共沟敷设原则第①、③可知,C 选项正确、E 选项错误。

在城市工程管线避让中,压力管避让自流管,因此 D 选项错误。故 DE 选项符合题意。

100. DE

【解析】 区域城市的规模和数量与经济、社会的发展水平有关,城市的发展受到区域发展水平的影响。因此 DE 选项符合题意。